초등 3-1

먼저 읽어 보고 다양한 의견을 준 학생들 덕분에 『수학의 미래』가 세상에 나올 수 있었습니다.

강소을	서울공진초등학교	**김대현**	광명가림초등학교	**김동혁**	김포금빛초등학교
김지성	서울이수초등학교	**김채윤**	서울당산초등학교	**김하율**	김포금빛초등학교
박진서	서울북가좌초등학교	**변예림**	서울신용산초등학교	**성민준**	서울이수초등학교
심재민	서울하늘숲초등학교	**오 현**	서울청덕초등학교	**유하영**	일산 홈스쿨링
윤소윤	서울갈산초등학교	**이보림**	김포가현초등학교	**이서현**	서울경동초등학교
이소은	서울서강초등학교	**이윤건**	서울신도초등학교	**이준석**	서울이수초등학교
이하은	서울신용산초등학교	**이호림**	김포가현초등학교	**장윤서**	서울신용산초등학교
장윤수	서울보광초등학교	**정초비**	안양희성초등학교	**천강혁**	서울이수초등학교
최유현	고양동산초등학교	**한보윤**	서울신용산초등학교	**한소윤**	서울서강초등학교
황서영	서울대명초등학교				

그 밖에 서울금산초등학교, 서울남산초등학교, 서울대광초등학교, 서울덕암초등학교,
서울목원초등학교, 서울서강초등학교, 서울은천초등학교, 서울자양초등학교,
세종은빛초등학교, 인천계양초등학교 학생 여러분께 감사드립니다.

1 '수학의 시대'에 필요한 진짜 수학

여러분은 새로운 시대에 살고 있습니다. 인류의 삶 전반에 큰 변화를 가져올 '제4차 산업혁명'의 시대 말입니다. 새로운 시대에는 시험 문제로만 만났던 '수학'이 우리 일상의 중심이 될 것입니다. 영국 총리 직속 연구위원회는 "수학이 인공 지능, 첨단 의학, 스마트 시티, 자율 주행 자동차, 항공 우주 등 제4차 산업혁명의 심장이 되었다. 21세기 산업은 수학이 좌우할 것"이라는 내용의 보고서를 발표하기도 했습니다. 여기서 말하는 '수학'은 주어진 문제를 풀고 답을 내는 수동적인 '수학'이 아닙니다. 이런 역할은 기계나 인공 지능이 더 잘합니다. 제4차 산업혁명에서 중요하게 말하는 수학은 일상에서 발생하는 여러 사건과 상황을 수학적으로 사고하고 수학 문제로 바꾸어 해결할 수 있는 능력, 즉 일상의 언어를 수학의 언어로 전환하는 능력입니다. 주어진 문제를 푸는 수동적 역할에서 벗어나 지식의 소유자, 능동적 발견자가 되어야 합니다.

『수학의 미래』는 미래에 필요한 수학적인 능력을 키워 줄 것입니다. 하나뿐인 정답을 찾는 것이 아니라 문제를 해결하는 다양한 생각을 끌어내고 새로운 문제를 만들 수 있는 능력을 말입니다. 물론 새 교육과정과 핵심 역량도 충실히 반영되어 있습니다.

2 학생의 자존감 향상과 성장을 돕는 책

수학 때문에 마음에 상처를 받은 경험이 누구에게나 있을 것입니다. 시험 성적에 자존심이 상하고, 너무 많은 훈련에 지치기도 하고, 하고 싶은 일이나 갖고 싶은 직업이 있는데 수학 점수가 가로막는 것 같아 수학이 미워지고 자신감을 잃기도 합니다.

이런 수학이 좋아지는 최고의 방법은 수학 개념을 연결하는 경험을 해 보는 것입니다. 개념과 개념을 연결하는 방법을 터득하는 순간 수학은 놀랄 만큼 재미있어집니다. 개념을 연결하지 않고 따로따로 공부하면 공부할 양이 많게 느껴지지만 새로운 개념을 이전 개념에 차근차근 연결해 나가면 머릿속에서 개념이 오히려 압축되는 것을 느낄 수 있습니다.

이전 개념과 연결하는 비결은 수학 개념을 친구나 부모님에게 설명하고 표현하는 것입니다. 이 과정을 통해 여러분 내면에 수학 개념이 차곡차곡 축적됩니다. 탄탄하게 개념을 쌓았으므로 어떤 문제 앞에서도 당황하지 않고 해결할 수 있는 자신감이 생깁니다.

『수학의 미래』는 수학 개념을 외우고 문제를 푸는 단순한 학습서가 아닙니다. 여러분은 여기서 새로운 수학 개념을 발견하고 연결하는 주인공 역할을 해야 합니다. 그렇게 발견한 수학 개념을 주변 사람들에게나 자신에게 항상 소리 내어 설명할 수 있어야 합니다. 설명하는 표현학습을 통해 수학 지식은 선생님의 것이나 교과서 속에 있는 것이 아니라 여러분의 것이 됩니다. 자신의 것으로 소화하게 된다는 말이지요. 『수학의 미래』는 여러분이 수학적 역량을 키워 사회에 공헌할 수 있는 인격체로 성장할 수 있게 도와줄 것입니다.

3 스스로 수학을 발견하는 기쁨

수학 개념은 처음 공부할 때가 가장 중요합니다. 처음부터 남에게 배운 것은 자기 것으로 소화하기가 어렵습니다. 아직 소화하지도 못했는데 문제를 풀려 들면 공식을 억지로 암기할 수밖에 없습니다. 좋은 결과를 기대할 수 없지요.

『수학의 미래』는 누가 가르치는 책이 아닙니다. 자기 주도적으로 학습해야만 이 책의 목적을 달성할 수 있습니다. 전문가에게 빨리 배우는 것보다 조금은 미숙하고 늦더라도 혼자 힘으로 천천히 소화해 가는 것이 결과적으로는 더 빠릅니다. 친구와 함께할 수 있다면 더욱 좋고요.

『수학의 미래』는 예습용입니다. 학교 공부보다 2주 정도 먼저 이 책을 펼치고 스스로 할 수 있는 데까지 해냅니다. 너무 일찍 예습을 하면 실제로 배울 때는 기억이 사라져 별 효과가 없는 경우가 많습니다. 2주 정도의 기간을 가지고 한 단원을 천천히 예습할 때 가장 효과가 큽니다. 그리고 부족한 부분은 학교에서 배우며 보완합니다. 이 책을 가지고 예습하다 보면 의문점도 많이 생길 것입니다. 그 의문을 가지고 수업에 임하면 수업에 집중할 수 있고 확실히 깨닫게 되어 수학을 발견하는 기쁨을 누리게 될 것입니다.

전국수학교사모임 미래수학교과서팀을 대표하여
최수일 씀

복잡하고 어려워 보이는 수학이지만 개념의 연결고리를 찾을 수 있다면 쉽고 재미있게 접근할 수 있어요. 멋지고 튼튼한 집을 짓기 위해서 치밀한 설계도가 필요한 것처럼 여러분 머릿속에 수학의 개념이라는 큰 집이 자리 잡기 위해서는 체계적인 공부 설계가 필요하답니다. 개념이 어떻게 적용되고 연결되며 확장되는지 여러분 스스로 발견할 수 있도록 선생님들이 꼼꼼하게 설계했어요!

단원 시작

수학 학습을 시작하기 전에 무엇을 배울지 확인하고 나에게 맞는 공부 계획을 세워 보아요. 선생님들이 표준 일정을 제시해 주지만, 속도는 목표가 될 수 없습니다. 자신에게 맞는 공부 계획을 세우고, 실천해 보아요.

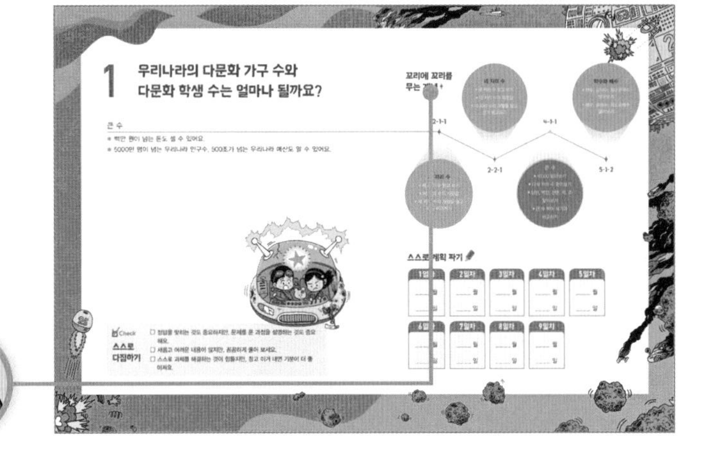

복습과 예습을 한눈에 확인해요!

기억하기

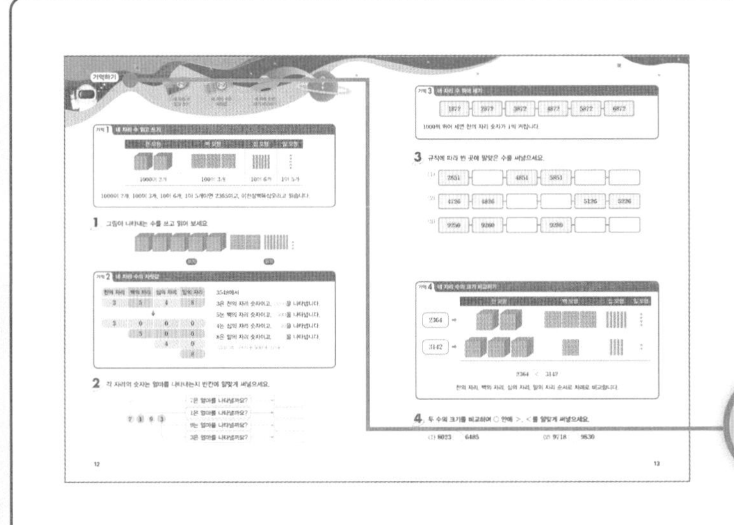

새로운 개념을 공부하기 전에 이전에 배웠던 '연결된 개념'을 꼭 확인해요. 아는 내용이라고 지나치지 말고 내가 제대로 이해했는지 확인해 보세요. 새로운 개념을 공부할 때마다 어떤 개념에서 나왔는지 확인하는 습관을 가져 보세요. 앞으로 공부할 내용들이 쉽게 느껴질 거예요.

배웠다고 만만하게 보면 안 돼요!

생각열기

새로운 개념과 만나기 전에 탐구하고 생각해야 풀 수 있는 '열린 질문'으로 이루어져 있어요. 처음에는 생각해 내기 어려울 수 있지만 개념 연결과 추론을 통해 문제를 해결할 수 있다면 자신감이 두 배는 생길 거예요. 한 가지 정답이 아니라 다양한 생각, 자유로운 생각이 담긴 나만의 답을 써 보세요. 깊게 생각하는 힘, 수학적으로 생각하는 힘이 저절로 커져서 어떤 문제가 나와도 당황하지 않게 될 거예요.

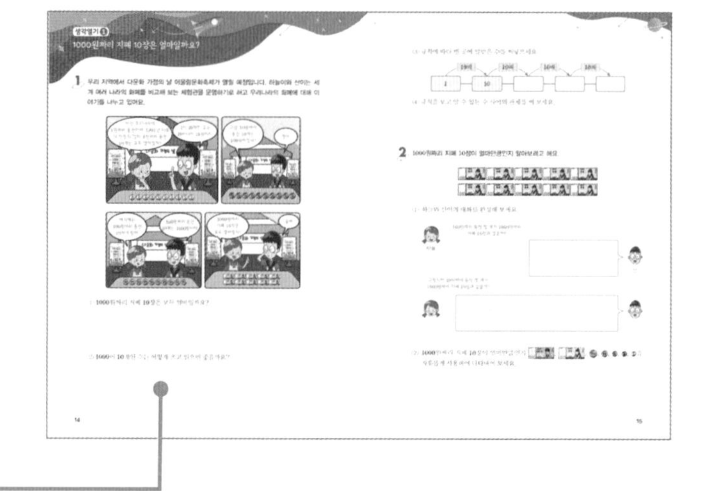

내 생각을 자유롭게 써 보아요!

개념활용

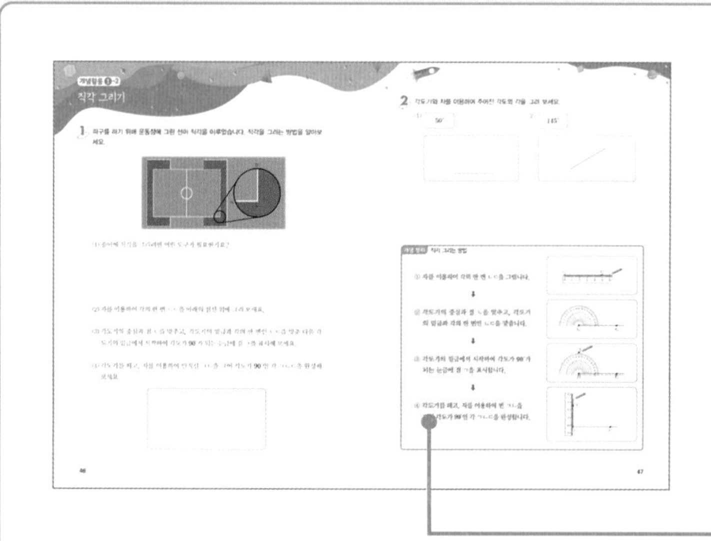

'생각열기'에서 나온 개념이나 정의 등을 한눈에 확인할 수 있게 정리했어요. 또한 개념이 적용된 다양한 예제를 통해 기본기를 다질 수 있어요. '생각열기'와 짝을 이루어 단원에서 배워야 할 주요한 개념과 원리를 알려 주어요.

개념의 핵심만 추렸어요!

표현하기·선생님 놀이

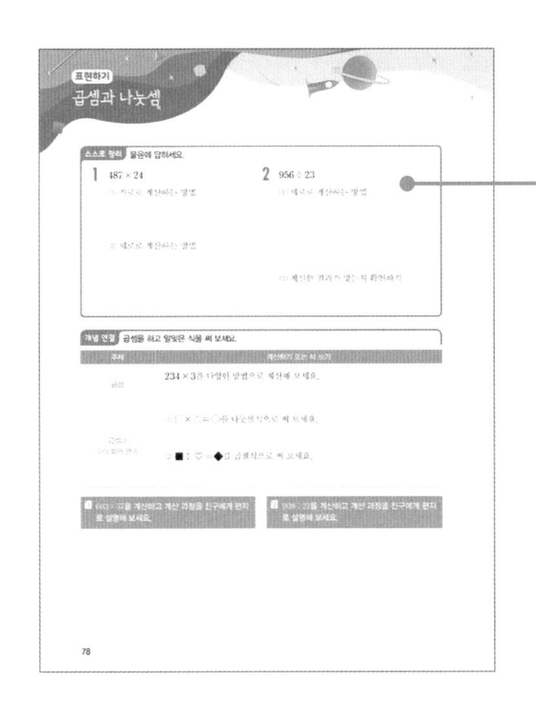

표현하기

곱셈과 나눗셈

스스로 정리 물음에 답하세요.

1 487×24

(1) 가로로 계산하는 방법

(2) 세로로 계산하는 방법

2 $956 \div 23$

(1) 세로로 계산하는 방법

(2) 계산한 결과가 맞는지 확인하기

개념 연결 곱셈을 하고 알맞은 식을 써 보세요.

주제	계산하기 또는 식 쓰기
곱셈	234 × 3을 다양한 방법으로 계산해 보세요.
곱셈과 나눗셈의 관계	(1) □ × △ = ○를 나눗셈식으로 써 보세요. (2) ■ ÷ ♡ = ◆를 곱셈식으로 써 보세요.

78

혼자 힘으로 정리하고 연결해요!

새로 배운 개념을 혼자 힘으로 정리하고, 관련된 이전 개념을 연결해요. 수학 개념은 모두 연결되어 있어서 그 연결고리를 찾아가다 보면 '아, 그렇구나!' 하는, 공부의 재미를 느끼는 순간이 찾아올 거예요.

선생님 놀이

1 우리 아파트 462가구는 플러그를 뽑는 방법으로 전기 절약 운동에 참여하고 있습니다. 이 방법으로 한 가구에서 하루에 절약하는 전기 요금이 27원이라고 할 때 우리 아파트 전체가 하루에 절약하는 전기 요금은 모두 얼마인지 구하고 어떻게 구했는지 설명해 보세요.

2 4학년 학생 318명이 산으로 소풍을 갔습니다. 모든 학생이 20인승 케이블카를 타고 전망대로 올라가려면 케이블카는 적어도 몇 대 필요한지 구하고 어떻게 구했는지 설명해 보세요.

79

친구나 부모님에게 설명해 보세요!

문제를 모두 풀었다고 해도 설명을 할 수 없으면 이해하지 못한 거예요. '선생님 놀이'에서 말로 설명을 하다 보면 내가 무엇을 모르는지, 어디서 실수했는지를 스스로 발견하고 대비할 수 있어요.

단원평가

개념을 완벽히 이해했다면 실제 시험에 대비하여 문제를 풀어 보아요. 다양한 문제에 대처할 수 있도록 난이도와 문제의 형식에 따라 '기본'과 '심화'로 나누었어요. '기본'에서는 개념을 복습하고 확인해요. '심화'는 한 단계 나아간 문제로, 일상에서 벌어지는 다양한 상황이 문장제로 나와요. 생활 속에서 일어나는 상황을 수학적으로 이해하고 식으로 써서 답을 내는 과정을 거치다 보면 내가 왜 수학을 배우는지, 내 삶과 수학이 어떻게 연결되는지 알 수 있을 거예요.

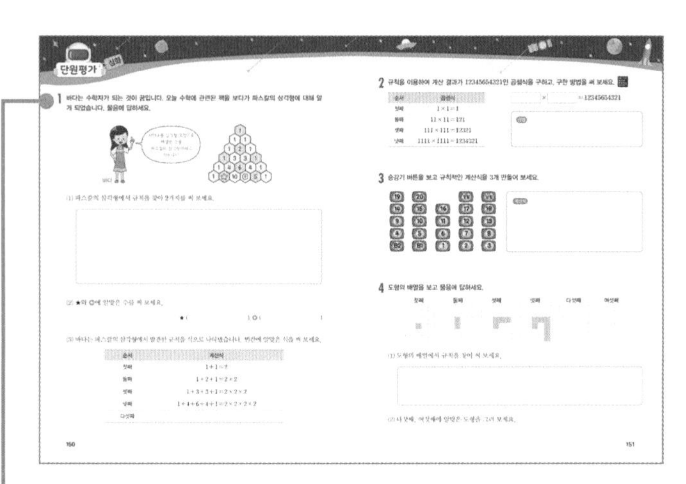

문장제까지 해결하면 자신감이 쑥쑥!

해설

『수학의 미래』는 혼자서 개념을 익히고 적용할 수 있도록 설계되었기 때문에 해설을 잘 활용해야 해요. 문제를 푼 후에 답과 해설을 확인하여 여러분의 생각과 비교하고 수정해보세요. 그리고 '선생님의 참견'에서는 선생님이 문제를 낸 의도를 친절하게 설명했어요. 의도를 알면 문제의 핵심을 알 수 있어서 쉽게 잊히지 않아요.

문제의 숨은 뜻을 꼭 확인해요!

차례

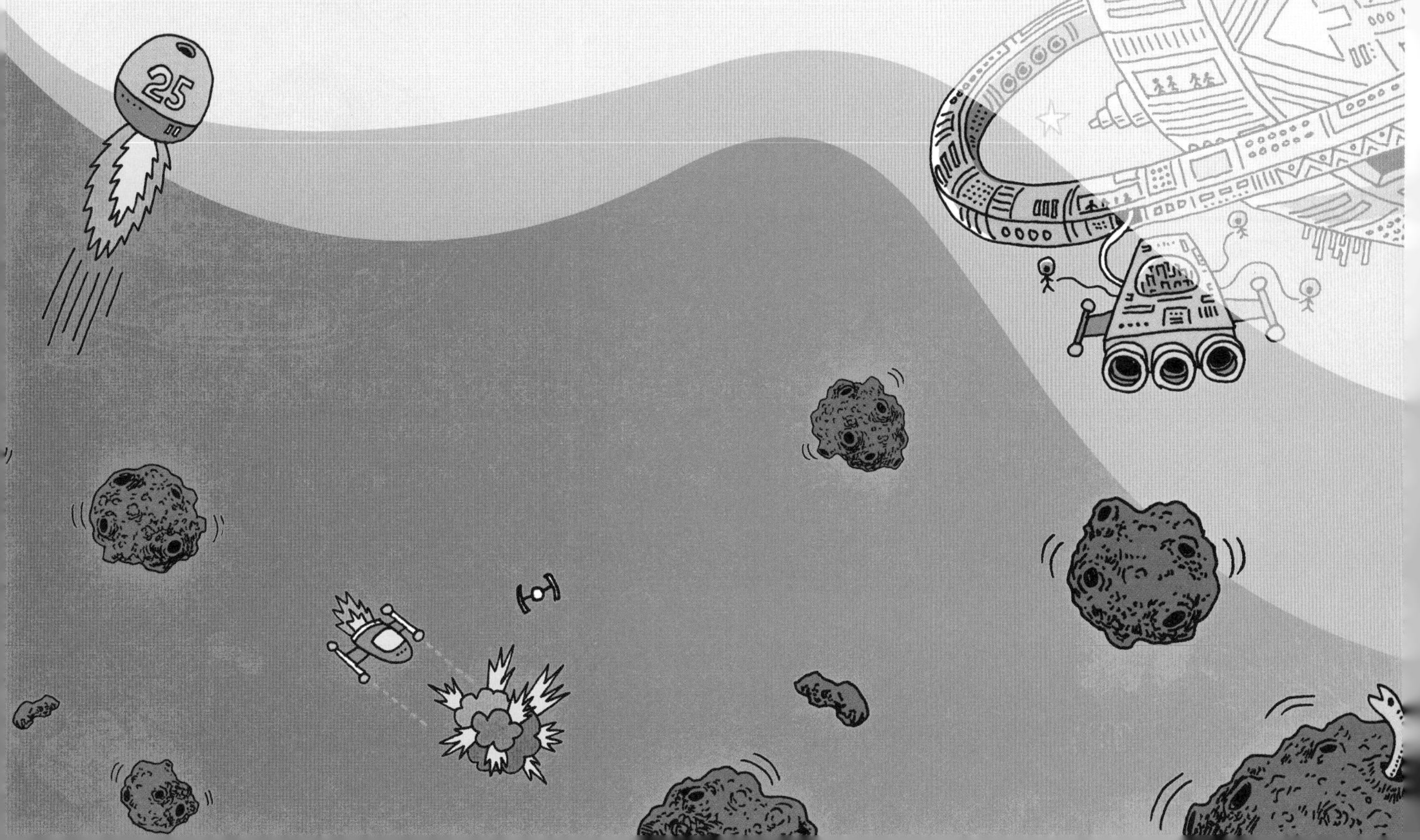

1 전교 학생 수는 얼마나 될까요?

덧셈과 뺄셈

- 세 자리 수의 덧셈을 할 수 있어요.
- 세 자리 수의 뺄셈을 할 수 있어요.

Check

스스로 다짐하기

☐ 정답을 맞히는 것도 중요하지만, 문제를 푼 과정을 설명하는 것도 중요해요.
☐ 새롭고 어려운 내용이 많지만, 꼼꼼하게 풀어 보세요.
☐ 스스로 과제를 해결하는 것이 힘들지만, 참고 이겨 내면 기분이 더 좋아져요.

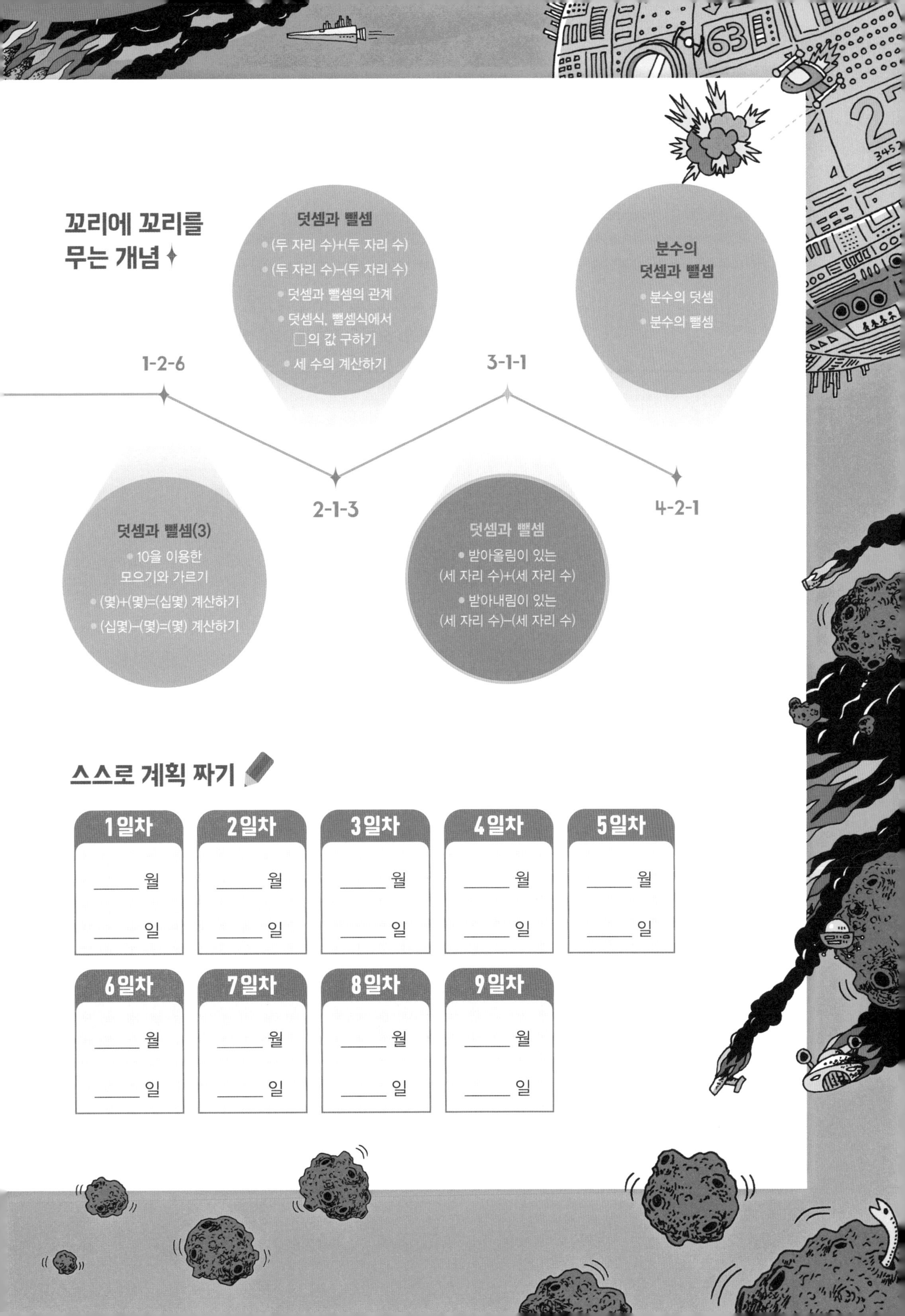

꼬리에 꼬리를 무는 개념

1-2-6

덧셈과 뺄셈(3)
- 10을 이용한 모으기와 가르기
- (몇)+(몇)=(십몇) 계산하기
- (십몇)−(몇)=(몇) 계산하기

2-1-3

덧셈과 뺄셈
- (두 자리 수)+(두 자리 수)
- (두 자리 수)−(두 자리 수)
- 덧셈과 뺄셈의 관계
- 덧셈식, 뺄셈식에서 □의 값 구하기
- 세 수의 계산하기

3-1-1

덧셈과 뺄셈
- 받아올림이 있는 (세 자리 수)+(세 자리 수)
- 받아내림이 있는 (세 자리 수)−(세 자리 수)

4-2-1

분수의 덧셈과 뺄셈
- 분수의 덧셈
- 분수의 뺄셈

스스로 계획 짜기

1일차	2일차	3일차	4일차	5일차
____ 월 ____ 일	____ 월 ____ 일	____ 월 ____ 일	____ 월 ____ 일	____ 월 ____ 일

6일차	7일차	8일차	9일차
____ 월 ____ 일	____ 월 ____ 일	____ 월 ____ 일	____ 월 ____ 일

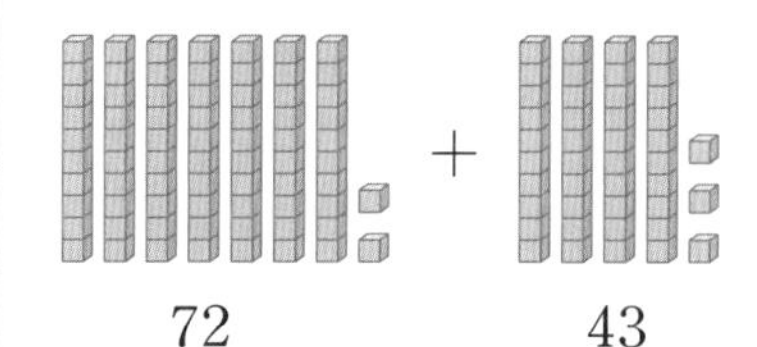

기억 1 수 모형을 보고 덧셈식 구하기

72 + 43

십 모형끼리 더하면 십 모형은 11개입니다.
십 모형 10개를 백 모형 1개로 바꾸면 백 모형 1개, 십 모형 1개이고
일 모형끼리 더하면 일 모형은 5개이므로 $72+43=115$입니다.

1 수 모형을 덧셈식으로 나타내어 계산해 보세요.

(1) 

덧셈식 ____________________

(2) 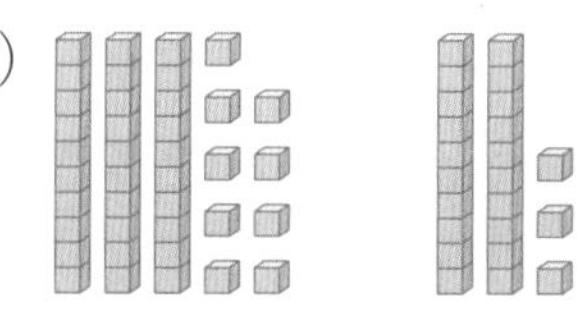

덧셈식 ____________________

기억 2 가로로 계산하기

$15+27$의 계산

방법 1

$15+27$
$=15+20+7$ ← 27을 20과 7로 나누어 15+20을 먼저 계산합니다.
$=35+7$ ← 남은 일의 자리를 더합니다.
$=42$

방법 2

$15+27$
$=10+20+5+7$ ← 15와 27을 각각 십의 자리와 일의 자리로 나누어 십의 자리끼리, 일의 자리끼리 더합니다.
$=30+12$ ← 두 수를 더합니다.
$=42$

2 계산해 보세요.

(1) $29+13=$ ☐

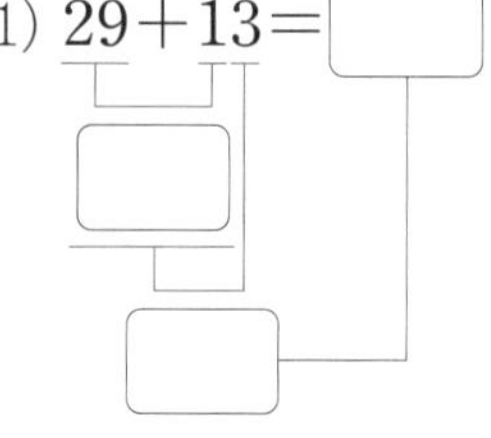

(2) $34+27$

기억 3 세로로 계산하기

23＋19의 계산

방법 1

$$\begin{array}{r} 2\ 3 \\ +\ 1\ 9 \\ \hline 3\ 0 \\ 1\ 2 \\ \hline 4\ 2 \end{array}$$

3 0 ← 십의 자리끼리 더합니다.

1 2 ← 일의 자리끼리 더합니다.

방법 2

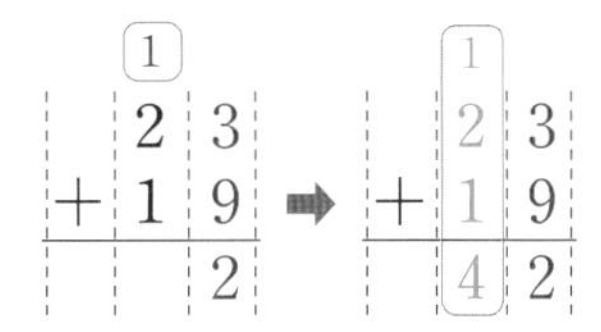

3 계산해 보세요.

(1) $\begin{array}{r} 5\ 8 \\ +\ 2\ 9 \\ \hline \end{array}$

(2) $\begin{array}{r} 3\ 6 \\ +\ 1\ 7 \\ \hline \end{array}$

기억 4 가로로 계산하기

34－19의 계산

① 34－10＝24 ← 19를 10과 9로 나누어 34－10을 먼저 계산합니다.

② 24－9＝15 ← 남은 일의 자리를 빼면 (두 자리 수)－(한 자리 수) 문제가 됩니다.

4 계산해 보세요.

(1) 54－28

(2) 72－39

기억 5 세로로 계산하기

$$\begin{array}{r} {\scriptstyle 3\ \ 10} \\ \not{4}\ 2 \\ -\ 1\ 7 \\ \hline 5 \end{array} \Rightarrow \begin{array}{r} {\scriptstyle 3\ \ 10} \\ \not{4}\ 2 \\ -\ 1\ 7 \\ \hline 2\ 5 \end{array}$$

일의 자리 7을 뺄 수 없으므로

40에서 10을 받아내려 12－7을 계산합니다.

12－7＝5, 30－10＝20이므로 42－17＝25입니다.

5 계산해 보세요.

(1) $\begin{array}{r} 7\ 5 \\ -\ 2\ 9 \\ \hline \end{array}$

(2) $\begin{array}{r} 8\ 2 \\ -\ 3\ 7 \\ \hline \end{array}$

생각열기 ①

전교 학생 수를 어떻게 구하나요?

1 바다는 학교의 전체 학생 수가 궁금했습니다. 그림을 보고 물음에 답하세요.

(1) 바다네 학교의 전체 학생 수를 구하려면 어떤 계산이 필요한지 설명해 보세요.

(2) 강이는 바다네 학교의 전체 학생 수를 다음과 같이 구했습니다. 어떻게 계산한 것인지 설명해 보세요.

$$\begin{array}{r} 2\ 6\ 4 \\ -\ 2\ 5\ 7 \\ \hline 7 \end{array}$$

(3) 산이는 바다네 학교의 전체 학생 수를 다음과 같이 구했습니다. 어떻게 계산한 것인지 설명해 보세요.

$$\begin{array}{r} 2\ 5\ 7 \\ +\ 2\ 6\ 4 \\ \hline 4\ 1\ 1 \end{array}$$

(4) 하늘이는 바다네 학교의 전체 학생 수를 수 모형으로 구했습니다. 어떻게 구했는지 설명해 보세요.

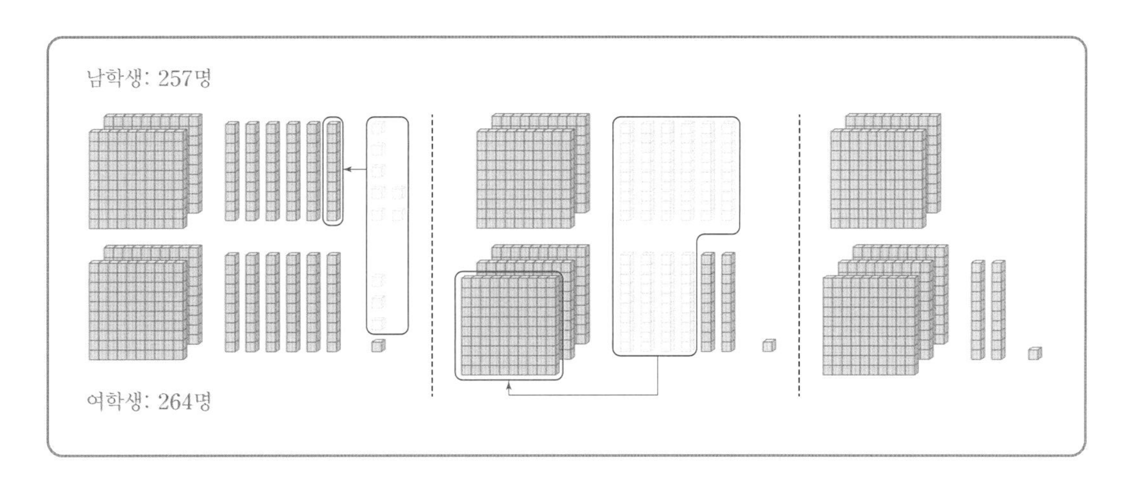

(5) 바다네 학교의 전체 학생 수를 가로로 계산하고 어떻게 계산했는지 설명해 보세요.

(6) 바다네 학교의 전체 학생 수를 세로로 계산하고 어떻게 계산했는지 설명해 보세요.

(7) (6)에서 계산한 방법과 다르게 세로로 계산하고 어떻게 계산했는지 설명해 보세요.

개념활용 ①-1

받아올림이 없는 세 자리 수의 덧셈

112+213의 값을 보기 와 같이 수 모형을 그려서 계산해 보세요.

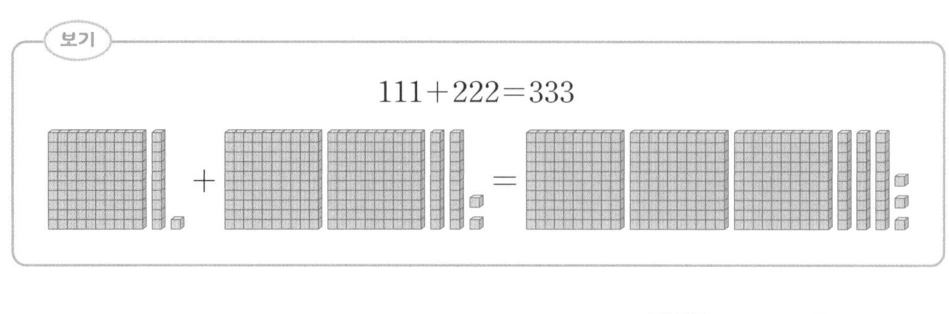

112+213

백 모형: 십 모형: 일 모형:

보기 와 같은 방법으로 계산해 보세요.

보기

111+222=100+200+10+20+1+2

=300+30+3=333

(1) 212+132

(2) 324+122

(3) 123+415

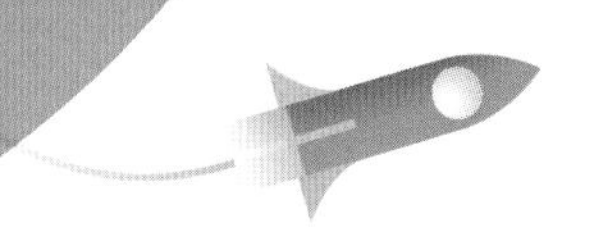

일의 자리부터 더하는 방법으로 계산해 보세요.

(1)
$$\begin{array}{r} 1\ 2\ 1 \\ +\ 3\ 2\ 7 \\ \hline \end{array}$$

(2)
$$\begin{array}{r} 6\ 1\ 4 \\ +\ 2\ 3\ 2 \\ \hline \end{array}$$

(3)
$$\begin{array}{r} 1\ 6\ 2 \\ +\ 2\ 1\ 6 \\ \hline \end{array}$$

백의 자리부터 더하는 방법으로 계산하고 결과를 문제 3과 비교해 보세요.

(1)
$$\begin{array}{r} 1\ 2\ 1 \\ +\ 3\ 2\ 7 \\ \hline \end{array}$$

(2)
$$\begin{array}{r} 6\ 1\ 4 \\ +\ 2\ 3\ 2 \\ \hline \end{array}$$

(3)
$$\begin{array}{r} 1\ 6\ 2 \\ +\ 2\ 1\ 6 \\ \hline \end{array}$$

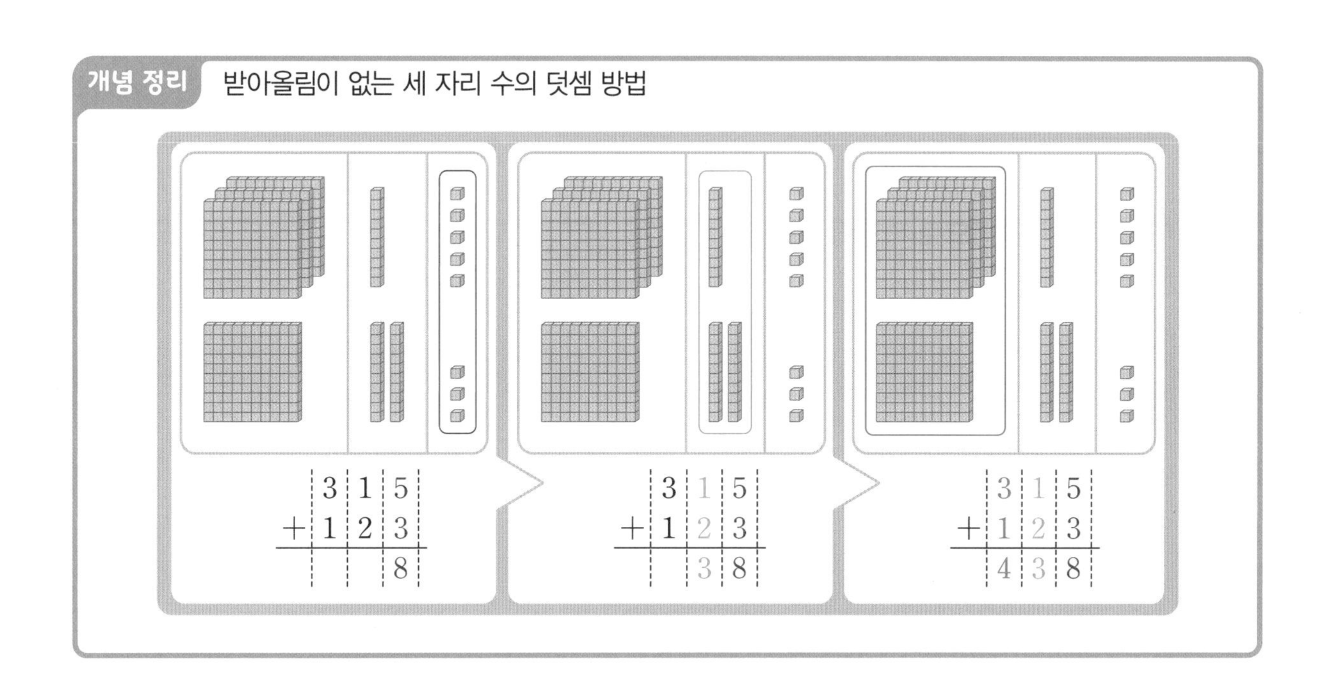

개념활용 ①-2

받아올림이 있는 세 자리 수의 덧셈

127＋224의 값을 (보기)와 같이 수 모형을 그려서 계산해 보세요.

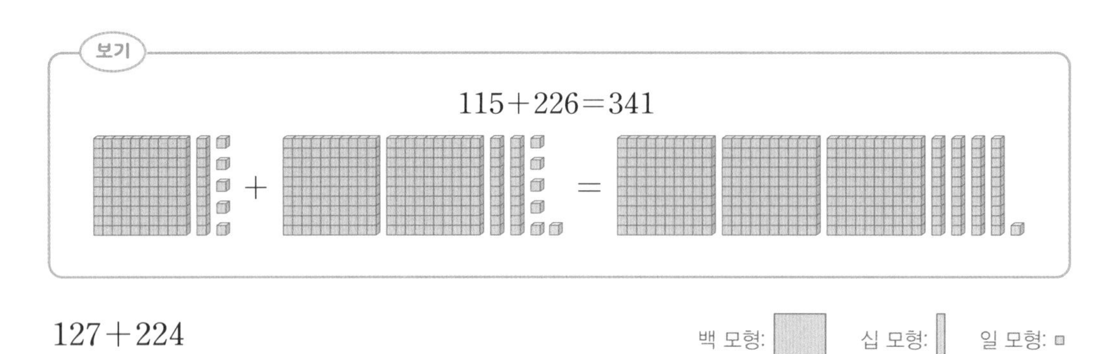

127＋224

백 모형: 십 모형: 일 모형:

2. (보기)와 같은 방법으로 계산해 보세요.

보기

115＋226＝100＋200＋10＋20＋5＋6
＝300＋30＋11＝341

(1) 219＋132

(2) 352＋171

(3) 821＋412

(보기)와 같은 방법으로 계산해 보세요.

보기

```
    2 1 9
  + 1 2 4
  -------
    3 0 0
      3 0
      1 3
  -------
    3 4 3
```

(1)

```
    1 7 1
  + 3 6 2
  -------
```

(2)

```
    8 1 4
  + 8 2 4
  -------
```

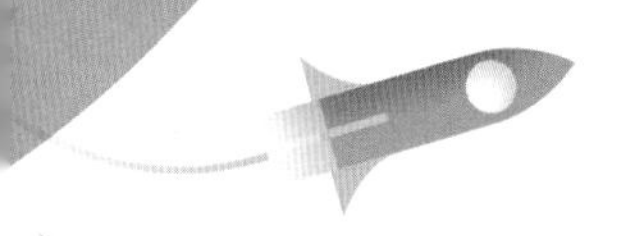

4 보기 와 같은 방법으로 계산해 보세요.

보기

```
    2 1 9
  + 1 2 4
  -------
      1 3
      3 0
    3 0 0
  -------
    3 4 3
```

(1)
```
    1 9 1
  + 3 2 7
  -------
```

(2)
```
    7 1 4
  + 5 5 2
  -------
```

5 보기 와 같은 방법으로 계산해 보세요.

보기

```
      1
    2 1 9
  + 1 2 4
  -------
    3 4 3
```

(1)
```
    3 6 7
  + 5 7 1
  -------
```

(2)
```
    6 1 4
  + 8 3 2
  -------
```

개념 정리 받아올림이 한 번 있는 세 자리 수의 덧셈 방법

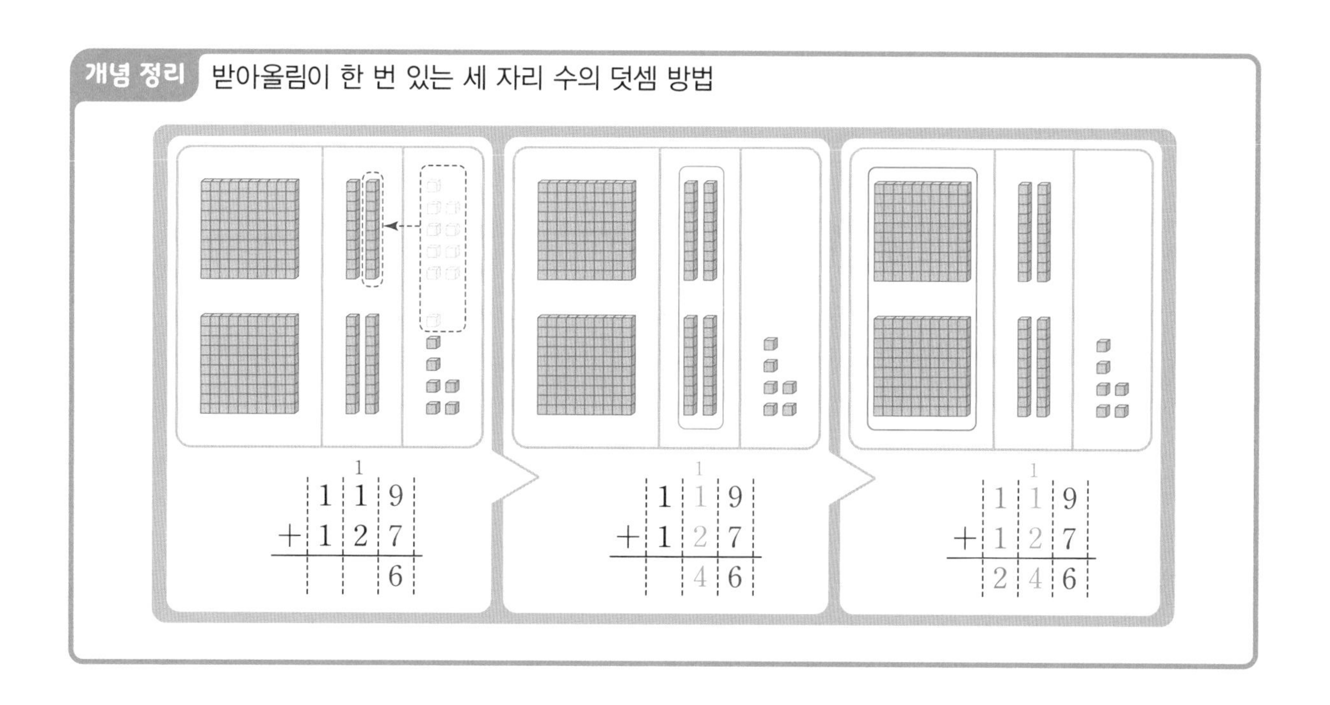

개념활용 1-3

받아올림이 여러 번 있는 세 자리 수의 덧셈

136+274의 값을 보기 와 같이 수 모형을 그려서 계산해 보세요.

보기

165+166=331

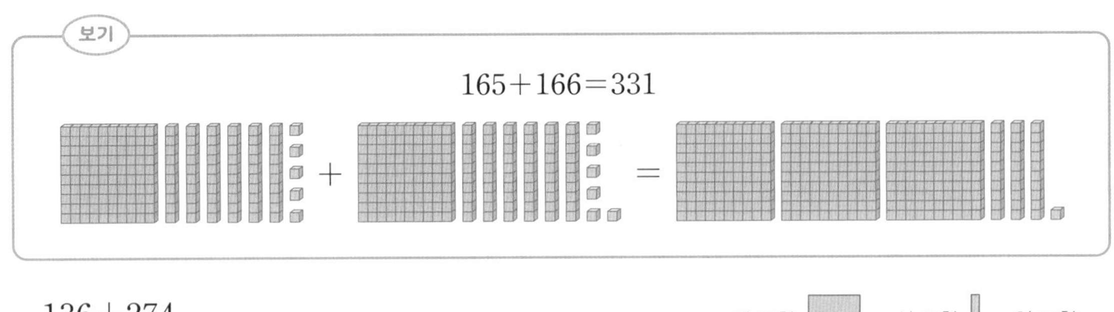

136+274

백 모형: 십 모형: 일 모형:

2 보기 와 같은 방법으로 계산해 보세요.

보기

165+166=100+100+60+60+5+6
=200+120+11=331

(1) 259+164

(2) 816+376

(3) 681+752

보기 와 같은 방법으로 계산해 보세요.

보기

	3	7	9
+	4	5	5
	7	0	0
	1	2	0
		1	4
	8	3	4

(1)

	1	7	9
+	4	7	2

(2)

	8	9	2
+	6	3	6

4 보기 와 같은 방법으로 계산해 보세요.

보기

$$\begin{array}{r} 379 \\ +\ 455 \\ \hline 14 \\ 120 \\ 700 \\ \hline 834 \end{array}$$

(1) $\begin{array}{r} 951 \\ +\ 382 \\ \hline \end{array}$

(2) $\begin{array}{r} 837 \\ +\ 648 \\ \hline \end{array}$

5 보기 와 같은 방법으로 계산해 보세요.

보기

$$\begin{array}{r} {\scriptstyle 1\ 1\ \ } \\ 379 \\ +\ 455 \\ \hline 834 \end{array}$$

(1) $\begin{array}{r} 758 \\ +\ 661 \\ \hline \end{array}$

(2) $\begin{array}{r} 528 \\ +\ 895 \\ \hline \end{array}$

개념 정리 받아올림이 여러 번 있는 세 자리 수의 덧셈 방법

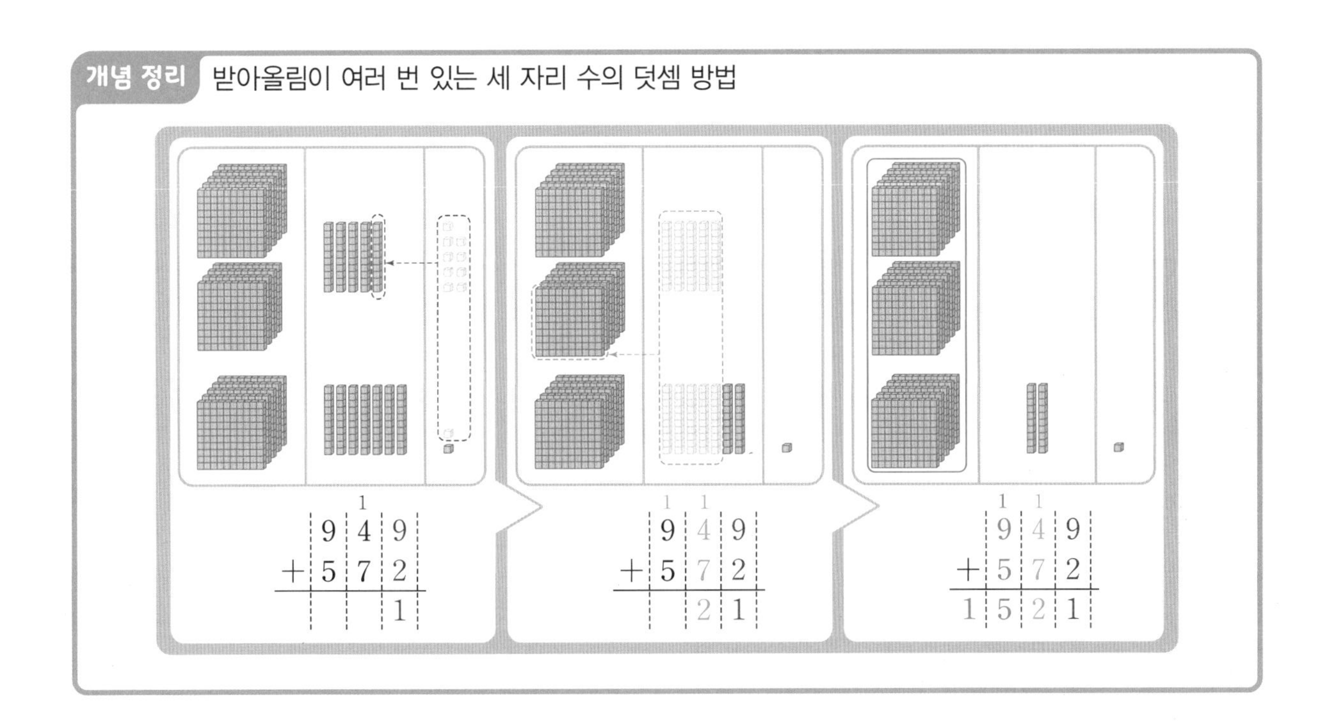

생각열기 ②

두 친구 중 누가 얼마나 더 큰가요?

1 산이는 두 친구의 키가 얼마나 차이 나는지 궁금했습니다. 그림을 보고 물음에 답하세요.

(1) 강이와 바다의 키의 차이를 구하려면 어떤 계산이 필요한지 설명해 보세요.

(2) 산이는 강이와 바다의 키의 차이를 구하려고 다음과 같이 식을 세웠습니다. 식을 세운 방법에 대해서 어떻게 생각하는지 설명해 보세요.

$128-136$

(3) 하늘이는 강이와 바다의 키의 차이를 다음과 같이 구했습니다. 어떻게 계산한 것인지 설명해 보세요.

$$\begin{array}{r} 1\ 3\ 6 \\ -\ 1\ 2\ 8 \\ \hline 1\ 8 \end{array}$$

(4) 강이는 자신과 바다의 키의 차이를 수 모형으로 구했습니다. 어떻게 구했는지 설명해 보세요.

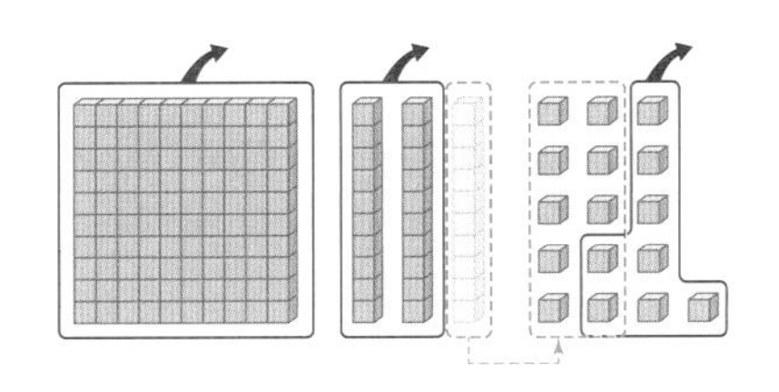

(5) 강이와 바다의 키의 차이를 가로로 계산하고 어떻게 계산했는지 설명해 보세요.

(6) 강이와 바다의 키의 차이를 세로로 계산하고 어떻게 계산했는지 설명해 보세요.

(7) (6)에서 계산한 방법과 다르게 세로로 계산하고 어떻게 계산했는지 설명해 보세요.

개념활용 ②-1

받아내림이 없는 세 자리 수의 뺄셈

1 $332-121$의 값을 (보기)와 같이 수 모형을 그려서 계산해 보세요.

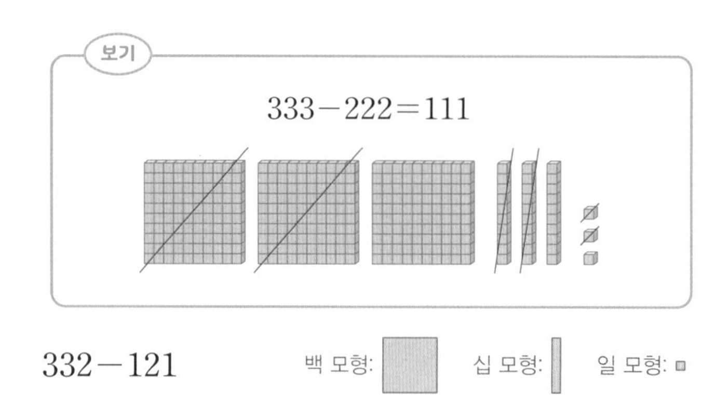

$332-121$

2 (보기)와 같은 방법으로 계산해 보세요.

보기

$$333-222=300-200+30-20+3-2$$
$$=100+10+1=111$$

(1) $453-122$

(2) $395-153$

(3) $798-212$

3 (보기)와 같은 방법으로 계산해 보세요.

보기

$$533-222=333-22=311$$

(1) $294-172$

(2) $457-211$

(3) $847-524$

4 일의 자리부터 빼는 방법으로 계산해 보세요.

(1)
$$\begin{array}{r} 5\ 2\ 9 \\ -\ 3\ 2\ 7 \\ \hline \end{array}$$

(2)
$$\begin{array}{r} 6\ 8\ 2 \\ -\ 2\ 3\ 1 \\ \hline \end{array}$$

(3)
$$\begin{array}{r} 7\ 6\ 7 \\ -\ 4\ 3\ 4 \\ \hline \end{array}$$

5 백의 자리부터 빼는 방법으로 계산하고 결과를 문제 **4**와 비교해 보세요.

(1)
$$\begin{array}{r} 5\ 2\ 9 \\ -\ 3\ 2\ 7 \\ \hline \end{array}$$

(2)
$$\begin{array}{r} 6\ 8\ 2 \\ -\ 2\ 3\ 1 \\ \hline \end{array}$$

(3)
$$\begin{array}{r} 7\ 6\ 7 \\ -\ 4\ 3\ 4 \\ \hline \end{array}$$

개념 정리 받아내림이 없는 세 자리 수의 뺄셈 방법

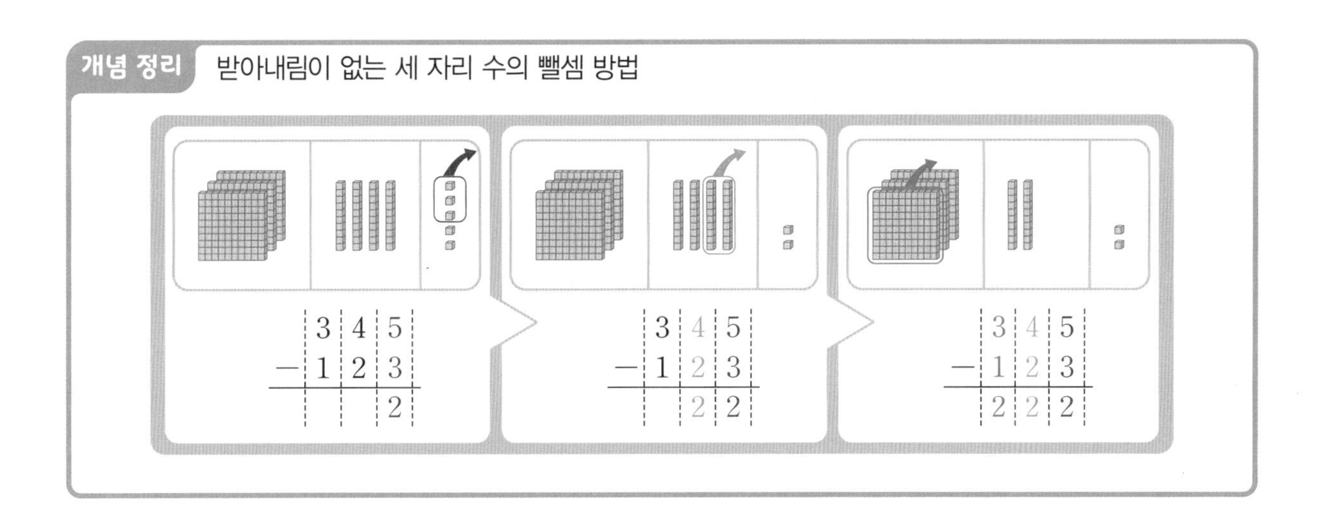

개념활용 ❷-2

받아내림이 있는 세 자리 수의 뺄셈

342－138의 값을 보기 와 같이 수 모형을 그려서 계산해 보세요.

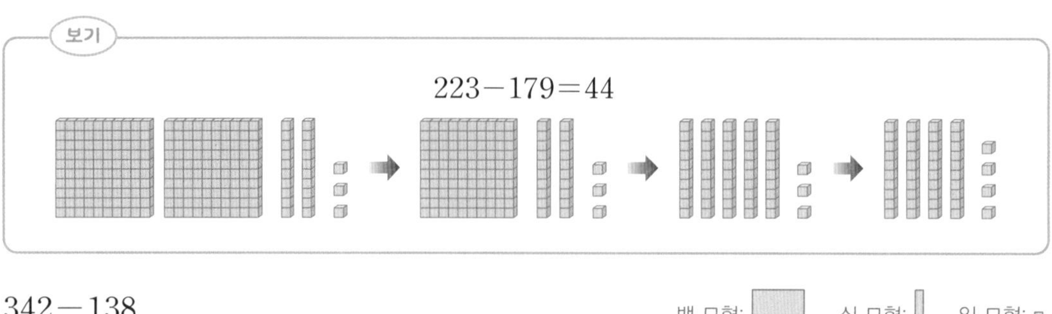

342－138

보기 와 같은 방법으로 계산해 보세요.

보기

381－179＝281－79＝202

(1) 393－289

(2) 283－164

(3) 517－272

3 보기 와 같은 방법으로 계산해 보세요.

보기

$$\begin{array}{rrrrl} & 7 & 3 & 3 & \\ - & 4 & 1 & 4 & \\ \hline & 3 & 0 & 0 & 700-400 \\ & & \overset{1}{\not 2} & 0 & 30-10 \\ & & & 9 & 13-4 \\ \hline & 3 & 1 & 9 & \end{array}$$

(1)
$$\begin{array}{rrrr} & 5 & 8 & 1 \\ - & 2 & 4 & 7 \\ \hline \end{array}$$

(2)
$$\begin{array}{rrrr} & 9 & 1 & 4 \\ - & 4 & 5 & 2 \\ \hline \end{array}$$

4 보기 와 같은 방법으로 계산해 보세요.

보기

$$\begin{array}{rrrr} & & 2 & 10 \\ & 7 & \not 3 & 3 \\ - & 4 & 1 & 4 \\ \hline & 3 & 1 & 9 \end{array}$$

(1)
$$\begin{array}{rrrr} & 7 & 8 & 2 \\ - & 5 & 3 & 5 \\ \hline \end{array}$$

(2)
$$\begin{array}{rrrr} & 6 & 1 & 4 \\ - & 2 & 3 & 2 \\ \hline \end{array}$$

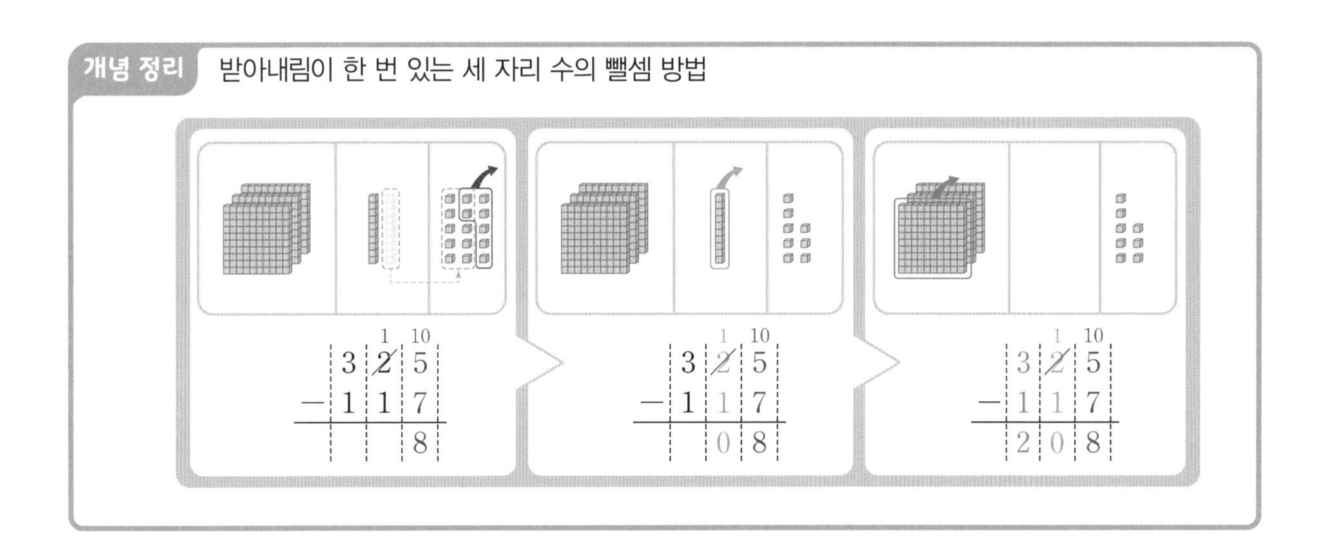

개념활용 ②-3

받아내림이 두 번 있는 세 자리 수의 뺄셈

1 332−274의 값을 보기 와 같이 수 모형을 그려서 계산해 보세요.

보기

223−179=44

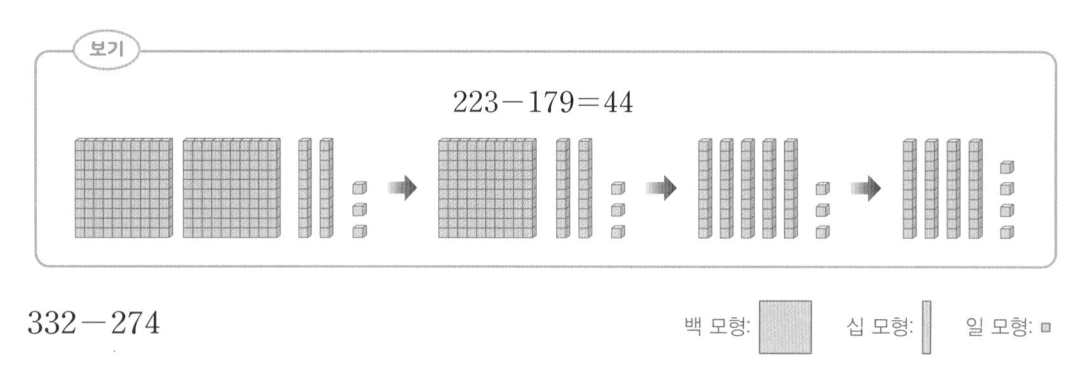

332−274

백 모형: 십 모형: 일 모형:

2 보기 와 같은 방법으로 계산해 보세요.

보기

323−179=223−79=144

(1) 352−164

(2) 813−376

(3) 625−487

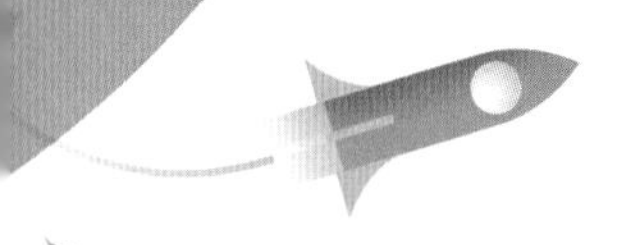

3 보기 와 같은 방법으로 계산해 보세요.

보기

$$\begin{array}{rrrl} & 7 & 2 & 3 \\ - & 4 & 5 & 4 \\ \hline & \overset{}{\not{3}}_{2} & 0 & 0 \quad 700-400 \\ & & \not{7}_{6} & 0 \quad 120-50 \\ & & & 9 \quad 13-4 \\ \hline & 2 & 6 & 9 \end{array}$$

(1)
$$\begin{array}{rrrr} & 9 & 5 & 1 \\ - & 3 & 8 & 2 \\ \hline \end{array}$$

(2)
$$\begin{array}{rrrr} & 8 & 3 & 7 \\ - & 6 & 4 & 8 \\ \hline \end{array}$$

4 보기 와 같은 방법으로 계산해 보세요.

보기

$$\begin{array}{rrrr} & 6 & 11 & 10 \\ & \not{7} & \not{2} & 3 \\ - & 4 & 5 & 4 \\ \hline & 2 & 6 & 9 \end{array}$$

(1)
$$\begin{array}{rrrr} & 7 & 5 & 2 \\ - & 6 & 6 & 9 \\ \hline \end{array}$$

(2)
$$\begin{array}{rrrr} & 5 & 2 & 4 \\ - & 1 & 9 & 6 \\ \hline \end{array}$$

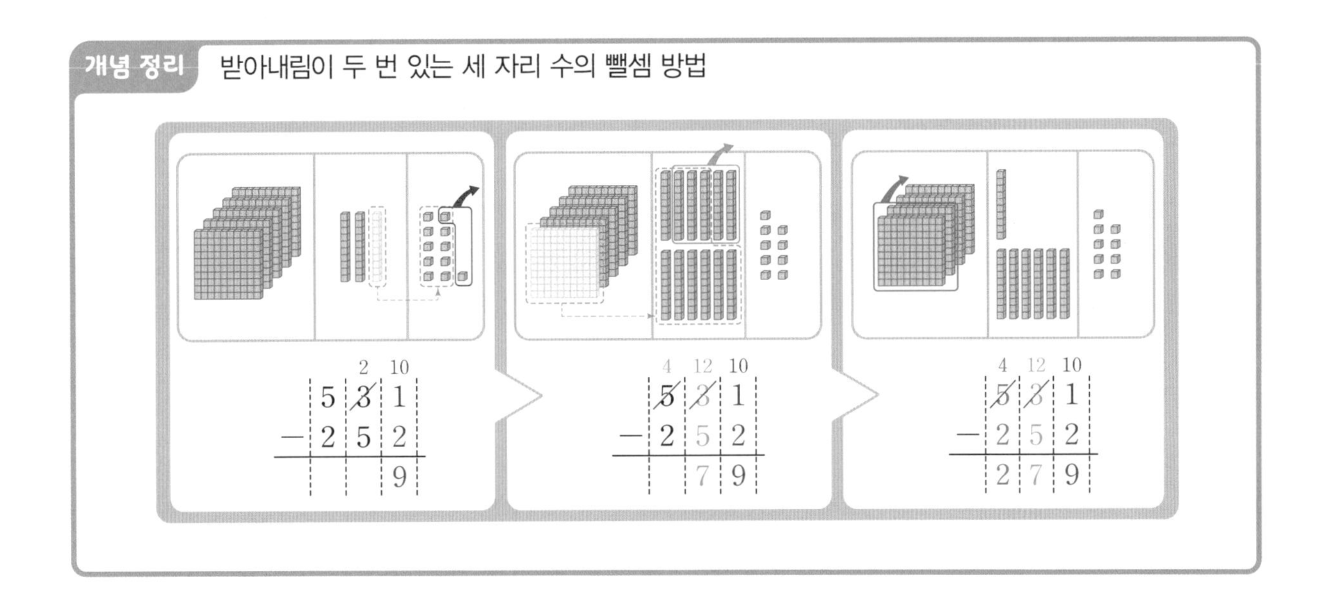

표현하기

덧셈과 뺄셈

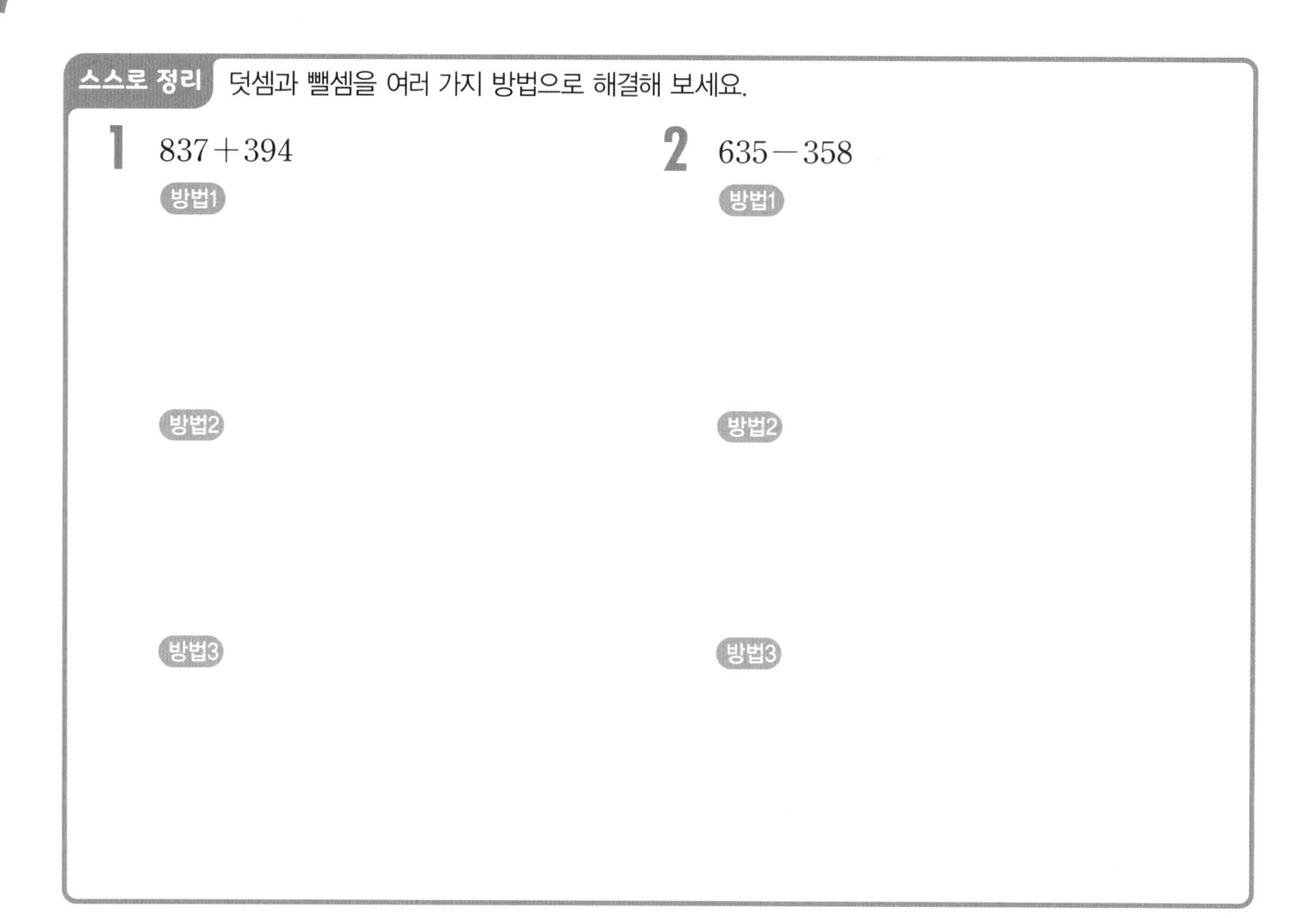

개념 연결 계산해 보세요.

주제	계산하기	
두 자리 수의 덧셈	(1) $37+8$	(2) $86+49$
두 자리 수의 뺄셈	(1) $37-8$	(2) $86-49$

받아올림하거나 받아내림하여 계산하고, 계산한 방법을 친구에게 편지로 설명해 보세요.

1 $435+886$

2 $506-249$

1 우리 땅 독도를 관광하기 위해 통일호는 583명의 관광객을 싣고, 동해호는 649명의 관광객을 싣고 울릉도를 떠났습니다. 독도에 도착하는 관광객은 모두 몇 명인지 구하고, 계산한 방법을 설명해 보세요.

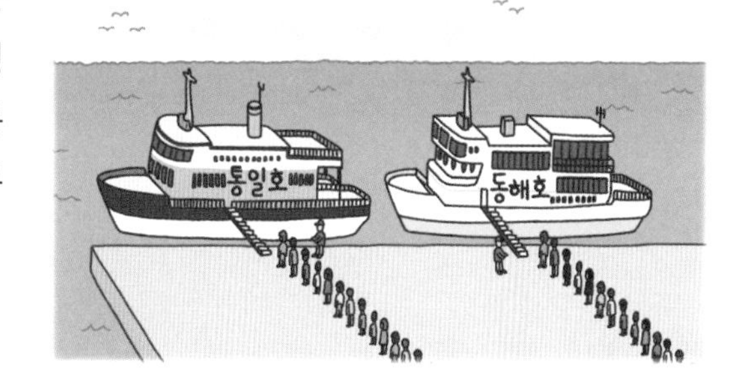

2 하늘 위 호텔이라 불리는 2층 비행기의 총 좌석 수는 511개입니다. 1층의 좌석 수가 342개이면 2층의 좌석 수는 몇 개인지 구하고, 계산한 방법을 설명해 보세요.

덧셈과 뺄셈은 이렇게 연결돼요

2-1 두 자리 수의 덧셈과 뺄셈

3-1 세 자리 수의 덧셈과 뺄셈

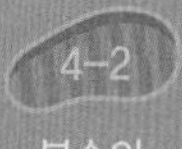
4-2 분수의 덧셈과 뺄셈

5-1 자연수의 혼합 계산

1 계산해 보세요.

(1) 216+321

(2) 123+159

(3) 578+241

(4) 624+715

(5) 527+385

(6) 854+678

2 빈칸에 알맞은 수를 써넣으세요.

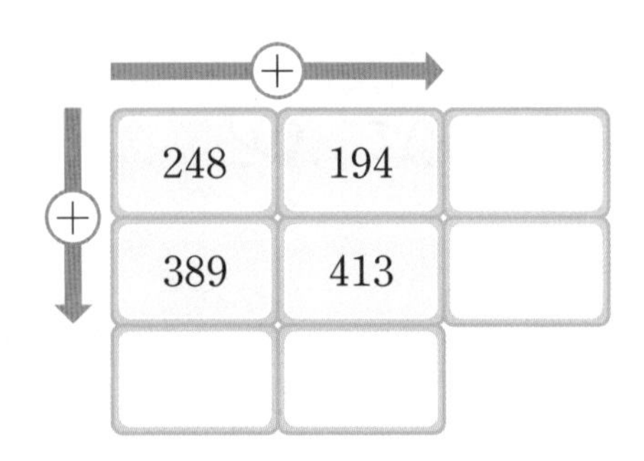

3 두 수의 합을 구해 보세요.

(1) 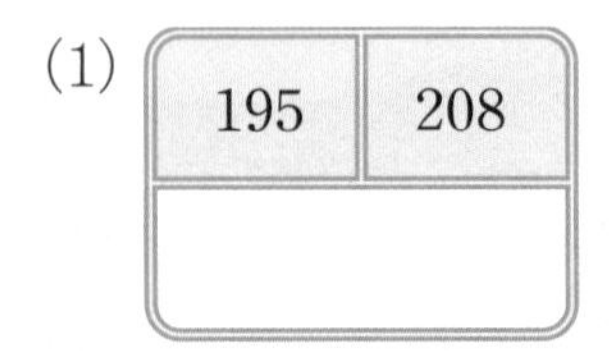

(2)

374	
547	

4 산의 입구에서 약수터까지 거리가 348 m이고, 약수터에서 정상까지 거리가 687 m입니다. 산의 입구에서 약수터를 지나 정상까지의 거리는 몇 m일까요? 식으로 나타내고, 2가지 방법으로 계산해 보세요.

(　　　　　　　　)

5 두 수의 차를 구해 보세요.

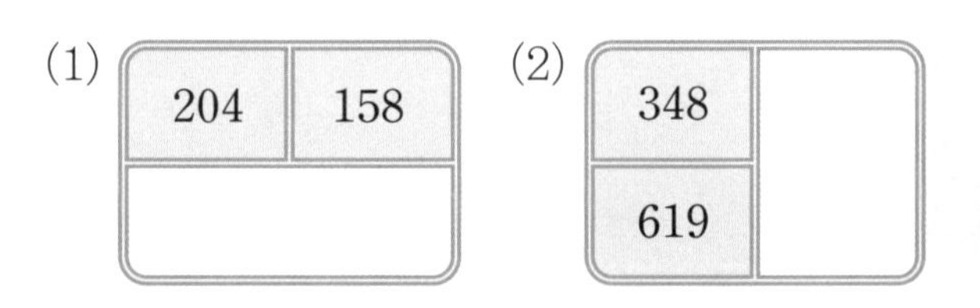

6 ○ 안에 >, =, <를 알맞게 써넣으세요.

(1) 247+395 ○ 182+453

(2) 611−257 ○ 712−343

7 계산해 보세요.

(1) 553－221

(2) 624－218

(3) 572－319

(4) 735－587

(5) 821－327

(6) 914－547

8 키 143 cm부터 탈 수 있는 놀이 기구가 있습니다. 나온이의 키가 134 cm이면 몇 cm가 부족한가요? 식으로 나타내고, 2가지 방법으로 계산해 보세요.

(　　　　　　　　)

9 네 수 중에서 두 수를 골라 산이는 더해서 가장 큰 수를 만들었고 강이는 빼서 가장 작은 수를 만들었습니다. 물음에 답하세요

242	427	519	384

(1) 산이가 만든 식과 답을 써 보세요.

식 ____________________

답 ____________________

(2) 강이가 만든 식과 답을 써 보세요.

식 ____________________

답 ____________________

10 종이가 큰 상자에는 459장 들어 있고 작은 상자에는 288장 들어 있습니다. 두 상자 안에 들어 있는 종이는 모두 몇 장일까요?

(　　　　　　　　)

11 학급 도서관에 책이 816권 있습니다. 그중 학생들이 348권을 빌려 가면 도서관에 남아 있는 책은 몇 권인가요?

(　　　　　　　　)

1 계산이 잘못된 곳을 찾아 이유를 쓰고, 바르게 계산해 보세요.

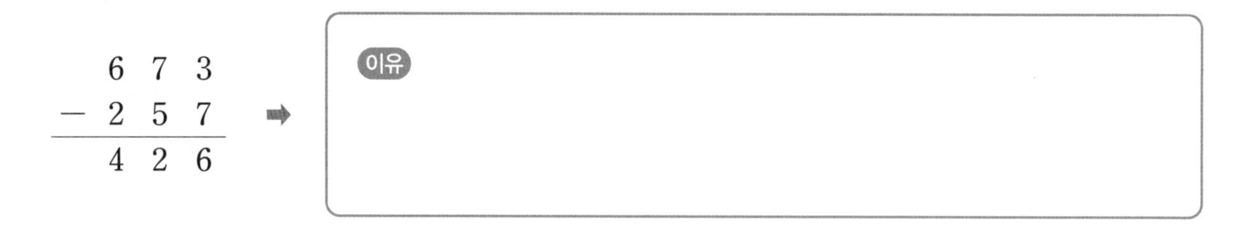

2 □ 안에 알맞은 수를 써넣으세요.

$$\begin{array}{r} 5\ 8\ \square \\ +\ \square\ 4\ 7 \\ \hline 1\ 2\ \square\ 2 \end{array}$$

3 6장의 수 카드 [1], [2], [4], [6], [7], [9]를 한 번씩만 사용하여 세 자리 수 2개를 만들려고 합니다. 바다와 강이의 생각에 따라 계산해 보세요.

(1)

세 자리 수끼리 더했을 때
가장 큰 값이 나오는 두 수를 만들 거야.

(2)

세 자리 수끼리 뺐을 때
가장 작은 값이 나오는 두 수를 만들 거야.

4 산이와 하늘이의 대화를 읽고 하늘이가 계산한 값을 써 보세요.

어떤 수에 127을 더했더니
642가 나왔어.

난 네가 생각한 어떤 수에서
289를 뺐어.

(　　　　　　　　)

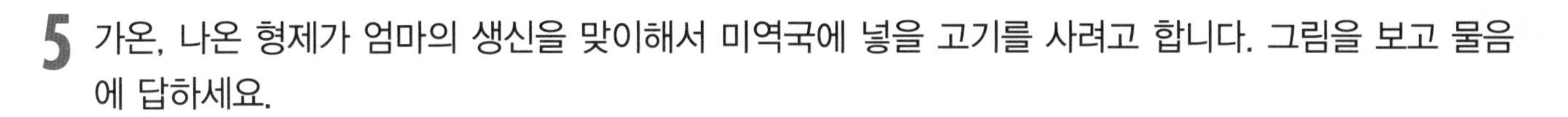

5 가온, 나온 형제가 엄마의 생신을 맞이해서 미역국에 넣을 고기를 사려고 합니다. 그림을 보고 물음에 답하세요.

(1) 가온이는 고기 3팩 중에서 양이 많은 것을 2팩 사려고 합니다. 가온이가 사려는 고기의 무게는 몇 g일까요?

( )

(2) 나온이는 고기가 너무 많으면 낭비라고 생각해서 고기 3팩 중 양이 600 g에 가장 가까운 것을 2팩 사려고 합니다. 나온이가 사려는 고기의 무게는 몇 g일까요?

( )

6 물음에 답하세요.

(1) 사람의 뼈의 개수는 저마다 약간씩 차이가 있지만 태어날 때는 약 300개 정도라고 합니다. 그런데 모두 성장해서 어른이 되면 뼈의 개수는 206개가 됩니다. 어른이 되면 태어날 때보다 뼈가 몇 개 줄어드는지 식으로 나타내고 계산해 보세요.

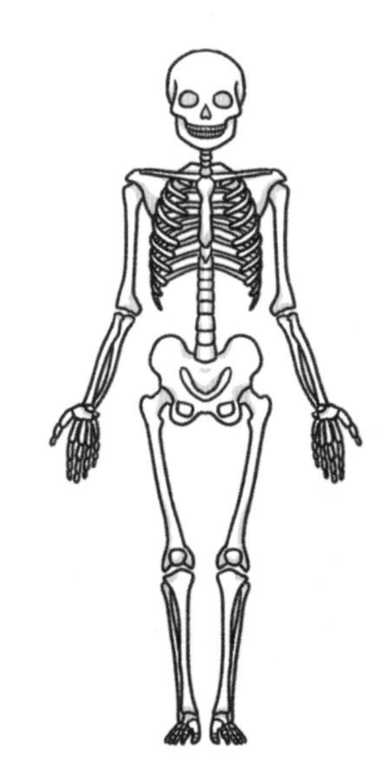

(2) 성인의 뼈를 크게 머리와 목, 상체, 하체로 나누어서 생각하면 하체에는 62개의 뼈가 있고, 머리와 목에는 29개의 뼈가 있습니다. 상체에는 모두 몇 개의 뼈가 있는지 식으로 나타내고 계산해 보세요.

2 막대를 똑바로 세워 볼까요?

평면도형

- 직선, 선분, 반직선을 알고 구별할 수 있어요.
- 각과 직각을 알 수 있어요.
- 직각삼각형, 직사각형, 정사각형을 알 수 있어요.

Check

스스로 다짐하기

- □ 정답을 맞히는 것도 중요하지만, 문제를 푼 과정을 설명하는 것도 중요해요.
- □ 새롭고 어려운 내용이 많지만, 꼼꼼하게 풀어 보세요.
- □ 스스로 과제를 해결하는 것이 힘들지만, 참고 이겨 내면 기분이 더 좋아져요.

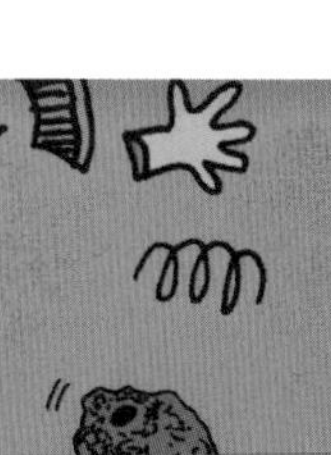

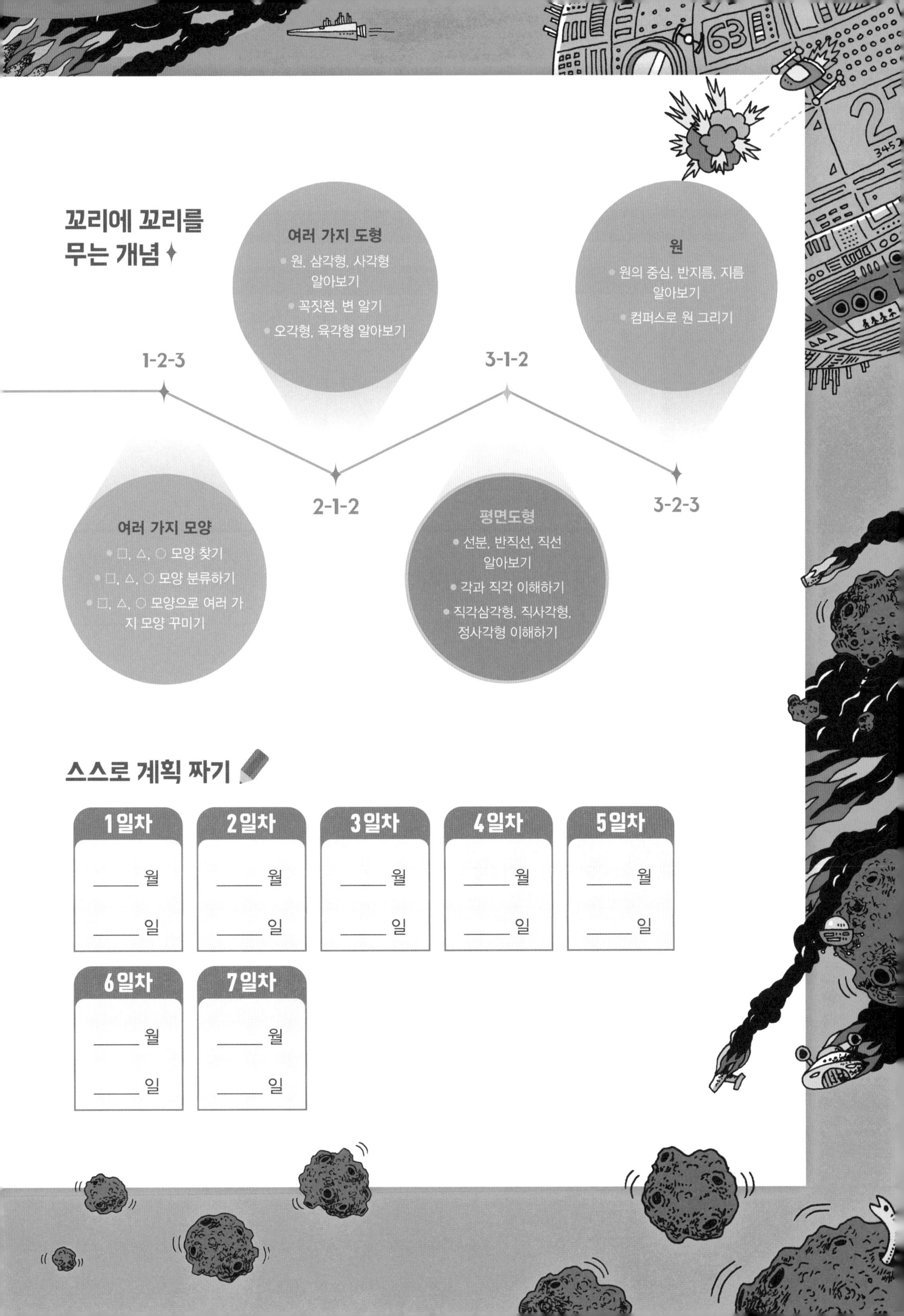

꼬리에 꼬리를 무는 개념

1-2-3

여러 가지 모양
- □, △, ○ 모양 찾기
- □, △, ○ 모양 분류하기
- □, △, ○ 모양으로 여러 가지 모양 꾸미기

2-1-2

여러 가지 도형
- 원, 삼각형, 사각형 알아보기
- 꼭짓점, 변 알기
- 오각형, 육각형 알아보기

3-1-2

평면도형
- 선분, 반직선, 직선 알아보기
- 각과 직각 이해하기
- 직각삼각형, 직사각형, 정사각형 이해하기

3-2-3

원
- 원의 중심, 반지름, 지름 알아보기
- 컴퍼스로 원 그리기

스스로 계획 짜기

1일차	2일차	3일차	4일차	5일차
____ 월 ____ 일	____ 월 ____ 일	____ 월 ____ 일	____ 월 ____ 일	____ 월 ____ 일

6일차	7일차
____ 월 ____ 일	____ 월 ____ 일

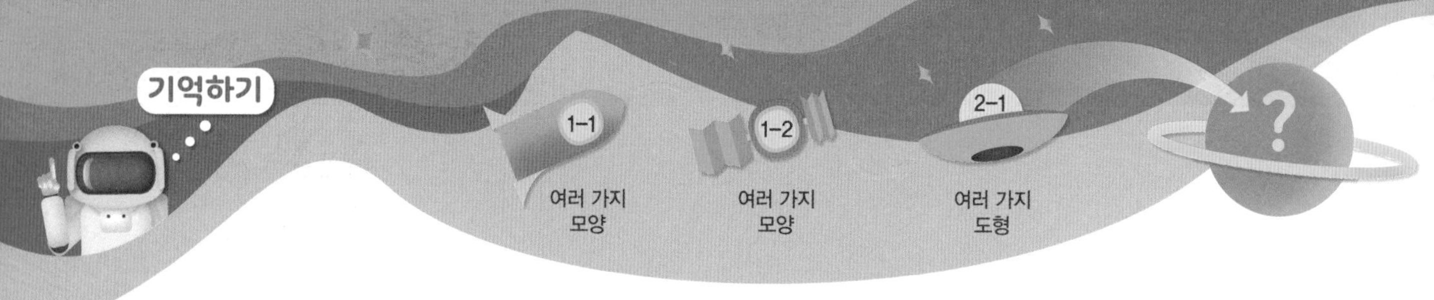

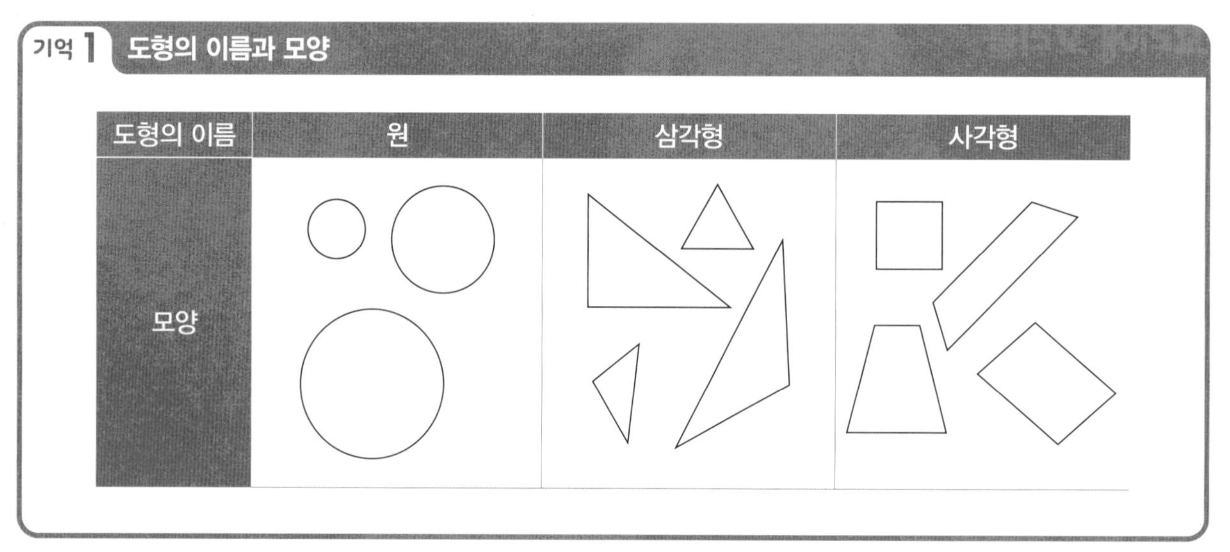

기억 1 도형의 이름과 모양

도형의 이름	원	삼각형	사각형
모양			

1 원을 찾아 색칠해 보세요.

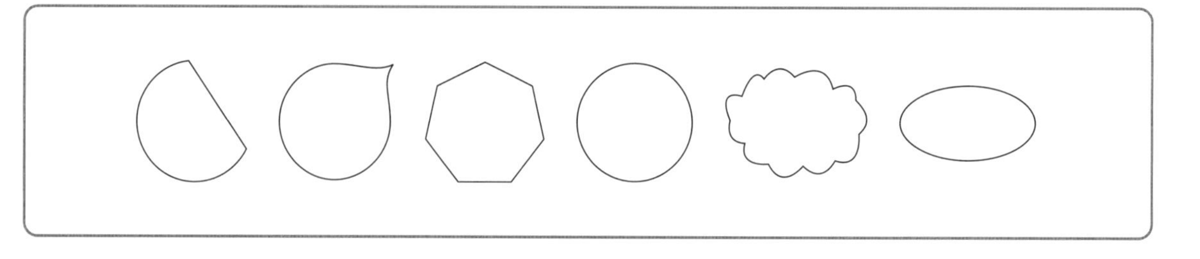

2 삼각형에 ○표, 사각형에 ☆표 해 보세요.

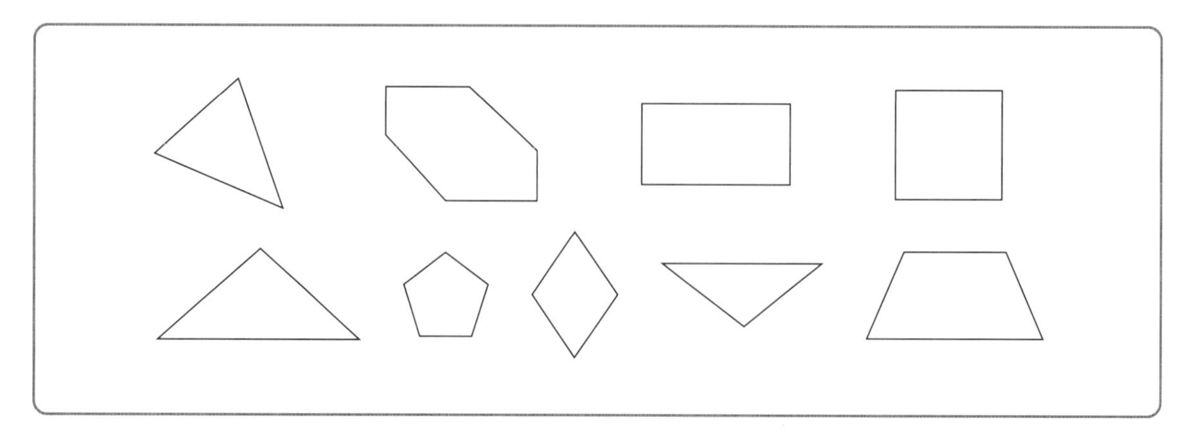

기억 2 변과 꼭짓점

삼각형과 사각형에서 변과 꼭짓점을 하나씩 찾으면 다음과 같습니다.

변 꼭짓점 변 꼭짓점

3 꼭짓점을 모두 찾아 점을 찍어 보세요.

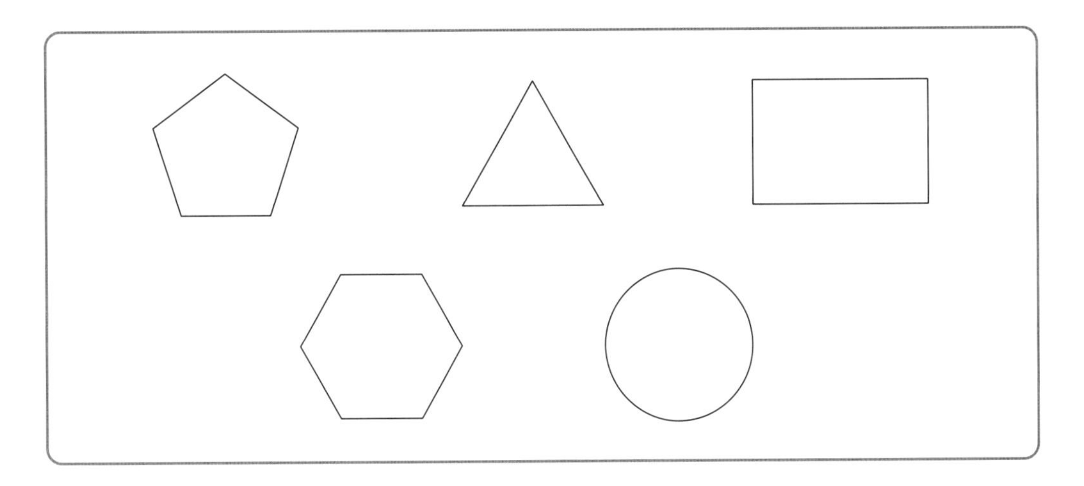

4 변을 모두 찾아 몇 개인지 써 보세요.

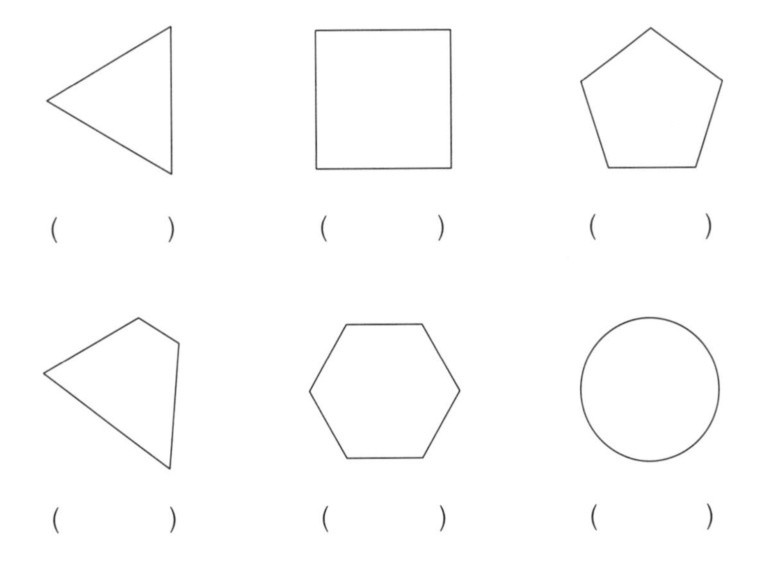

( ) ( ) ( )

( ) ( ) ( )

생각열기 ①

레이저포인터로 만들어지는 선의 종류는 몇 가지일까요?

1 과학 시간에 레이저포인터로 실험을 했습니다. 레이저포인터를 켜면 빛이 곧게 나아가요.

(1) 레이저포인터로 칠판에 있는 파란 점을 가리켰습니다. 빛이 곧게 나가는 모습을 선으로 그려 보세요.

(2) 레이저포인터로 밤하늘의 파란 별을 가리켰습니다. 빛이 곧게 나아가는 모습을 선으로 그려 보세요.

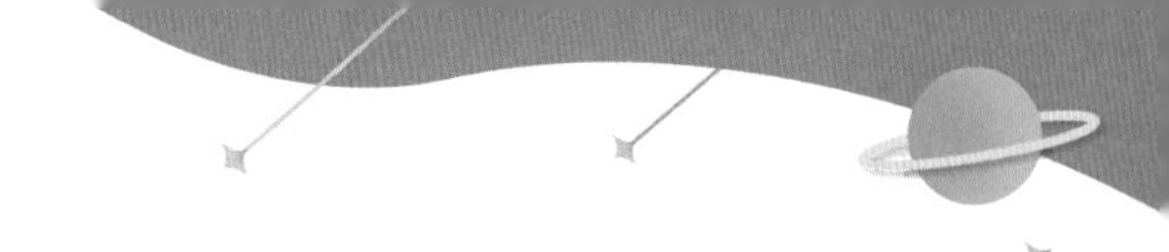

(3) 양쪽에서 빛이 나오는 레이저포인터가 있습니다. 빛이 파란 두 점을 지나 양쪽으로 곧게 나아가는 모습을 선으로 그려 보세요.

2

보기 와 같이 도형에서 꼭짓점 하나를 선택하여 점을 찍고, 꼭짓점에서 출발하는 두 변을 따라 곧게 나아가는 선을 그려 보세요.

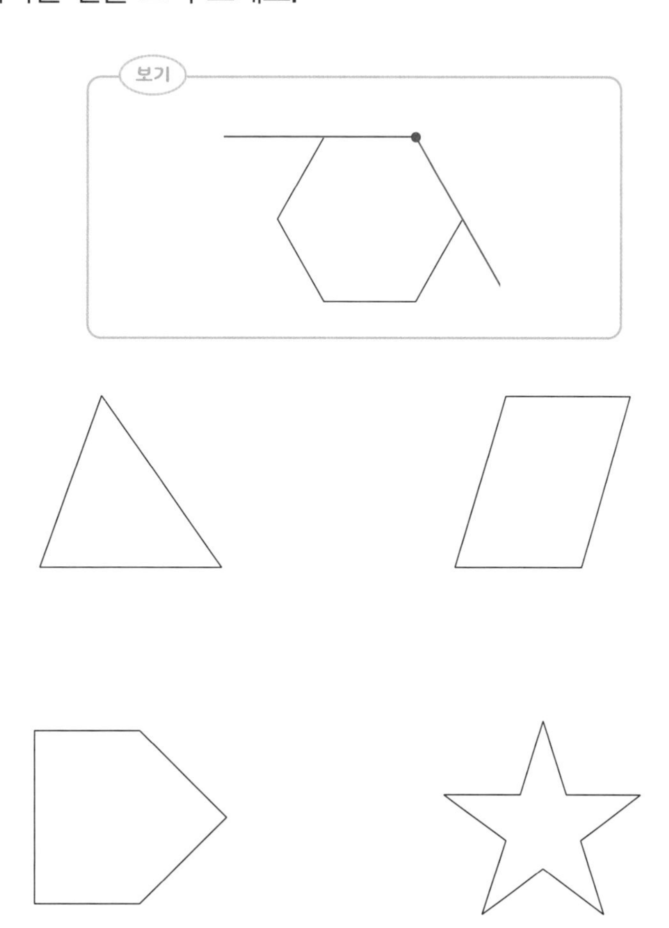

개념활용 1-1

선분, 직선, 반직선

1 유명한 화가 피카소의 그림을 따라 그렸습니다. 물음에 답하세요.

(1) 그림에서 곧은 선을 찾아 빨간색으로 따라 그려 보세요.

(2) 그림에서 굽은 선을 찾아 파란색으로 따라 그려 보세요.

2 곧은 선과 굽은 선을 그리려고 합니다. 물음에 답하세요.

(1) 곧은 선을 그리려면 어떻게 해야 할까요?

(2) 곧은 선과 굽은 선으로 두 점을 이어 보세요.

곧은 선	굽은 선
• •	• •

개념 정리

두 점을 곧게 이은 선을 선분이라고 합니다.

ㄱ ———— ㄴ 선분 ㄱㄴ 또는 선분 ㄴㄱ

3 곧은 선을 양쪽으로 계속 이어 그으면 어디까지 그릴 수 있을까요?

4 주어진 도형의 공통점과 차이점을 설명해 보세요.

㉠ ㄱ———ㄴ　　㉡ ㄱ———ㄴ———

㉢ ——ㄱ———ㄴ　　㉣ ——ㄱ———ㄴ———

공통점	차이점

개념 정리

- 한 점에서 시작하여 한쪽으로 끝없이 늘인 곧은 선을 반직선이라고 합니다. 반직선은 시작점을 먼저 읽습니다.

ㄱ———ㄴ——— 반직선 ㄱㄴ　　———ㄱ———ㄴ 반직선 ㄴㄱ

- 선분을 양쪽으로 끝없이 늘인 곧은 선을 직선이라고 합니다.

——ㄱ———ㄴ—— 직선 ㄱㄴ 또는 직선 ㄴㄱ

5 주어진 점을 이용하여 선분 ㄷㅁ, 반직선 ㄹㄷ, 직선 ㅁㄱ을 그어 보세요.

ㄱ　ㄴ　ㄹ

ㄷ　ㅁ

개념활용 ①-2

각

1 점 ㄱ에서 시작하는 반직선을 2개 그려 보세요.

ㄱ

개념 정리

한 점에서 시작하는 두 반직선으로 이루어진 도형을 각이라고 합니다. 그림의 각을 각 ㄱㄴㄷ 또는 각 ㄷㄴㄱ이라 하고, 이때 반직선이 시작되는 점 ㄴ을 각의 꼭짓점이라고 합니다.
반직선 ㄴㄱ과 반직선 ㄴㄷ을 각의 변이라 하고, 이 변을 변 ㄴㄱ과 변 ㄴㄷ이라고 합니다. 각을 읽을 때는 각의 꼭짓점을 가운데에 둡니다.

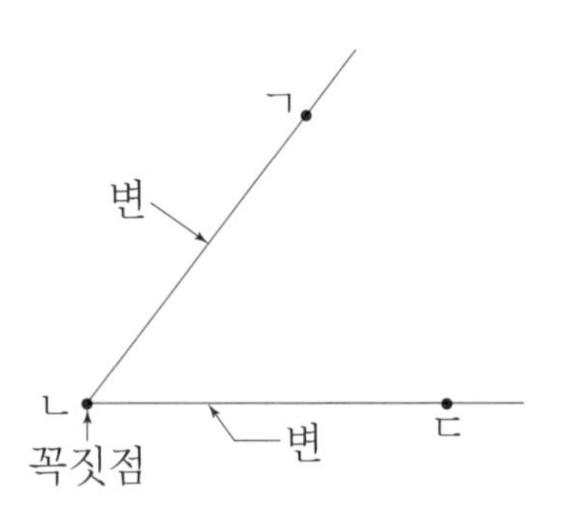

2 사자자리에서 각을 3개 찾아 ○표 해 보세요.

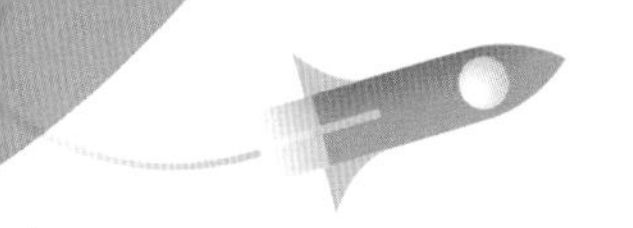

3 여러 모양에서 각 ㄴㄷㄱ을 찾아 그려 보세요.

(1)

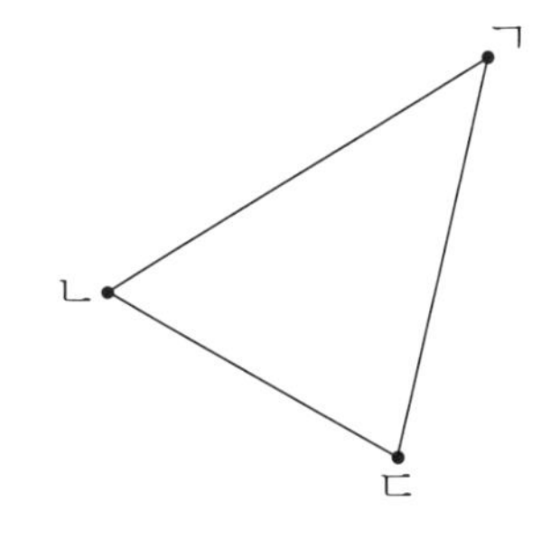

(2)

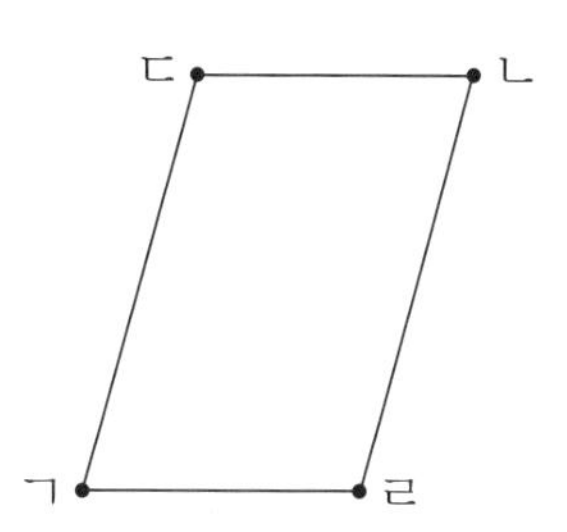

(3)

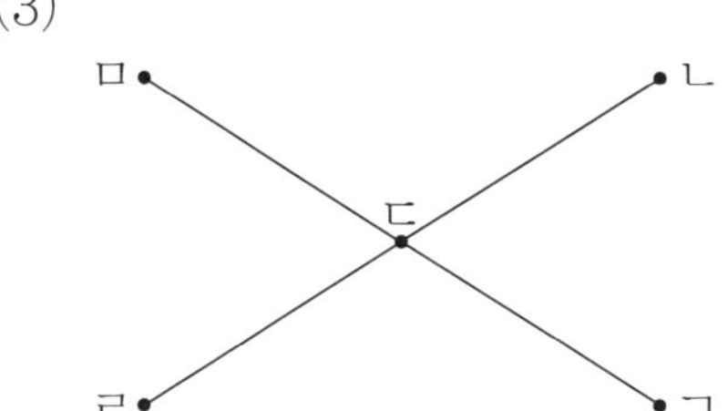

(4)

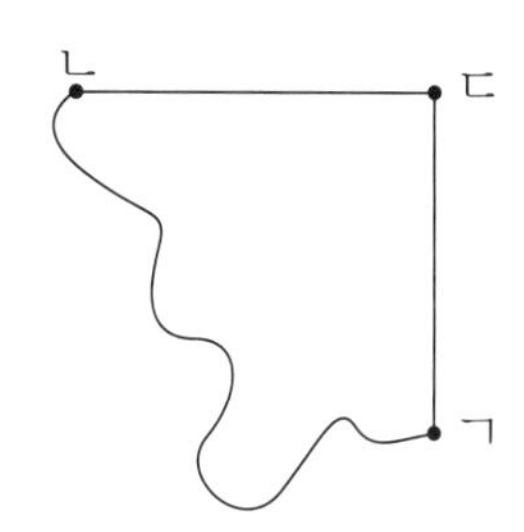

4 각이 아닌 도형을 찾아 기호를 쓰고, 그 이유를 설명해 보세요.

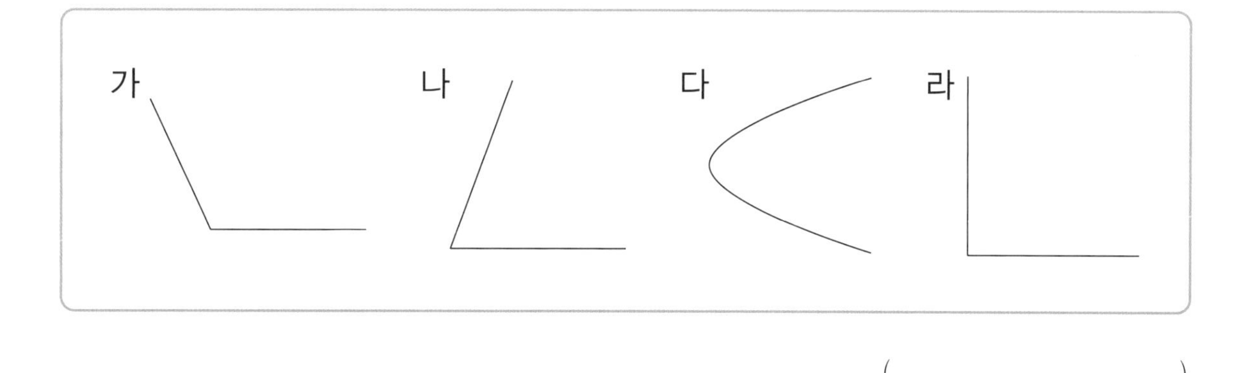

(　　　　　　　　　　)

막대를 곧게 세워 볼까요?

모래 가져가기 놀이는 쌓여 있는 모래를 차례대로 가져가다가 모래에 꽂혀 있는 나무 막대기를 쓰러뜨리는 사람이 지는 게임이에요.

(1) 나무 막대기가 잘 쓰러지지 않도록 막대를 그려 보세요.

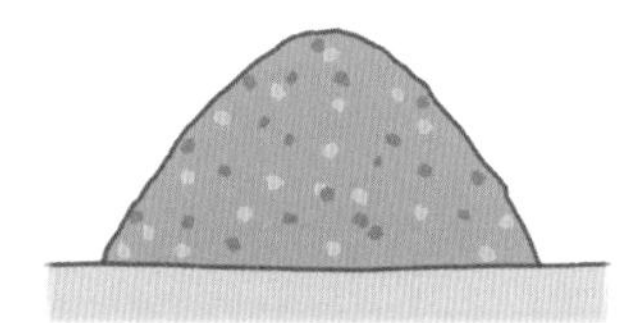

(2) 모래 가져가기 놀이의 원리를 이용해서 잘 쓰러지지 않는 집을 지으려고 합니다. 땅에서 지붕에 닿는 나무 기둥을 2개 세울 때 나무 기둥을 선으로 그려 보세요.

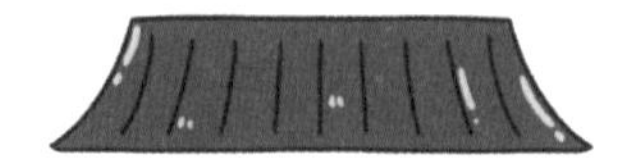

(3) (1)의 그림과 (2)의 그림에서 공통적으로 찾을 수 있는 모양을 그려 보세요.

가로와 세로의 길이가 같은 네모난 피자 한 판을 모둠 친구들 4명이 똑같이 나누어 먹으려고 해요.

(1) 2가지 방법으로 곧은 선을 두 번만 그어 피자를 4조각으로 똑같이 나누어 보세요.

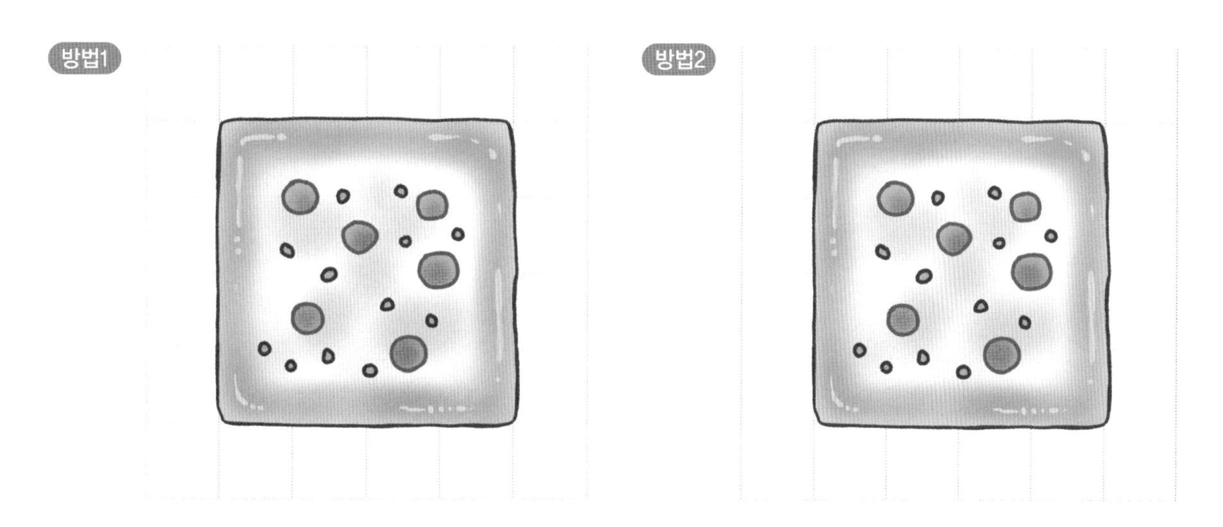

(2) (1)에서 그은 2개의 곧은 선에서 각을 찾아 ○표 해 보세요.

(3) 방법1 과 방법2 에서 그린 곧은 선 2개의 공통점을 찾아 써 보세요.

개념활용 ❷-1

직각

1 보기 처럼 종이를 반듯하게 두 번 접으면 각 ㄱㄴㄷ이 만들어집니다. 삼각자에서 각 ㄱㄴㄷ과 같이 생긴 각을 찾고 따라 그려 보세요.

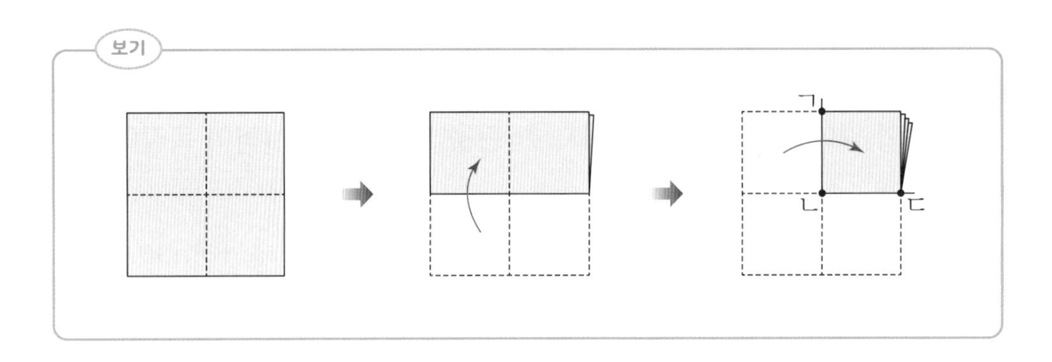

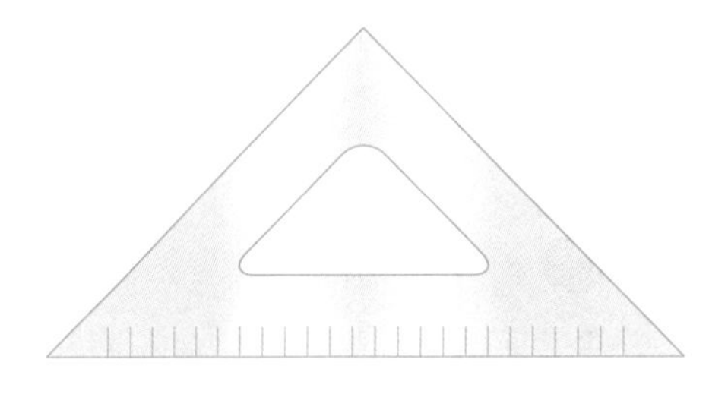

개념 정리

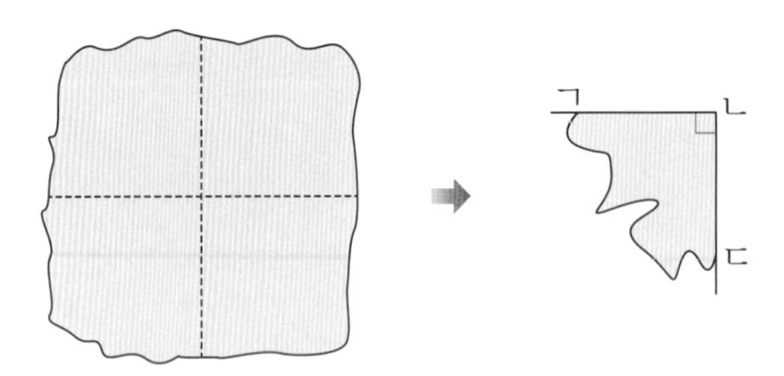

그림과 같이 종이를 반듯하게 두 번 접었을 때 생기는 각을 직각이라고 합니다.

직각 ㄱㄴㄷ을 나타낼 때는 꼭짓점 ㄴ에 ∟ 표시를 합니다.

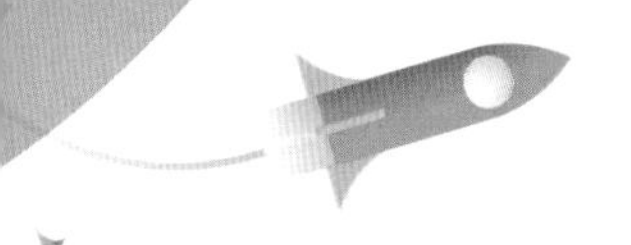

2 직각을 찾아 ㄴ 표시를 해 보세요.

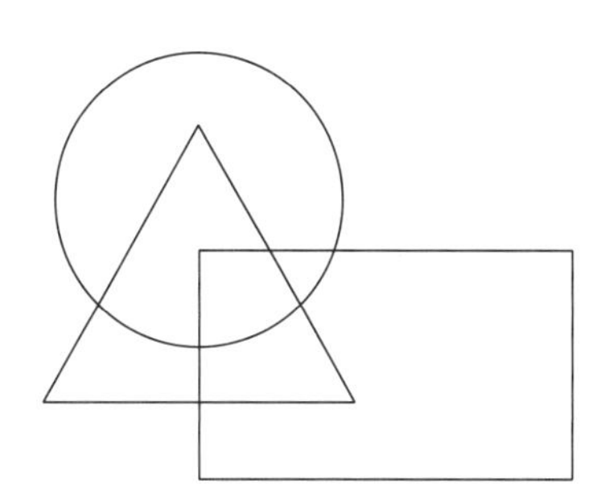

3 직각이 들어간 도형을 그리려고 합니다. 물음에 답하세요.

(1) 직각이 한 개 있는 도형을 3개 그려 보세요.

(2) 직각이 4개 있는 도형을 3개 그려 보세요.

개념활용 ②-2

직각삼각형과 직사각형

도형을 보고 물음에 답하세요.

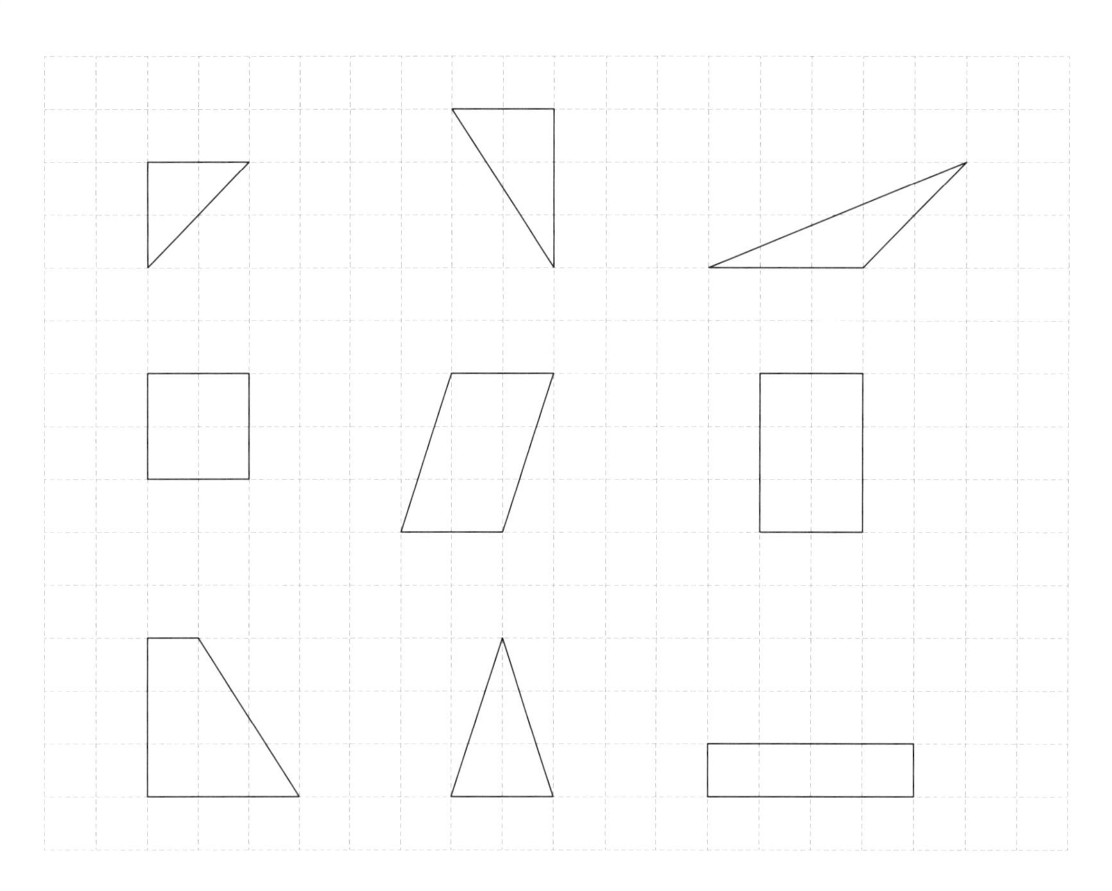

(1) 도형에서 직각을 모두 찾아 ∟ 표시를 해 보세요.

(2) 직각이 있는 삼각형을 모두 찾아 ○표 해 보세요.

(3) 직각이 4개 있는 사각형을 모두 찾아 ☆표 해 보세요.

(4) 직각이 있는 삼각형에는 직각이 모두 몇 개 있나요?

(　　　　　　　　)

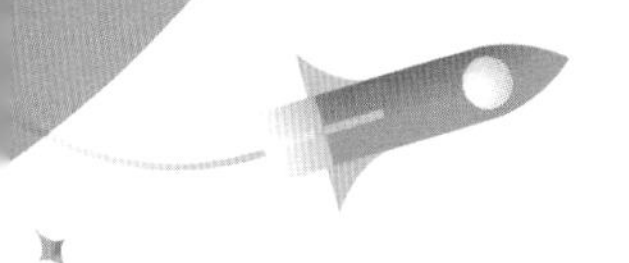

개념 정리

한 각이 직각인 삼각형을 직각삼각형이라고 합니다.

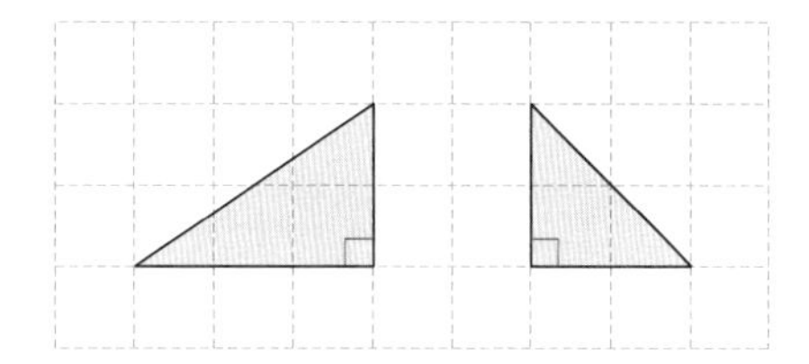

네 각이 모두 직각인 사각형을 직사각형이라고 합니다.

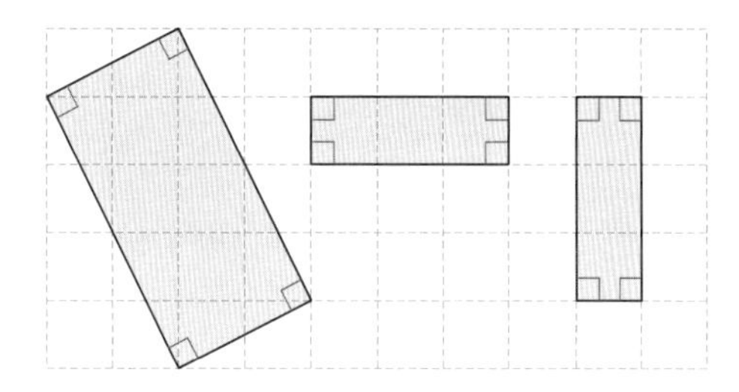

네 각이 모두 직각이고 네 변의 길이가 모두 같은 사각형을 정사각형이라고 합니다.

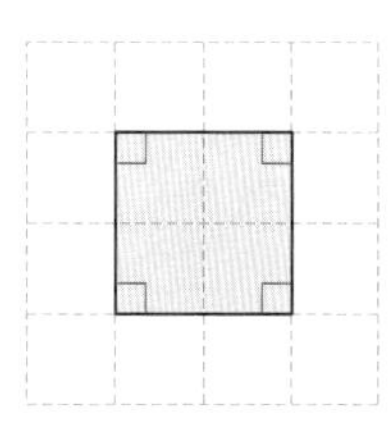

2 직각삼각형, 직사각형, 정사각형을 각각 한 개씩 그려 보세요.

표현하기

평면도형

스스로 정리 뜻을 쓰고 그림으로 나타내어 보세요.

1 선분, 반직선, 직선의 뜻을 쓰고 그림으로 나타내어 보세요.

(1) 선분 (2) 반직선 (3) 직선

ㄱ ㄴ ㄱ ㄴ ㄱ ㄴ

선분 ㄱㄴ 반직선 ㄱㄴ 직선 ㄱㄴ

2 각, 직사각형, 정사각형의 뜻을 쓰고 그림으로 나타내어 보세요.

(1) 각 (2) 직사각형 (3) 정사각형

개념 연결 빈칸에 알맞은 수나 말을 써넣으세요.

주제				
도형				
이름				
변의 수(개)				
꼭짓점의 수(개)				

도형의 특징을 꼭짓점과 변, 각을 이용하여 친구에게 편지로 설명해 보세요.

1 직각삼각형 2 직사각형 3 정사각형

1 직각삼각형을 모두 찾아 기호를 쓰고 그렇게 생각한 이유를 설명해 보세요.

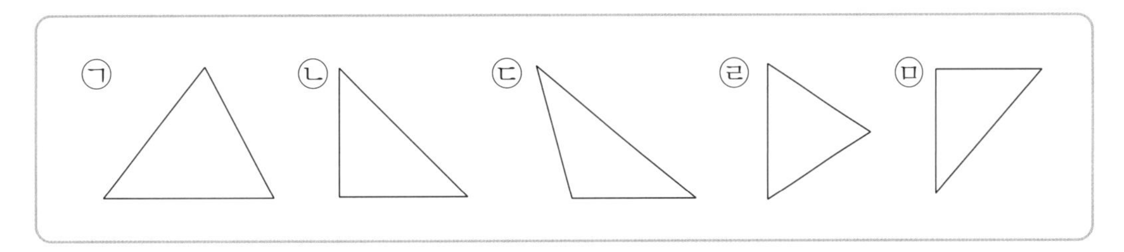

2 그림을 보고 물음에 답하세요.

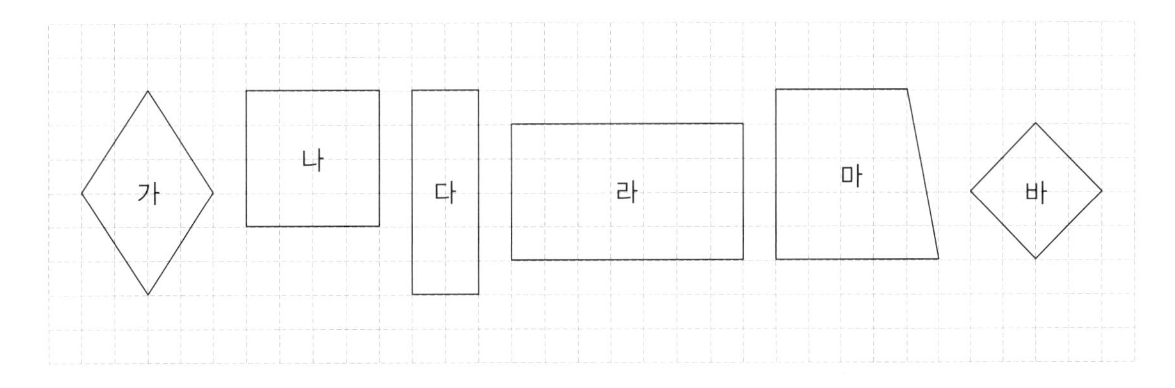

(1) 직사각형을 모두 찾아 기호를 쓰고 그렇게 생각한 이유를 설명해 보세요.

(2) 정사각형을 모두 찾아 기호를 쓰고 그렇게 생각한 이유를 설명해 보세요.

평면도형은 이렇게 연결돼요

여러 가지 도형

평면도형

원

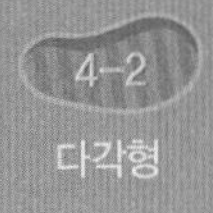

다각형

단원평가 기본

1 수아가 반직선 ㄱㄴ을 그었습니다. 물음에 답하세요.

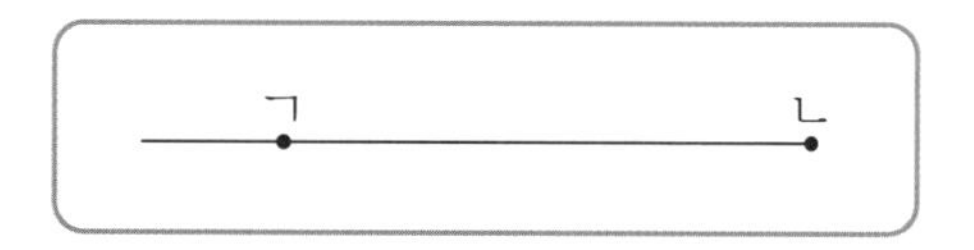

(1) 수아가 그은 반직선이 반직선 ㄱㄴ이 아닌 이유를 써 보세요.

이유 ____________________

____

(2) 반직선 ㄱㄴ을 바르게 그어 보세요.

ㄱ ㄴ

2 점 ㄱ을 꼭짓점으로 하는 각을 그리고 읽어 보세요.

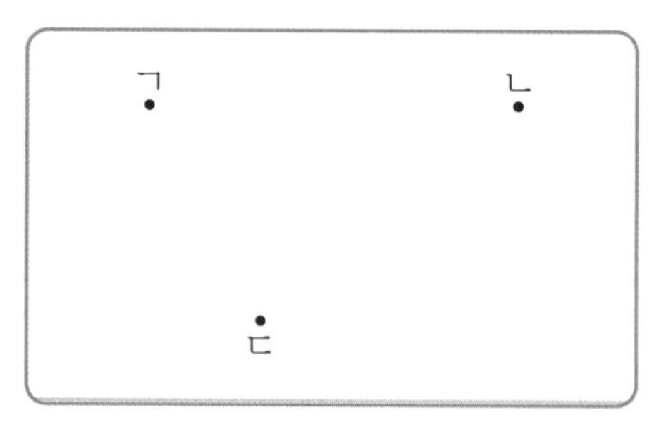

읽기 ____________________

3 주어진 순서대로 그림을 완성해 보세요.

① 반직선 ㄷㄱ을 그어 보세요.
② 반직선 ㄷㄴ을 그어 보세요.
③ 직선 ㄹㅁ을 그어 보세요.
④ 선분 ㄱㅁ을 그어 보세요.
⑤ 선분 ㄴㄹ을 그어 보세요.

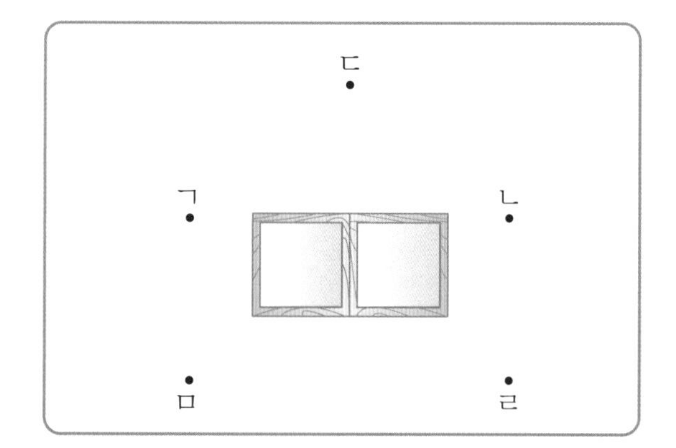

4 도형을 보고 물음에 답하세요.

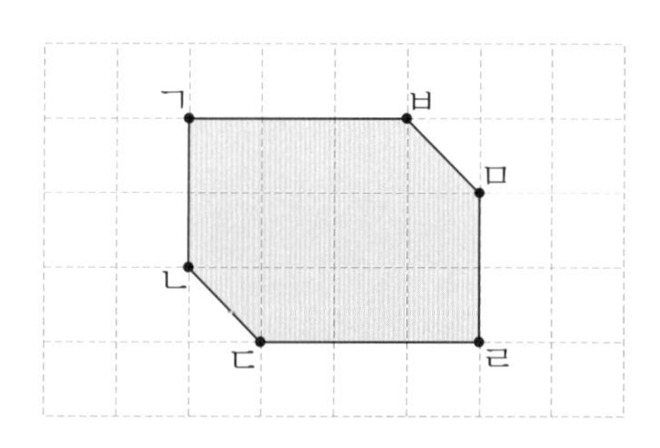

(1) 도형에서 점 ㅂ을 꼭짓점으로 하는 각을 변을 따라 그려 보세요.

(2) 도형에서 직각을 모두 찾아 ⌞ 표시를 하고, 각을 읽어 보세요.

읽기 ____________________

5 직각삼각자를 이용하여 점 ㅇ을 꼭짓점으로 하는 직각을 그려 보세요.

ㅇ

6 주어진 선분을 한 변으로 하는 직각삼각형을 그려 보세요.

(1)

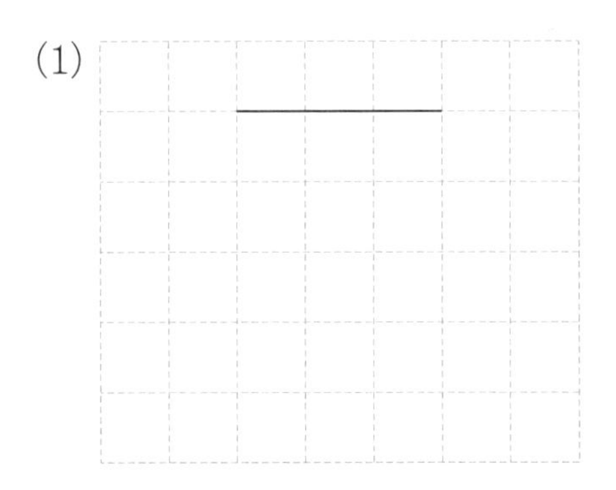

(2)

7 하늘이의 설명에서 틀린 부분을 찾아 고치고, 모눈 위에 하늘이가 그린 사각형을 직사각형으로 고쳐 보세요.

삼각형은 한 각이 직각이면 직각삼각형이고,
사각형은 한 각이 직각이면 직사각형이야.

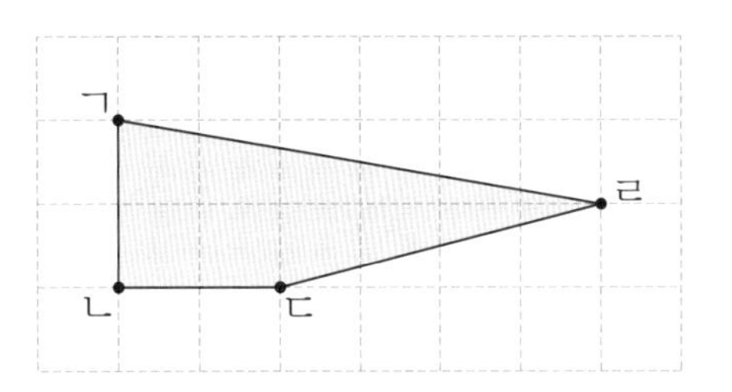

틀린 부분 ____________________

바르게 고치기 ____________________

8 도형을 두 번 잘라 직각삼각형, 직사각형, 정사각형을 만들려고 합니다. 잘라야 하는 부분을 선분으로 표시해 보세요.

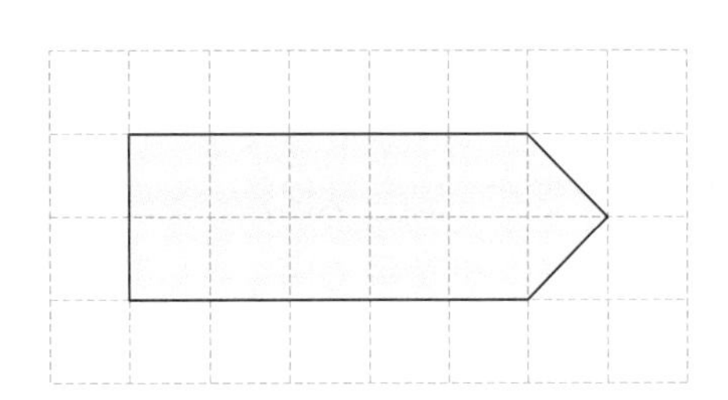

1 영우네 모둠 친구들은 직각이 많이 들어간 도형 그리기를 하였습니다. 물음에 답하세요.

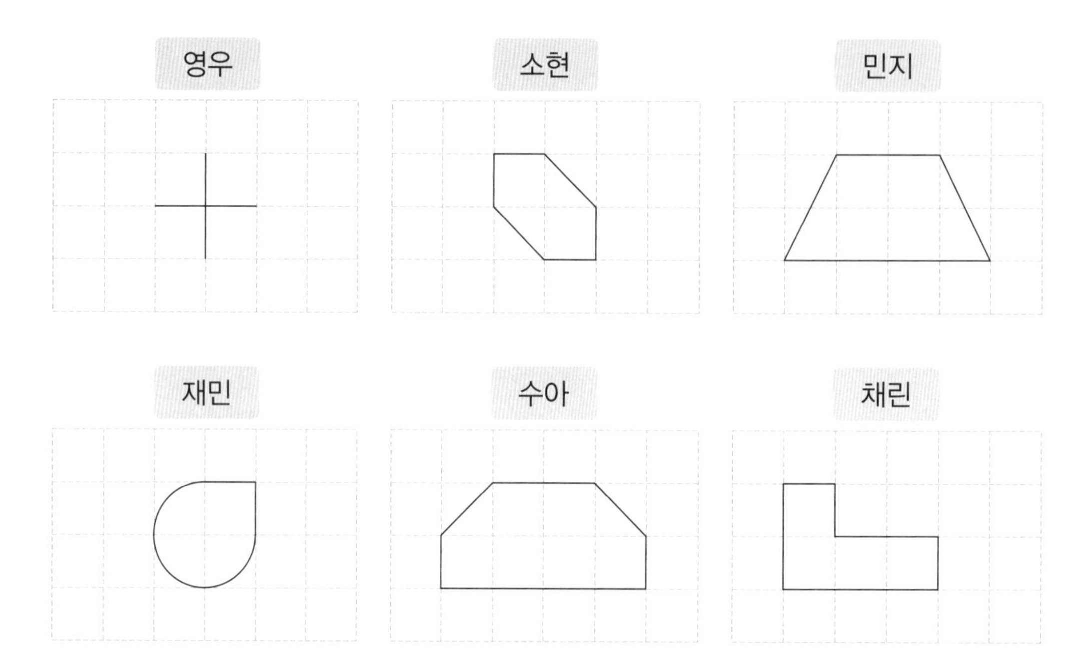

(1) 도형에서 직각을 모두 찾아 ⌞ 표시를 해 보세요.

(2) 누가 그린 도형에 직각이 가장 많이 들어갔나요?

(　　　　　　　　)

(3) 재민이가 그린 도형에 직각이 더 들어가도록 선분을 한 개 그려 넣으세요.

2 시계에서 직각이 되는 시각을 찾으려고 합니다. 분침이 12를 가리킬 때 분침과 시침이 직각을 이루는 시각을 모두 찾고, 시침을 시계에 그려 보세요.

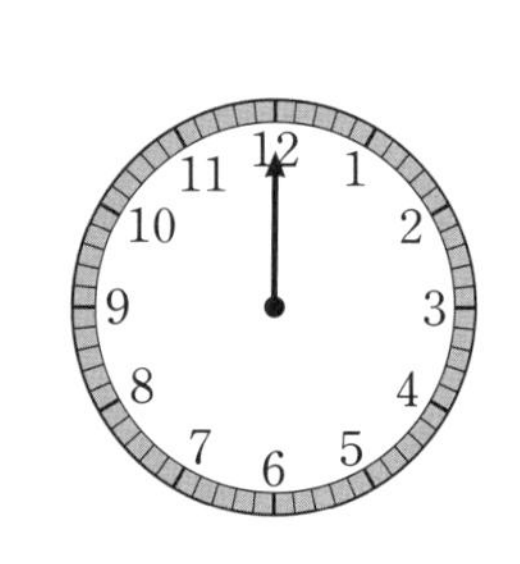

(　　　　　　　　)

3 직사각형 종이를 다음과 같이 접었다 펼쳤더니 어떤 도형이 만들어졌습니다. 빨간색 선으로 표시한 도형의 이름을 쓰고, 특징을 설명해 보세요.

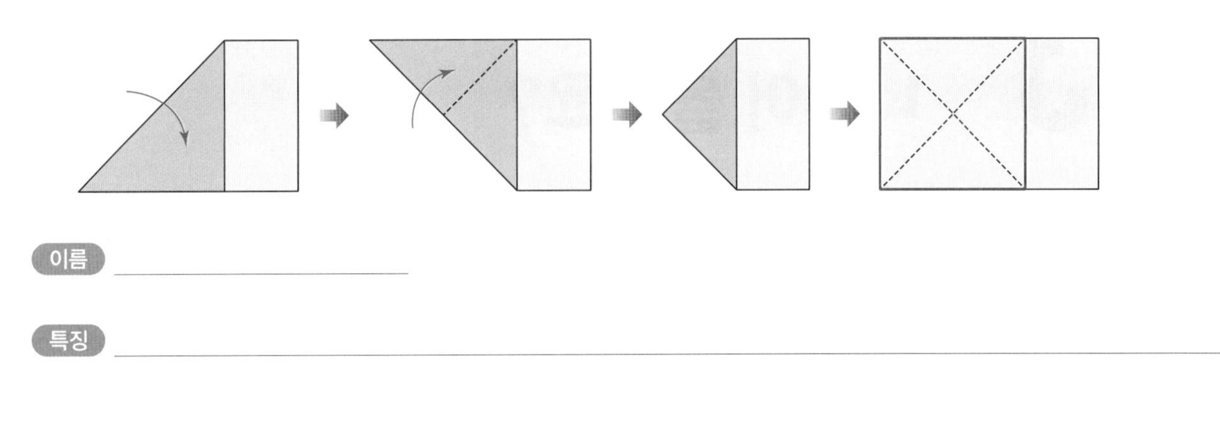

이름 ____________________

특징 ____

____

4 소연이와 현우가 소머리 별자리를 만들고 있습니다. 각 ㄴㄷㄱ을 바르게 그린 친구를 찾고, 그렇게 생각한 이유를 보기 의 단어로 설명해 보세요.

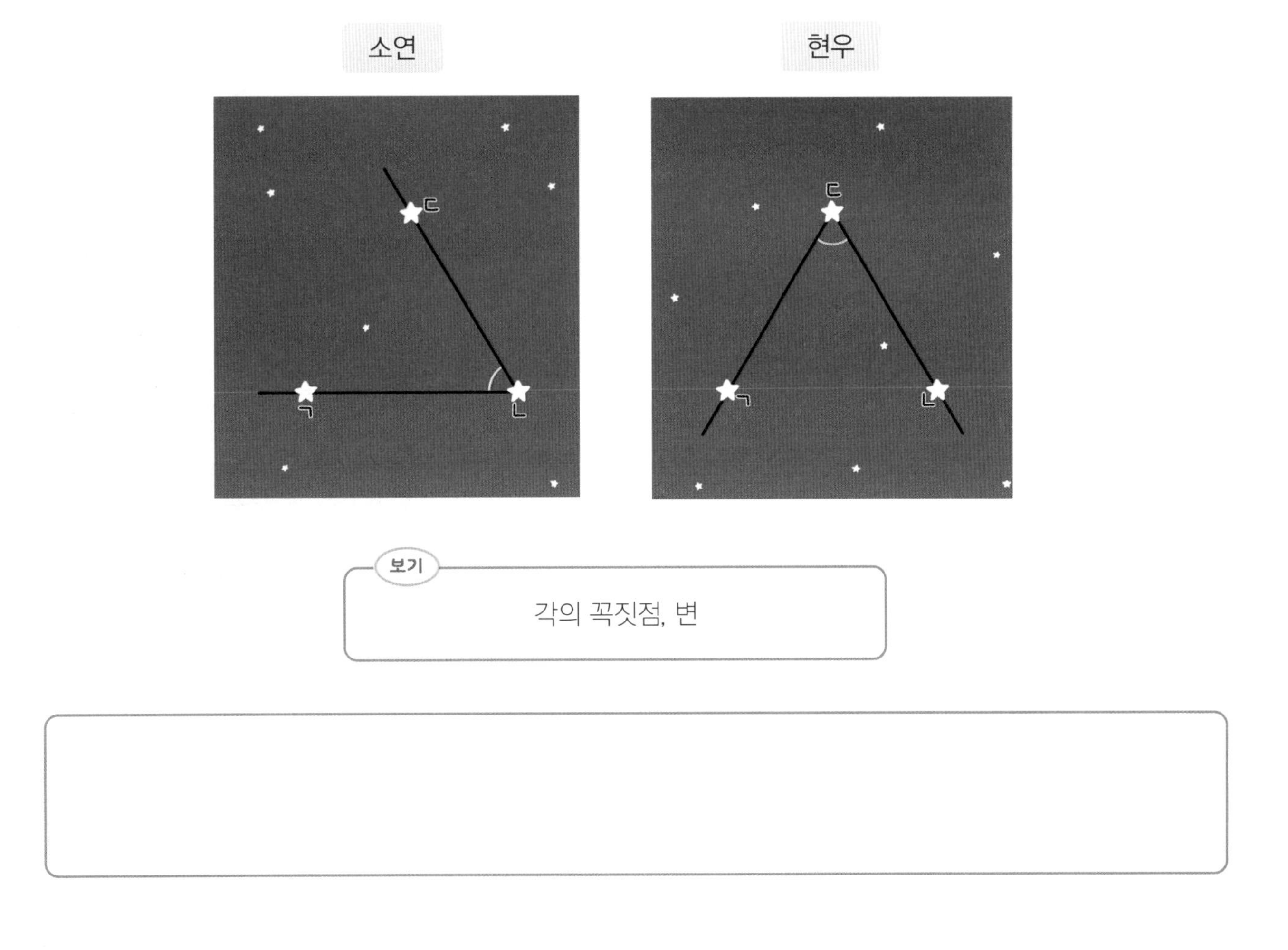

3 연필을 똑같이 나누어 볼까요?

나눗셈

- 똑같이 나누는 활동을 통해 나눗셈을 이해하고 나눗셈식으로 나타낼 수 있어요.
- 묶어 세는 활동을 통해 나눗셈을 이해하고 나눗셈식으로 나타낼 수 있어요.
- 곱셈과 나눗셈의 관계를 알 수 있어요.

Check

스스로 다짐하기

□ 정답을 맞히는 것도 중요하지만, 문제를 푼 과정을 설명하는 것도 중요해요.
□ 새롭고 어려운 내용이 많지만, 꼼꼼하게 풀어 보세요.
□ 스스로 과제를 해결하는 것이 힘들지만, 참고 이겨 내면 기분이 더 좋아져요.

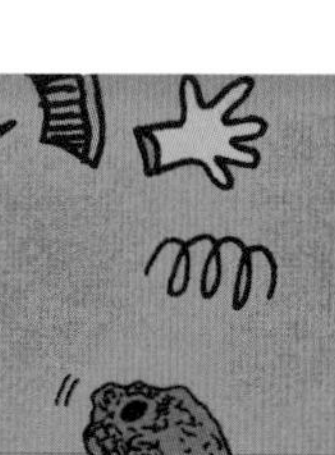

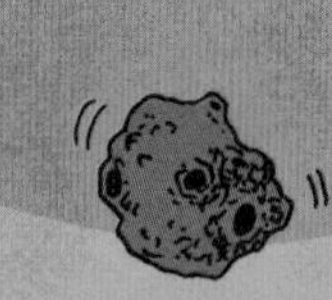

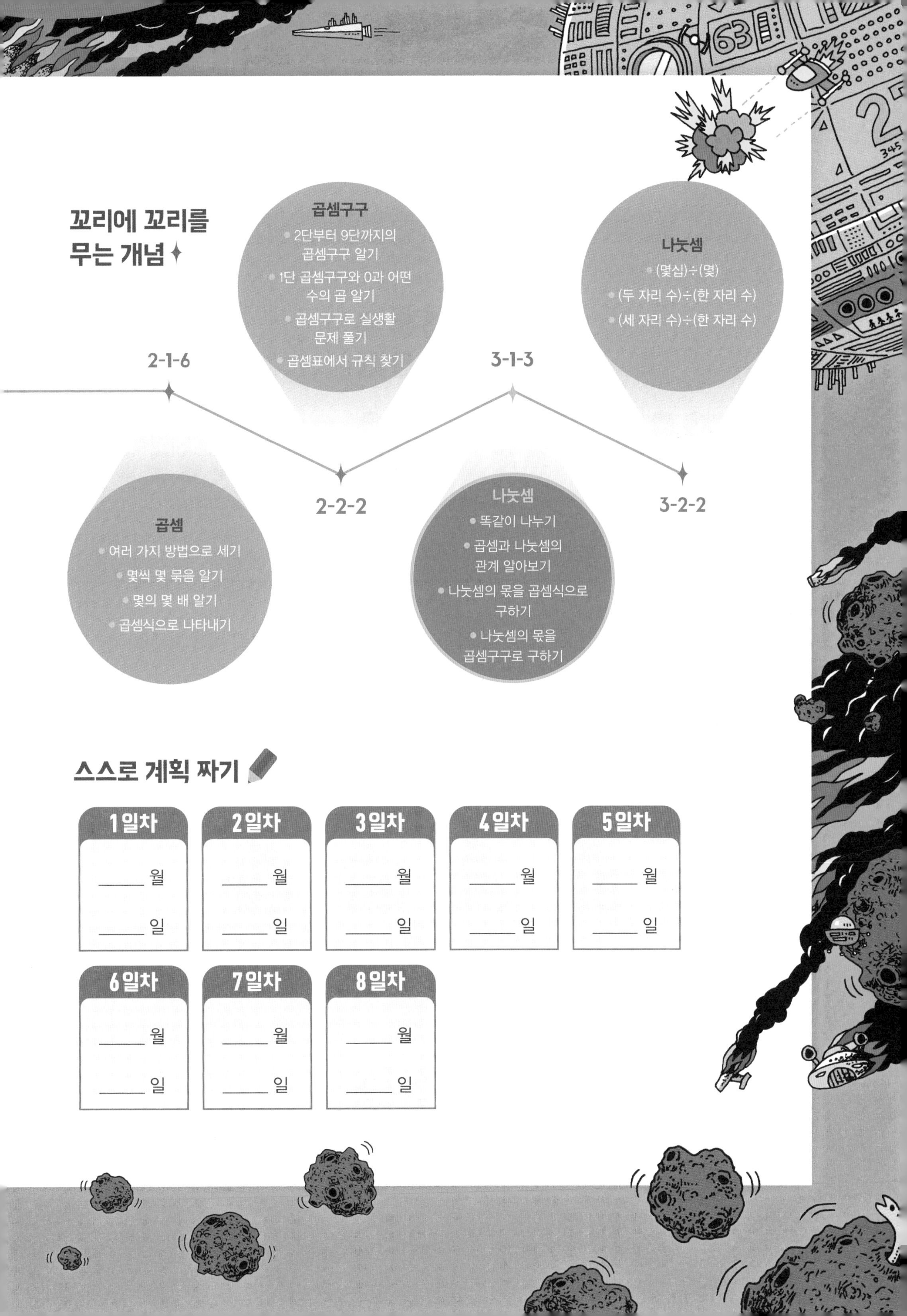

꼬리에 꼬리를 무는 개념

2-1-6

곱셈
- 여러 가지 방법으로 세기
- 몇씩 몇 묶음 알기
- 몇의 몇 배 알기
- 곱셈식으로 나타내기

2-2-2

곱셈구구
- 2단부터 9단까지의 곱셈구구 알기
- 1단 곱셈구구와 0과 어떤 수의 곱 알기
- 곱셈구구로 실생활 문제 풀기
- 곱셈표에서 규칙 찾기

3-1-3

나눗셈
- 똑같이 나누기
- 곱셈과 나눗셈의 관계 알아보기
- 나눗셈의 몫을 곱셈식으로 구하기
- 나눗셈의 몫을 곱셈구구로 구하기

3-2-2

나눗셈
- (몇십)÷(몇)
- (두 자리 수)÷(한 자리 수)
- (세 자리 수)÷(한 자리 수)

스스로 계획 짜기

1일차	2일차	3일차	4일차	5일차
____ 월 ____ 일	____ 월 ____ 일	____ 월 ____ 일	____ 월 ____ 일	____ 월 ____ 일

6일차	7일차	8일차
____ 월 ____ 일	____ 월 ____ 일	____ 월 ____ 일

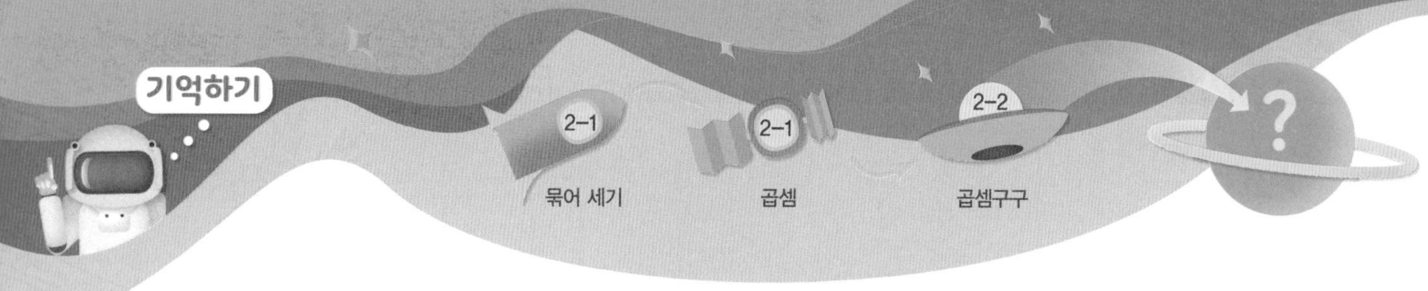

기억 1 묶어 세기

많은 수를 세거나 같은 수가 계속 더해질 때는 묶어 세기를 이용합니다.

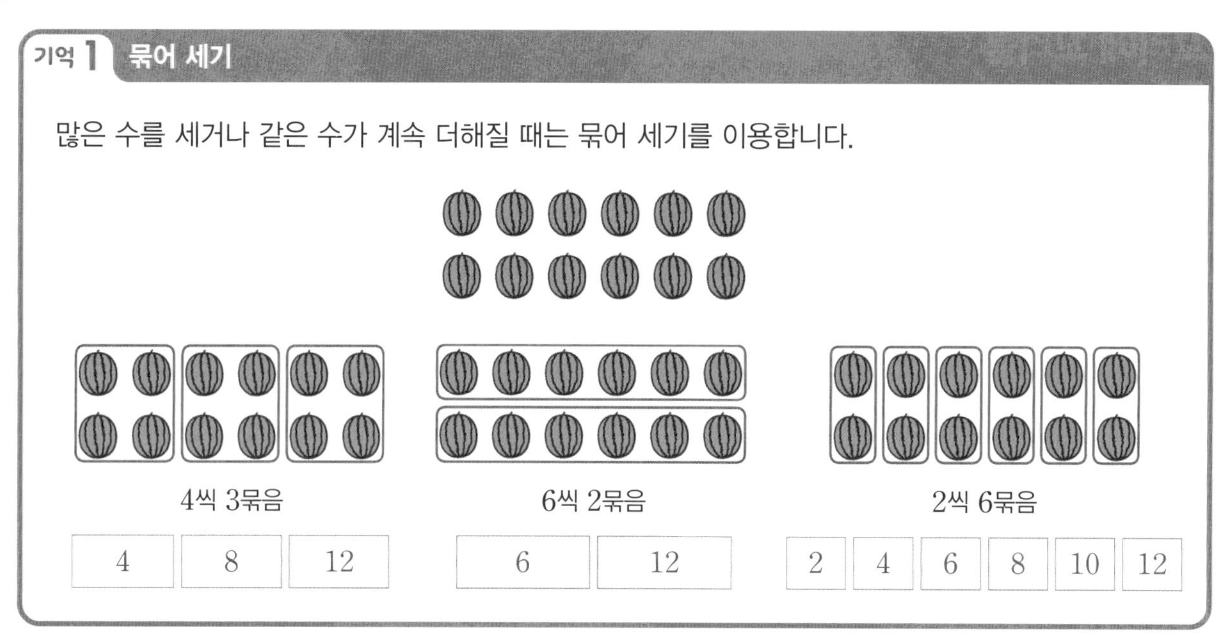

1 한 망에 귤이 5개씩 담겨 있습니다. 귤은 모두 몇 개인지 묶어 세기로 세어 보세요.

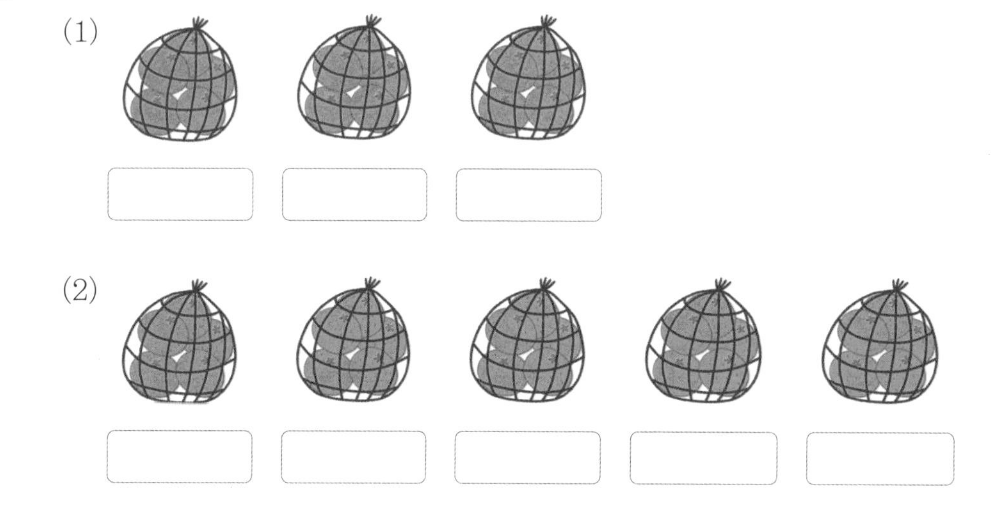

2 □ 안에 알맞은 수를 써넣으세요.

기억 2 몇의 몇 배

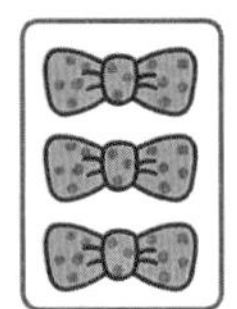 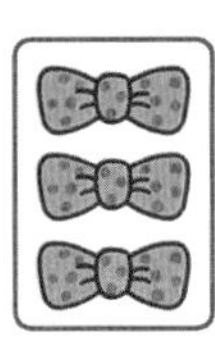 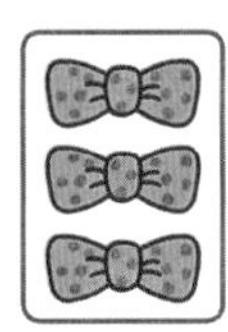 

- 3의 4배를 3×4라 쓰고 3 곱하기 4라고 읽습니다.
- $3+3+3+3=12$
- $3\times4=12$
- 3과 4의 곱은 12입니다.

3 □ 안에 알맞은 수를 써넣고, 곱셈식으로 나타내어 보세요.

(1) 3의 3배는 □ 입니다. 곱셈식 ______

(2) 2의 4배는 □ 입니다. 곱셈식 ______

(3) 4의 2배는 □ 입니다. 곱셈식 ______

(4) 5의 3배는 □ 입니다. 곱셈식 ______

4 빈칸에 알맞은 수를 써넣으세요.

×	0	1	2	3	4	5	6	7	8	9
0		0			0	0	0	0	0	0
1	0	1	2	3	4	5	6	7	8	9
2		2	4	6		10		14		18
3	0	3		9	12		18	21	24	27
4	0	4	8	12	16	20	24	28	32	36
5	0	5	10		20	25	30		40	45
6	0	6	12	18	24	30		42		54
7		7	14	21	28	35	42		56	63
8	0	8	16	24	32		48	56	64	72
9	0	9	18	27		45		63	72	81

생각열기 1

연필 8자루를 똑같이 나누어 볼까요?

1 바다와 산이는 2인 1조 달리기에서 1등을 차지해 상품으로 연필 8자루를 받았어요.

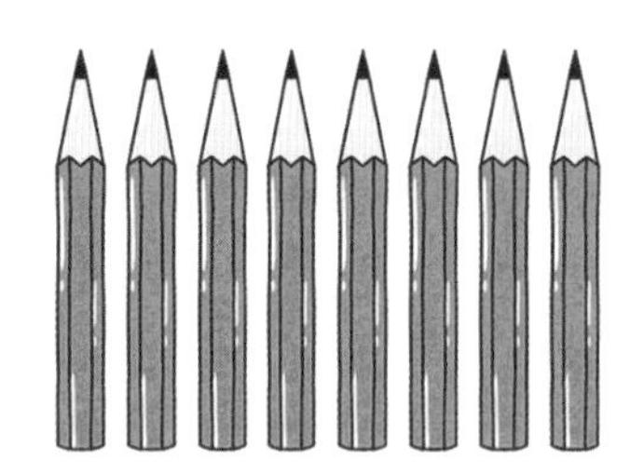

(1) 바다와 산이가 연필 8자루의 일부 또는 전부를 똑같이 나누어 가질 때, 각각 연필을 몇 자루씩 가질 수 있는지 써 보세요.

(2) 바다와 산이가 연필 8자루를 똑같이 나누어 가질 때, 몇 자루씩 나누어 가지는 것이 가장 좋은지 쓰고, 그 이유를 설명해 보세요.

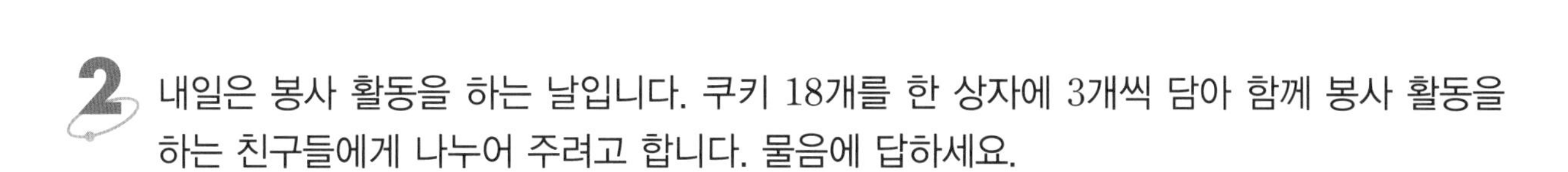

2 내일은 봉사 활동을 하는 날입니다. 쿠키 18개를 한 상자에 3개씩 담아 함께 봉사 활동을 하는 친구들에게 나누어 주려고 합니다. 물음에 답하세요.

(1) 포장한 쿠키를 한 사람에게 한 상자씩 나누어 주려고 합니다. 몇 명에게 나누어 줄 수 있을까요?

( )

(2) (1)을 뺄셈식으로 나타내어 보세요.

3 친구들에게 리본으로 머리끈을 만들어 주려고 합니다. 물음에 답하세요.

(1) 머리끈 하나를 만드는 데 리본이 5 cm 필요합니다. 리본 15 cm의 일부 또는 전부로 머리끈을 몇 개 만들 수 있을까요? (리본에는 1 cm마다 점선 표시가 되어 있어요.)

(2) 머리끈을 몇 개까지 만들 수 있을까요?

( )

개념활용 1-1

똑같이 나누기

여러 과일을 바구니에 나누어 담아 예쁜 과일 바구니를 4개 만들려고 해요.

(1) 포도 4송이를 바구니 4개에 각각 한 개씩 넣었습니다. 화살표로 표시하고, 포도가 몇 송이 남는지 뺄셈식으로 나타내어 보세요.

뺄셈식 ______________________

(2) 배 8개를 바구니 4개에 각각 한 개씩 넣었습니다. 화살표로 표시하고, 배가 몇 개 남는지 뺄셈식으로 나타내어 보세요.

뺄셈식 ______________________

(3) 남은 배를 바구니 4개에 똑같이 나누어 담았습니다. 화살표로 표시하고, 배가 몇 개 남는지 뺄셈식으로 나타내어 보세요.

뺄셈식 ______________________

(4) 한 바구니에 포도와 배를 각각 몇 송이, 몇 개까지 담을 수 있을까요?

포도 (   )

배 (   )

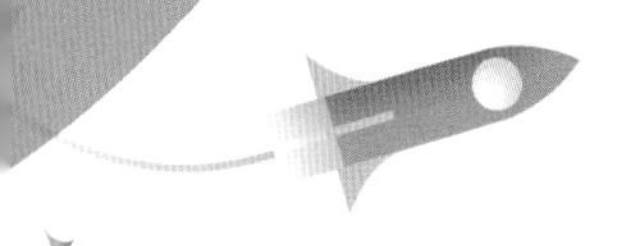

개념 정리 똑같이 나누기

배 8개를 바구니 2개에 똑같이 나누어 담으면 한 바구니에 2개씩 담을 수 있습니다.

$$8 \div 4 = 2$$

읽기 8 나누기 4는 2와 같습니다.

위와 같이 ÷ 기호를 사용한 식을 나눗셈식이라고 합니다.

이때 8은 나누어지는 수, 4는 나누는 수, 2는 8을 4로 나눈 몫이라고 합니다.

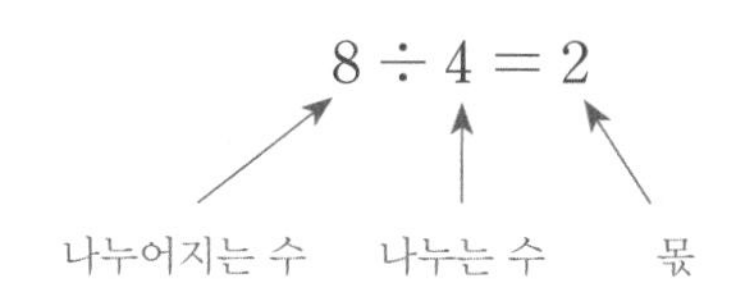

2 구슬 15개로 친구 3명이 구슬치기 놀이를 하려고 합니다. 물음에 답하세요.

(1) 한 명이 구슬을 몇 개 가질 수 있는지 화살표로 표시해 보세요.

(2) 나눗셈식으로 나타내어 보세요.

나눗셈식 ______________________

(3) 나누어지는 수, 나누는 수, 몫은 각각 얼마인가요?

나누어지는 수 (   )

나누는 수 (   )

몫 (   )

개념활용 ①-2

똑같이 덜어 내기

1 친구들과 함께 학급 문고 25권을 책꽂이 한 칸에 5권씩 꽂기로 했습니다. 책꽂이는 몇 칸이 필요한지 책꽂이에 책을 그려 넣어 구해 보세요.

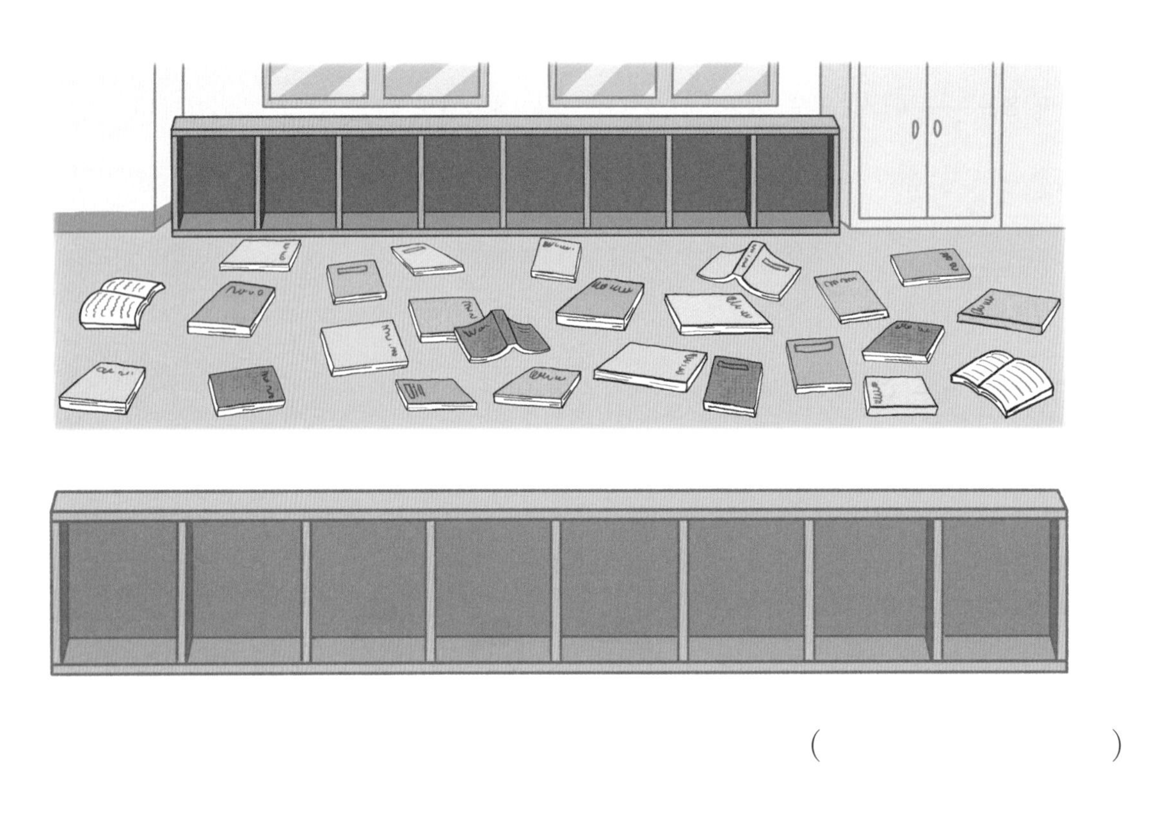

( )

2 사탕 12개를 3개씩 포장하여 이번 달 배려왕으로 뽑힌 친구들에게 한 봉지씩 주려고 합니다. 몇 봉지까지 포장할 수 있는지 사탕을 3개씩 묶어 알아 보세요.

( )

개념 정리 똑같이 덜어 내기

12에서 3씩 4번 빼면 0이 됩니다. 이것을 나눗셈식으로 나타내면 $12 \div 3 = 4$입니다.

$12-3-3-3-3=0$ ➡ $12 \div 3 = 4$

읽기 12 나누기 3은 4와 같습니다.

3 지우개 12개를 한 상자에 6개씩 똑같이 나누어 담으려고 합니다. 물음에 답하세요.

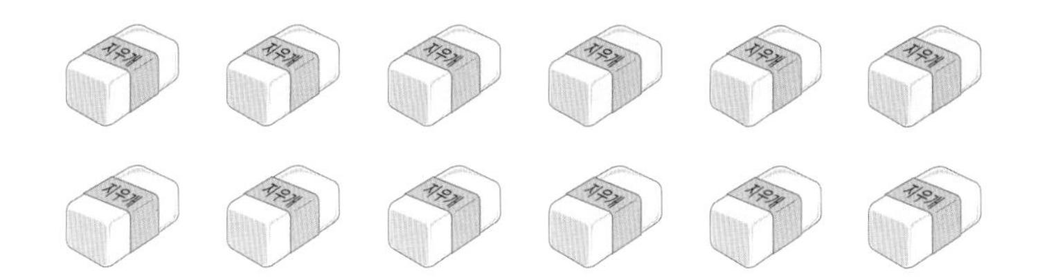

(1) 지우개 6개로 한 상자를 채우면 남는 지우개는 몇 개인지 뺄셈식으로 나타내어 보세요.

뺄셈식 ______________________ 답 ______________

(2) 남아 있는 지우개로 또 다른 상자를 채우면 남는 지우개는 몇 개인지 뺄셈식으로 나타내어 보세요.

뺄셈식 ______________________ 답 ______________

(3) 모든 지우개를 상자에 나누어 담으려면 상자는 몇 개 필요할까요?

( )

(4) 지우개 12개를 한 상자에 6개씩 담으려면 상자는 몇 개 필요한지 나눗셈식으로 나타내어 보세요.

나눗셈식 ______________________ 답 ______________

생각열기 ②

친구 12명을 몇 모둠으로 나눌 수 있나요?

1 친구 12명이 '몇 명 모여라!' 놀이를 하고 있습니다. 물음에 답하세요.

(1) 첫 번째는 '4명씩 모여라!'입니다. 몇 모둠이 되는지 친구들을 ○로 나타내어 그리고 뺄셈식과 나눗셈식으로 나타내어 보세요.

(2) 두 번째는 '6명씩 모여라!'입니다. 몇 모둠이 되는지 친구들을 ○로 나타내어 그리고 뺄셈식과 나눗셈식으로 나타내어 보세요.

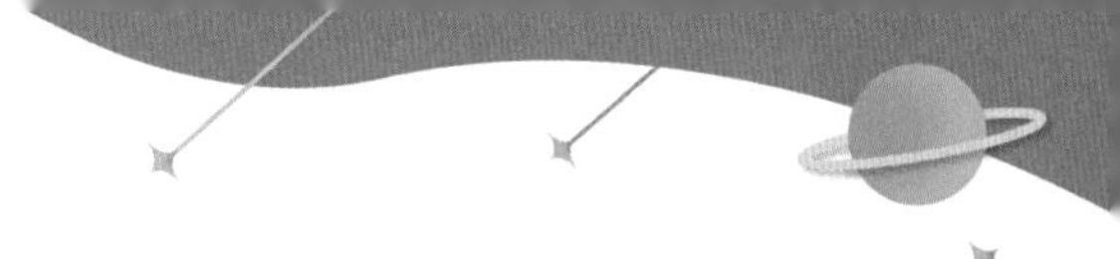

2 어린이날 상품으로 받은 사탕 28개를 친구 7명에게 똑같이 나누어 주려고 합니다. 나누어 주기 더 편한 방법을 고르고 이유를 써 보세요.

방법1

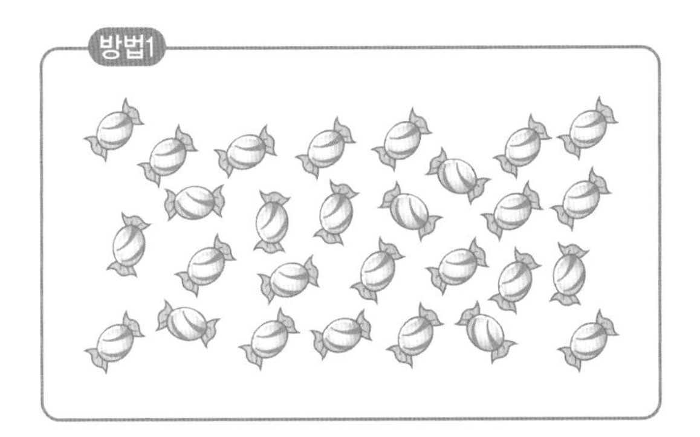

방법2

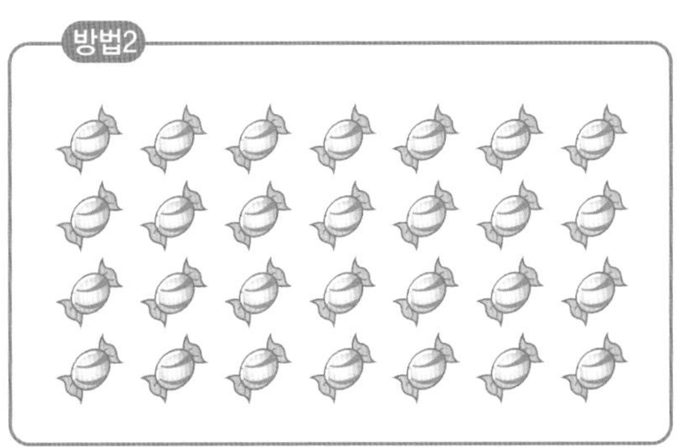

3 바다는 농촌 체험에서 아침을 준비하기 위해 달걀을 모았습니다. 모두 모으니 달걀판에 달걀 10개가 5개씩 2줄로 놓였습니다. 물음에 답하세요.

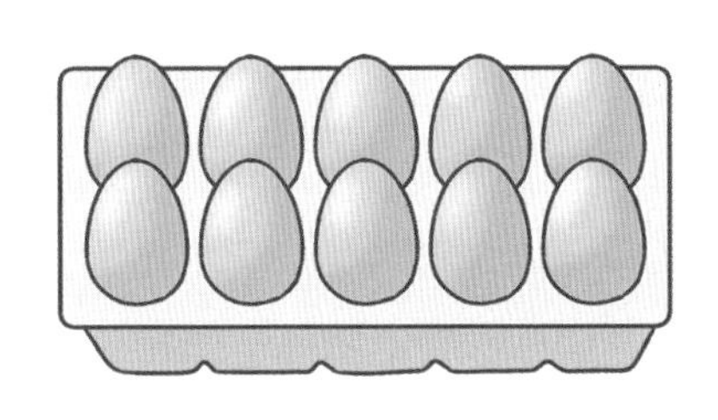

(1) 그림을 보고 곱셈 문제를 만들고, 곱셈식으로 나타내어 보세요.

(2) 그림을 보고 나눗셈 문제를 만들고, 나눗셈식으로 나타내어 보세요.

개념활용 ❷-1

곱셈식으로 나눗셈의 몫 구하기

 수현이는 초콜릿을 한 개 샀습니다. 그림을 보고 물음에 답하세요.

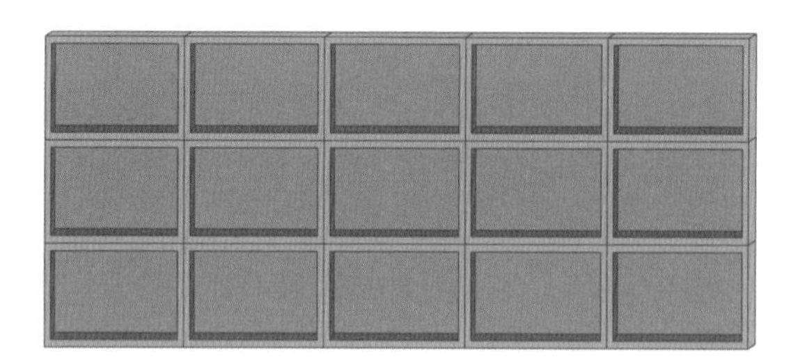

(1) 초콜릿이 모두 몇 조각인지 곱셈식으로 나타내어 구해 보세요.

곱셈식 ______________________ 답 ______________

(2) 수현이가 초콜릿을 언니, 동생과 똑같이 나누어 먹을 때 한 명이 먹을 수 있는 초콜릿은 몇 조각인지 나눗셈식으로 나타내어 구해 보세요.

나눗셈식 ______________________ 답 ______________

(3) 초콜릿 27조각을 3명이 나누어 먹으면 한 명이 몇 조각씩 먹을 수 있는지 초콜릿 조각을 □로 나타내어 그리고, 곱셈식과 나눗셈식으로 나타내어 보세요.

2 곱셈과 나눗셈의 관계를 설명해 보세요.

3 스승의 날을 맞아 꽃다발을 만들려고 합니다. 그림을 보고 물음에 답하세요.

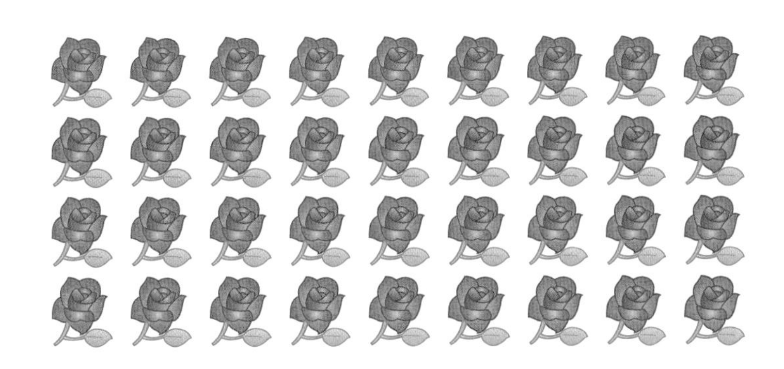

(1) 꽃은 모두 몇 송이인지 곱셈식으로 나타내어 구해 보세요.

곱셈식 ______________ 답 ______________

(2) 꽃을 9송이씩 묶어 꽃다발을 만들면 꽃다발을 몇 개 만들 수 있는지 나눗셈식으로 나타내어 구해 보세요.

나눗셈식 ______________ 답 ______________

(3) 모든 꽃을 선생님 6분께 똑같이 나누어 드리려고 합니다. 선생님 한 분께 몇 송이씩 드려야 하는지 꽃을 ○로 나타내어 그리고, 나눗셈식으로 나타내어 보세요.

개념 정리 곱셈식으로 나눗셈의 몫 구하기

나눗셈의 몫은 곱셈으로 구할 수 있습니다.

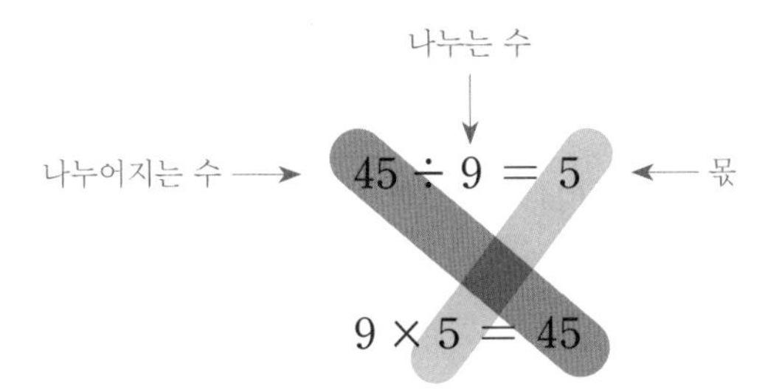

개념활용 ❷-2

곱셈표로 나눗셈의 몫 구하기

1 영수가 곰 모양 로봇을 조립하고 있습니다. 로봇의 발 24개로 발이 4개인 곰 모양 로봇을 몇 개 만들 수 있을까요? 곱셈표를 보고 물음에 답하세요.

×	1	2	3	4	5	6	7	8	9
1	1	2	3	4	5	6	7	8	9
2	2	4	6	8	10	12	14	16	18
3	3	6	9	12	15	18	21	24	27
4	4	8	12	16	20	24	28	32	36
5	5	10	15	20	25	30	35	40	45
6	6	12	18	24	30	36	42	48	54
7	7	14	21	28	35	42	49	56	63
8	8	16	24	32	40	48	56	64	72
9	9	18	27	36	45	54	63	72	81

(1) 곰 모양 로봇을 몇 개 만들 수 있는지 나눗셈식으로 나타내어 보세요.

나눗셈식 ______________________

(2) 곱셈표를 보고 (1)에서 나타낸 나눗셈식의 나누어지는 수에 ☆표, 나누는 수에 ○표 해 보세요.

(3) 곱셈표를 보고 나누는 수가 있는 줄을 노란색으로 색칠해 보세요.

(4) 몫은 얼마일까요?

( )

(5) 로봇의 발 24개로 발이 3개인 괴물 로봇을 몇 개 만들 수 있는지 알아보려고 합니다. 곱셈표에서 필요한 줄을 연두색으로 색칠하고, 나눗셈식과 몫을 구해 보세요.

나눗셈식 ______________________ 몫 ______________

2 곱셈표를 보고 물음에 답하세요.

×	1	2	3	4	5	6	7	8	9
1	1	2	3	4	5	6	7	8	9
2	2	4	6	8	10	12	14	16	18
3	3	6	9	12	15	18	21	24	27
4	4	8	12	16	20	24	28	32	36
5	5	10	15	20	25	30	35	40	45
6	6	12	18	24	30	36	42	48	54
7	7	14	21	28	35	42	49	56	63
8	8	16	24	32	40	48	56	64	72
9	9	18	27	36	45	54	63	72	81

(1) 곱셈표에서 10을 찾아 ○표 하고, 곱셈식으로 나타내어 보세요.

(2) (1)의 곱셈식을 이용하여 나눗셈식을 만들어 보세요.

나눗셈식 1 ______________ 나눗셈식 2 ______________

개념 정리 곱셈표로 나눗셈의 몫 구하기

곱셈표로 나눗셈의 몫을 구할 수 있습니다.

×	1	2	3	4	5	6	7	8	⑨
1	1	2	3	4	5	6	7	8	9
2	2	4	6	8	10	12	14	16	18
3	3	6	9	12	15	18	21	24	27
4	4	8	12	16	20	24	28	32	36
⑤	5	10	15	20	25	30	35	40	㊺
6	6	12	18	24	30	36	42	48	54
7	7	14	21	28	35	42	49	56	63
8	8	16	24	32	40	48	56	64	72
9	9	18	27	36	45	54	63	72	81

$45 \div 5 = 9$, $45 \div 9 = 5$

표현하기

나눗셈

스스로 정리 물음에 답하세요.

1 $8 \div 2$의 뜻은 무엇인가요?

2 그림을 보고 곱셈과 나눗셈의 관계를 설명해 보세요.

개념 연결 다음 내용을 설명해 보세요.

주제	설명하기
곱셈식의 의미	곱셈식 4×5의 의미를 최대한 다양하게 설명해 보세요.

1 곱셈식 $4 \times 5 = 20$을 나눗셈식으로 나타내고, 나눗셈의 몫을 구하는 과정을 친구에게 편지로 설명해 보세요.

1 학급 규칙을 정하는 회의가 열려 참석자들이 둥근 탁자에 모여 앉았습니다. 사탕 48개를 접시에 똑같이 나누어 담을 때, (보기)에서 가능한 경우를 모두 찾아 기호를 쓰고 그렇게 찾은 이유를 설명해 보세요.

보기

㉠ 접시 6개 ㉡ 접시 8개 ㉢ 접시 10개

2 하늘이는 엄마 심부름으로 가게에 가서 달걀을 한 판 샀습니다. 그림을 보고 알맞은 곱셈식과 나눗셈식으로 나타내고 설명해 보세요.

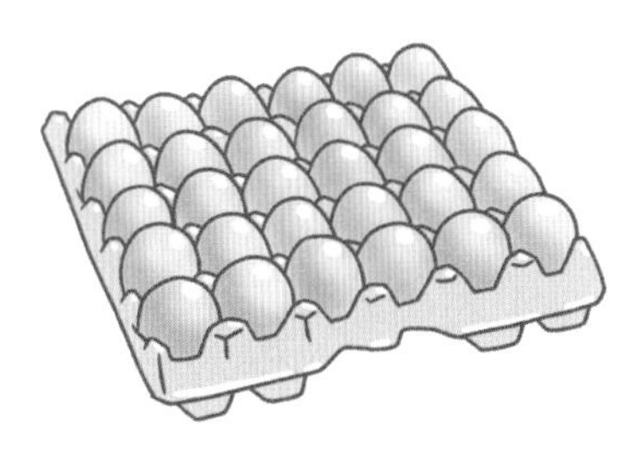

나눗셈은 이렇게 연결돼요

곱셈

나눗셈

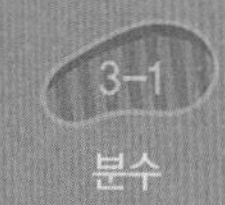

분수

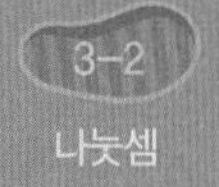

나눗셈

단원평가 기본

1 하준이는 가족들과 크리스마스트리를 만들기 위해 리본 장식 세트를 샀습니다. 물음에 답하세요.

(1) 하준이는 엄마, 아빠와 리본 21개를 똑같이 나누어 장식하려고 합니다. 한 명이 몇 개씩 장식할 수 있을까요?

식 ______________________

답 ______________

(2) 위의 식에서 나누어지는 수, 나누는 수, 몫을 찾아 써 보세요.

나누어지는 수 (　　　　　　　　)

나누는 수 (　　　　　　　　)

몫 (　　　　　　　　)

2 시후는 구슬을 꿰어 열쇠고리를 만들려고 합니다. 물음에 답하세요.

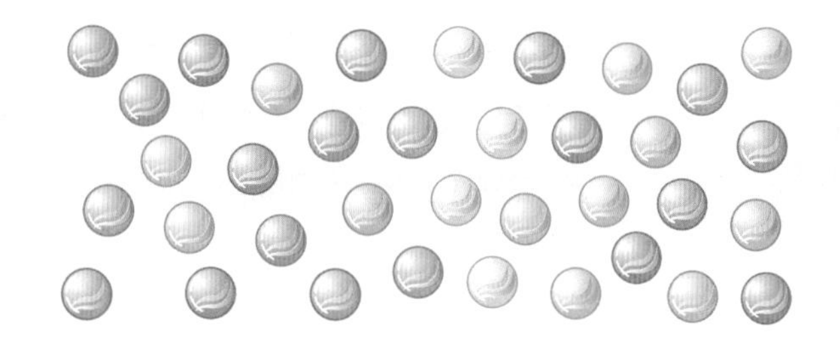

(1) 구슬 36개를 다음과 같이 꿰면 열쇠고리를 몇 개 만들 수 있을까요?

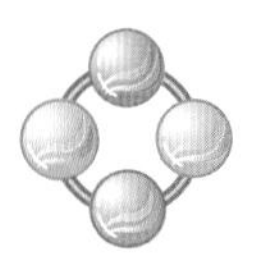

식 ______________________

답 ______________

(2) 구슬 36개를 다음과 같이 꿰면 열쇠고리를 몇 개 만들 수 있을까요?

식 ______________________

답 ______________

3 다음은 서현이네 반 교실의 자리 배치도입니다. 물음에 답하세요.

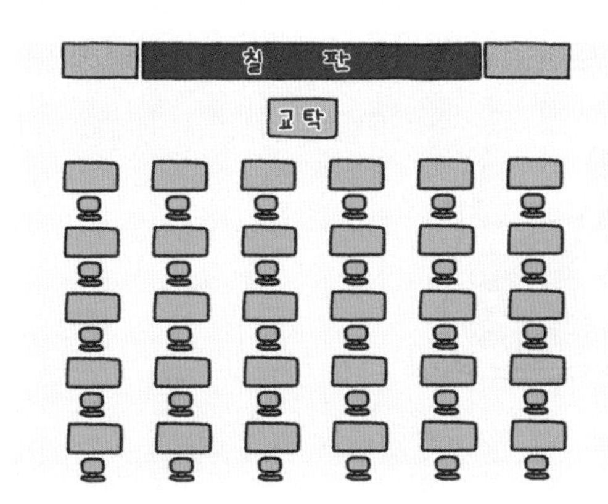

(1) 서현이네 반 친구들은 모두 몇 명인지 곱셈식으로 나타내어 보세요.

곱셈식 ____________________

답 ____________

(2) 서현이네 반은 모두 6모둠입니다. 한 모둠이 몇 명씩인지 식으로 나타내어 보세요.

식 ____________________

답 ____________

(3) 모둠의 수를 5모둠으로 바꾸어 모둠을 다시 만들면 한 모둠이 몇 명씩인지 구해 보세요.

식 ____________________

답 ____________

4 혜린이는 냉장고의 달걀을 달걀판에 정리하고 있습니다. 그림을 보고 물음에 답하세요.

(1) 달걀 24개를 8개씩 3줄로 정리했습니다. 그림을 보고 곱셈식과 나눗셈식으로 나타내어 보세요.

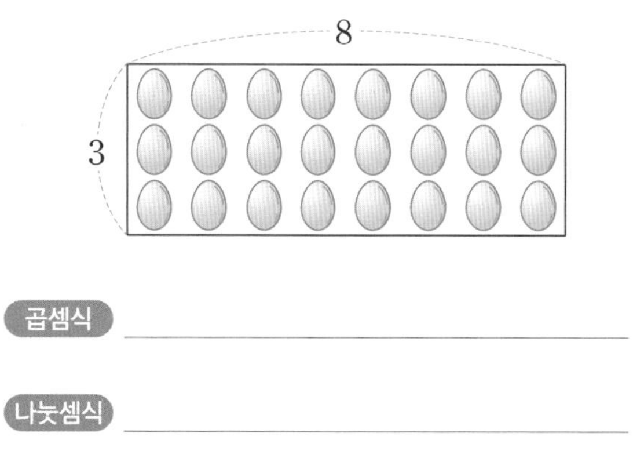

곱셈식 ____________________

나눗셈식 ____________________

(2) 달걀 24개를 다시 6개씩 4줄로 정리하려고 합니다. 그림을 보고 곱셈식과 나눗셈식으로 나타내어 보세요.

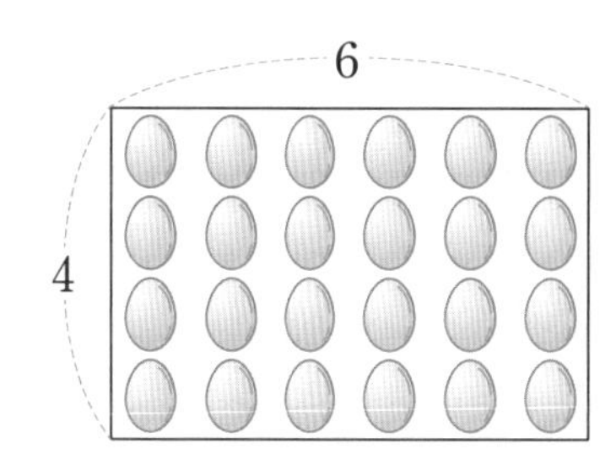

곱셈식 ____________________

나눗셈식 ____________________

1 채아는 친구들과 샐러드를 만들기 위해 한 봉지에 8개씩 들어 있는 방울토마토를 3봉지 가져왔습니다. 친구 9명에게 방울토마토를 3개씩 나누어 주려면 방울토마토가 몇 개 더 필요한지 설명해 보세요.

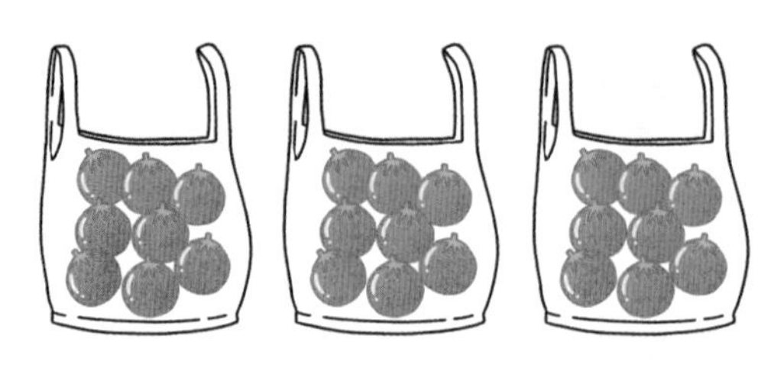

2 현아네 반 친구들은 담임 선생님께 카네이션을 만들어 드리려고 합니다. 카네이션 한 송이를 만들려면 꽃잎을 16장 접어야 합니다. 현아네 반 6모둠이 모두 3송이의 카네이션을 만들 때 한 모둠이 꽃잎을 몇 장씩 접어야 하는지 설명해 보세요.

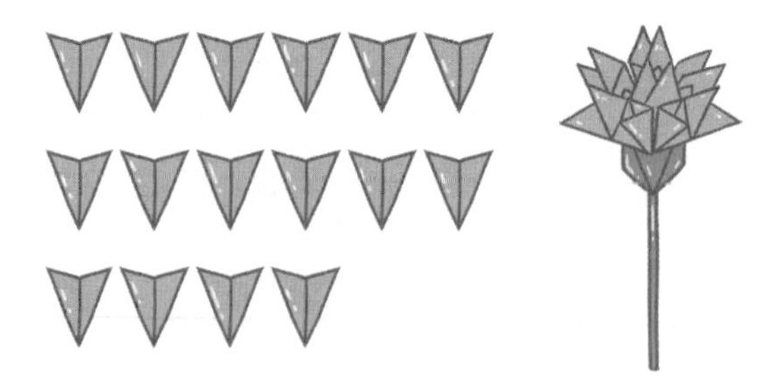

[3~4] 곱셈표를 이용하여 문제를 해결해 보세요.

×	1	2	3	4	5	6	7	8	9
1	1	2	3	4	5	6	7	8	9
2	2	4	6	8	10	12	14	16	18
3	3	6	9	12	15	18	21	24	27
4	4	8	12	16	20	24	28	32	36
5	5	10	15	20	25	30	35	40	45
6	6	12	18	24	30	36	42	48	54
7	7	14	21	28	35	42	49	56	63
8	8	16	24	32	40	48	56	64	72
9	9	18	27	36	45	54	63	72	81

3 카드 16장으로 친구들끼리 보드게임을 하려고 합니다. 카드 16장 전체를 똑같이 나누어 가져야 공평하게 게임을 할 수 있을 때 몇 명의 친구들끼리 보드게임을 할 수 있는지 곱셈표를 이용하여 구하는 방법을 설명해 보세요.

4 사과 17개를 친구 7명에게 똑같이 나누어 주려고 합니다. 사과가 남지 않게 하려면 나누어 주기 전에 내가 몇 개를 먹을 수 있는지 설명해 보세요.

4 달걀 세 판은 모두 몇 개인가요?

곱셈

- (몇십)×(몇)의 계산을 할 수 있어요.
- (두 자리 수)×(한 자리 수)를 할 수 있어요.
- (두 자리 수)×(한 자리 수)를 활용하여 실생활 문제를 해결할 수 있어요

Check 스스로 다짐하기

- ☐ 정답을 맞히는 것도 중요하지만, 문제를 푼 과정을 설명하는 것도 중요해요.
- ☐ 새롭고 어려운 내용이 많지만, 꼼꼼하게 풀어 보세요.
- ☐ 스스로 과제를 해결하는 것이 힘들지만, 참고 이겨 내면 기분이 더 좋아져요.

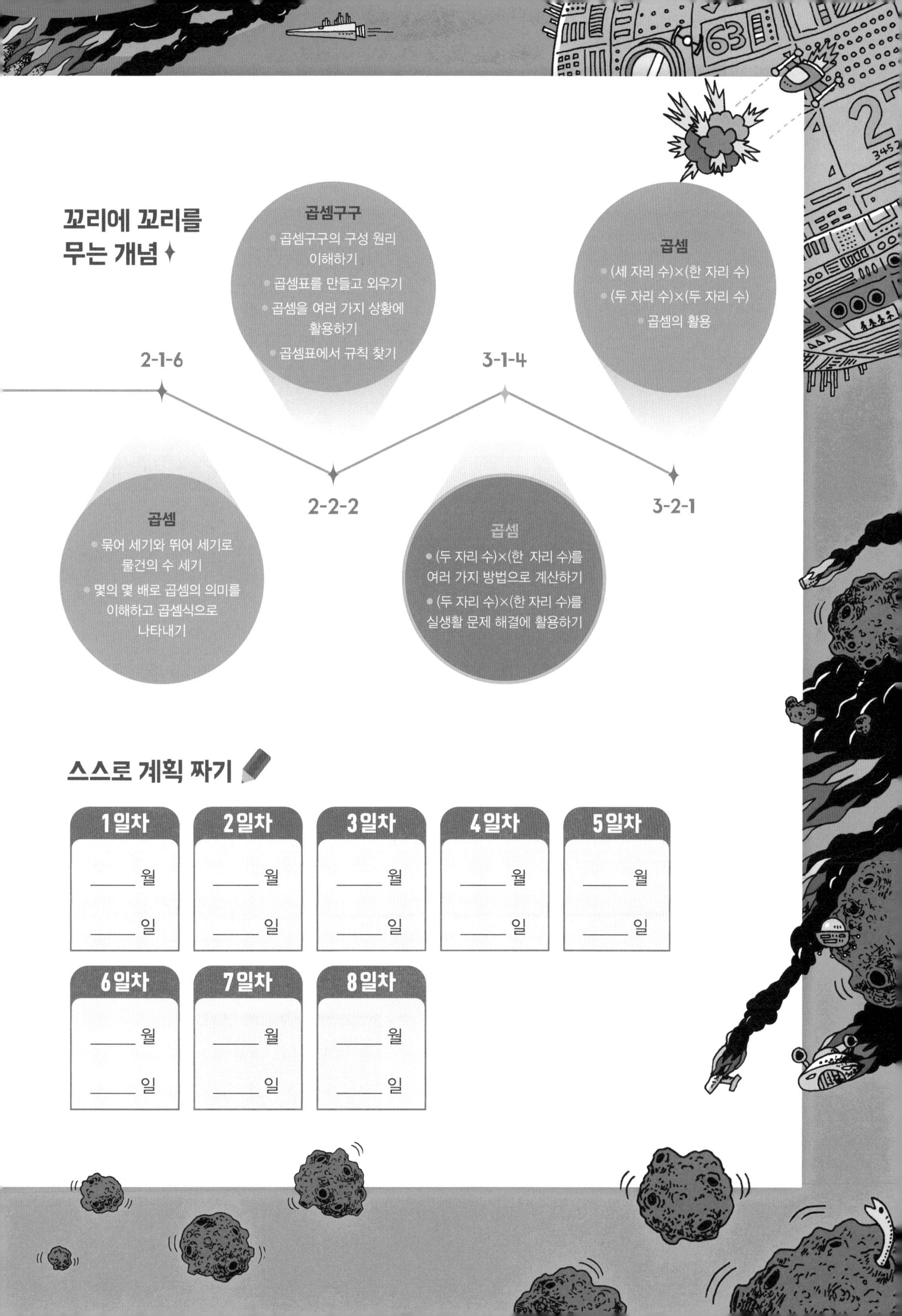

꼬리에 꼬리를 무는 개념

2-1-6 곱셈
- 묶어 세기와 뛰어 세기로 물건의 수 세기
- 몇의 몇 배로 곱셈의 의미를 이해하고 곱셈식으로 나타내기

2-2-2 곱셈구구
- 곱셈구구의 구성 원리 이해하기
- 곱셈표를 만들고 외우기
- 곱셈을 여러 가지 상황에 활용하기
- 곱셈표에서 규칙 찾기

3-1-4 곱셈
- (두 자리 수)×(한 자리 수)를 여러 가지 방법으로 계산하기
- (두 자리 수)×(한 자리 수)를 실생활 문제 해결에 활용하기

3-2-1 곱셈
- (세 자리 수)×(한 자리 수)
- (두 자리 수)×(두 자리 수)
- 곱셈의 활용

스스로 계획 짜기

1일차	2일차	3일차	4일차	5일차
____ 월 ____ 일	____ 월 ____ 일	____ 월 ____ 일	____ 월 ____ 일	____ 월 ____ 일

6일차	7일차	8일차
____ 월 ____ 일	____ 월 ____ 일	____ 월 ____ 일

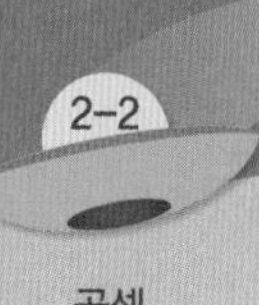

기억 1 곱셈구구의 구성 원리 이해하기

2단 곱셈구구

×	1	2	3	4	5	6	7	8	9
2	2	4	6	8	10	12	14	16	18

+2 +2 +2 +2 +2 +2 +2 +2

5단 곱셈구구

×	1	2	3	4	5	6	7	8	9
5	5	10	15	20	25	30	35	40	45

+5 +5 +5 +5 +5 +5 +5 +5

3단 곱셈구구

×	1	2	3	4	5	6	7	8	9
3	3	6	9	12	15	18	21	24	27

+3 +3 +3 +3 +3 +3 +3 +3

6단 곱셈구구

×	1	2	3	4	5	6	7	8	9
6	6	12	18	24	30	36	42	48	54

+6 +6 +6 +6 +6 +6 +6 +6

4단 곱셈구구

×	1	2	3	4	5	6	7	8	9
4	4	8	12	16	20	24	28	32	36

+4 +4 +4 +4 +4 +4 +4 +4

8단 곱셈구구

×	1	2	3	4	5	6	7	8	9
8	8	16	24	32	40	48	56	64	72

+8 +8 +8 +8 +8 +8 +8 +8

7단 곱셈구구

×	1	2	3	4	5	6	7	8	9
7	7	14	21	28	35	42	49	56	63

+7 +7 +7 +7 +7 +7 +7 +7

9단 곱셈구구

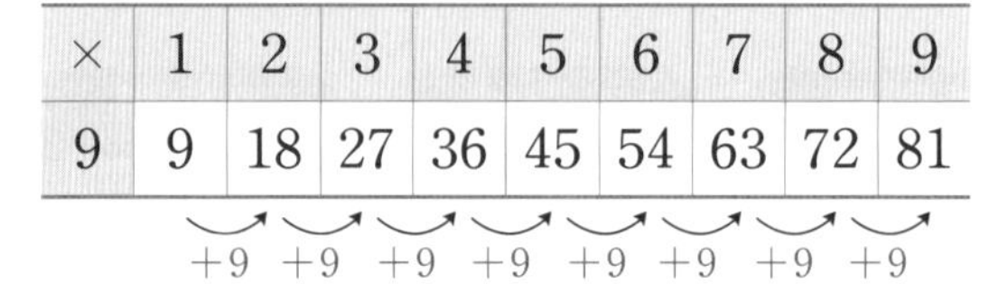

×	1	2	3	4	5	6	7	8	9
9	9	18	27	36	45	54	63	72	81

+9 +9 +9 +9 +9 +9 +9 +9

1 그림을 보고 □ 안에 알맞은 수를 써넣으세요.

(1)

$3\times\square=\square$

(2)

$4\times\square=\square$

기억 2 여러 가지 계산 방법을 이용하여 곱셈표 만들어 외우기

3×4의 계산 방법

3씩 4번 더하는 방법이 있어.

$3\times4=3+3+3+3=12$

3×3에 3을 더하는 방법이 있어.

$3\times3=9$
$3\times4=12$) $+3$

×	1	2	3	4	5	6	7	8	9
1	1	2	3	4	5	6	7	8	9
2	2	4	6	8	10	12	14	16	18
3	3	6	9	12	15	18	21	24	27
4	4	8	12	16	20	24	28	32	36
5	5	10	15	20	25	30	35	40	45
6	6	12	18	24	30	36	42	48	54
7	7	14	21	28	35	42	49	56	63
8	8	16	24	32	40	48	56	64	72
9	9	18	27	36	45	54	63	72	81

기억 3 0과 어떤 수의 곱 이해하기

- 0과 어떤 수의 곱은 항상 0입니다. ➡ 0×(어떤 수)=0
- 어떤 수와 0의 곱은 항상 0입니다. ➡ (어떤 수)×0=0

2 5×6을 계산하는 방법을 설명해 보세요.

3 다음 곱셈표의 빈칸에 알맞은 수를 써넣으세요.

×	2	3	4	5	6
2	4			10	
3			12	15	18
4	8	12			
5	10				30
6	12			30	

4 빈 접시 4개에 놓여 있는 사과의 수를 곱셈식으로 나타내어 보세요.

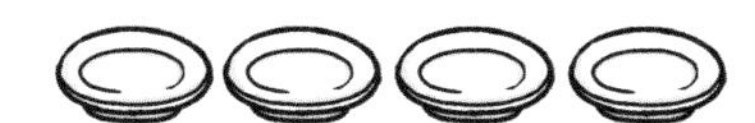

곱셈식 ______________

생각열기 ①

달걀 2판은 모두 몇 개인가요?

1 강이는 엄마와 함께 대형 마트에 갔습니다. 한 판에 30개씩 들어 있는 달걀을 2판 사면 달걀은 모두 몇 개인지 알아보세요.

(1) 달걀의 수를 구하는 여러 가지 방법을 자유롭게 써 보세요.

(2) 달걀의 수를 수 모형으로 계산해 보세요.

(3) 달걀의 수를 식으로 나타내고 계산해 보세요.

2 강이는 달걀을 산 다음 빵집에 가서 한 상자에 12개씩 들어 있는 빵을 3상자 샀습니다. 빵은 모두 몇 개인지 생각해 보세요.

(1) 빵의 수를 구하는 여러 가지 방법을 자유롭게 써 보세요.

(2) 빵의 수를 수 모형으로 계산해 보세요.

(3) 빵의 수를 식으로 나타내고 계산해 보세요.

개념활용 ①-1

수 모형으로 올림이 없는 (몇십몇)×(몇) 계산하기

1 수 모형으로 달걀의 수를 구해 보세요.

(1) 달걀 한 판을 수 모형으로 다음과 같이 나타내었습니다. 달걀 3판은 수 모형으로 어떻게 나타낼 수 있을까요?

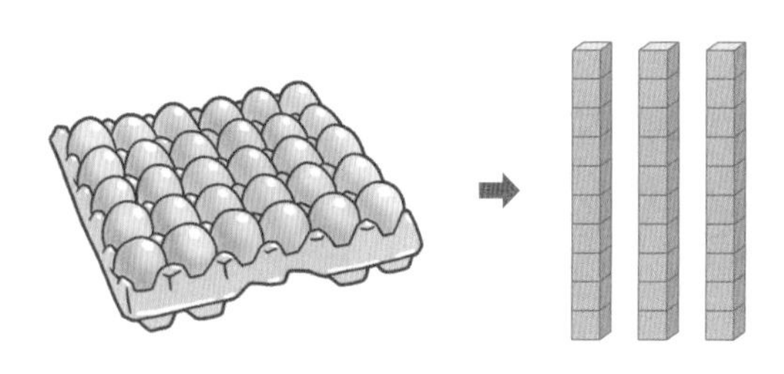

(2) 십 모형을 몇 개씩 몇 번 놓아야 할까요?

(3) 십 모형은 모두 몇 개인가요?

(　　　　　　　　)

(4) 달걀의 수를 구해 보세요.

2 수 모형으로 빵의 수를 구해 보세요.

(1) 빵 한 상자를 수 모형으로 다음과 같이 나타내었습니다.
빵 4상자는 수 모형으로 어떻게 나타낼 수 있을까요?

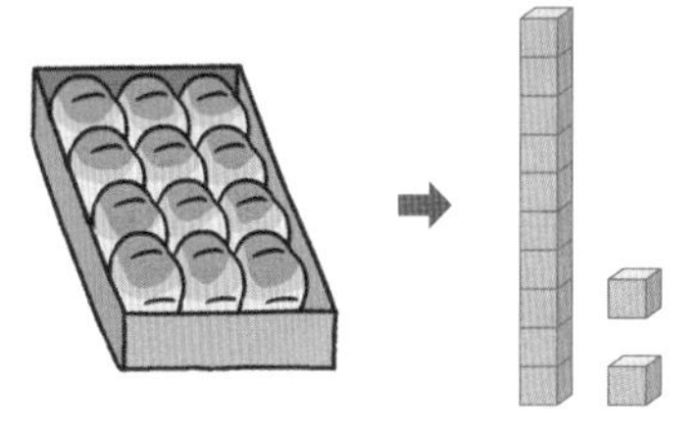

(2) 십 모형과 일 모형을 각각 몇 개씩 몇 번 놓아야 할까요?

(3) 빵의 수를 구해 보세요.

개념 정리 (몇십)×(몇)과 (몇십몇)×(몇)을 수 모형으로 나타내기

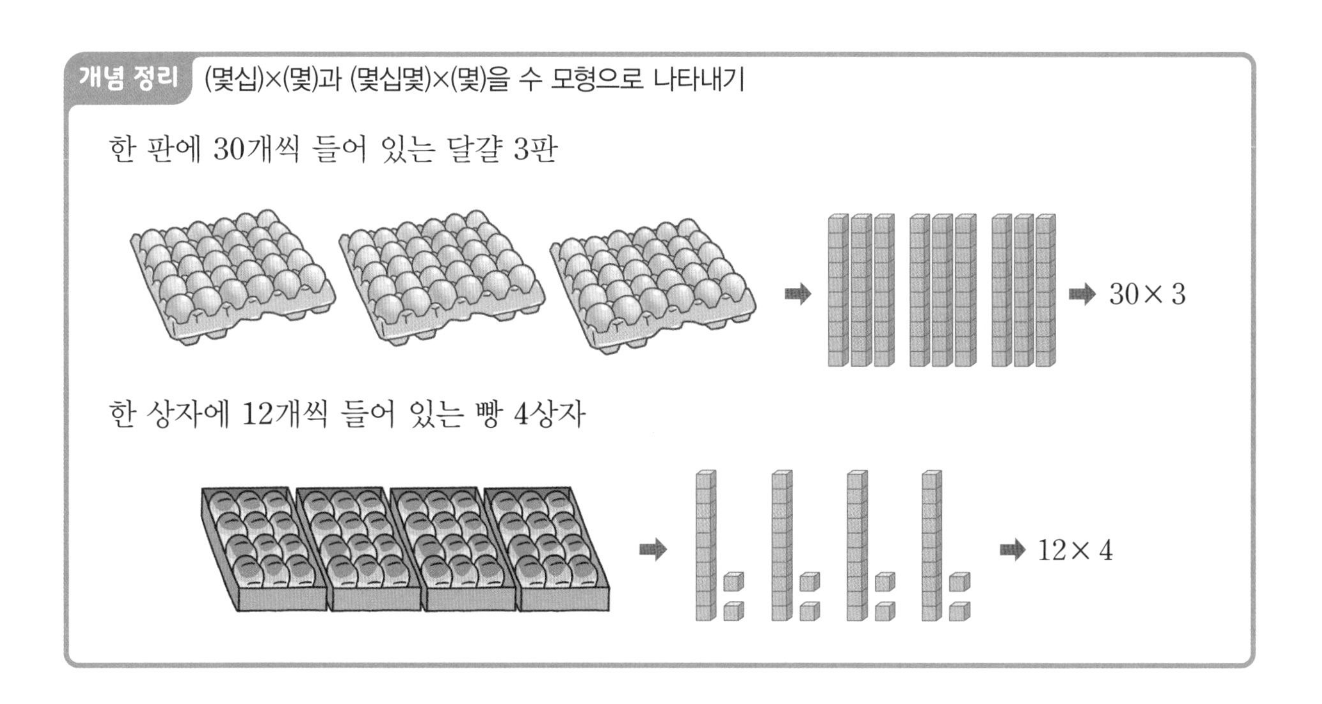

개념활용 ①-2

세로로 올림이 없는 (몇십몇)×(몇) 계산하기

1 달걀의 수를 구하려고 합니다. 물음에 답하세요.

(1) 한 판에 30개씩 들어 있는 달걀 3판을 나타낸 수 모형을 보고, 십 모형의 개수를 곱셈식으로 나타내어 보세요.

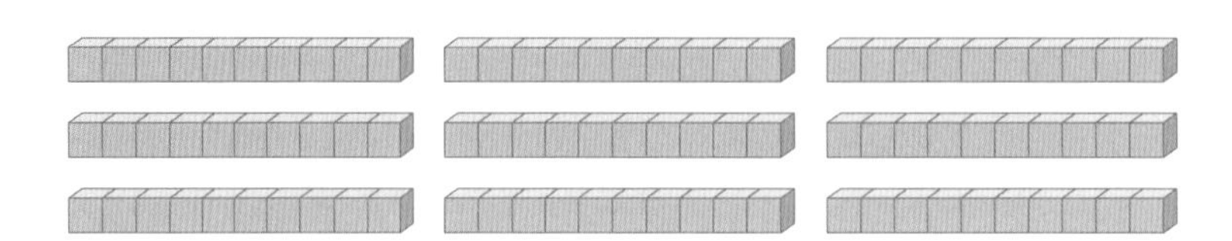

(2) 달걀의 수를 구하기 위한 곱셈식을 써 보세요.

(3) 달걀은 모두 몇 개인가요?

( )

2 상처에 붙이는 밴드가 한 통에 20개씩 들어 있습니다. 수 모형과 곱셈식을 이용하여 밴드의 수를 구해 보세요.

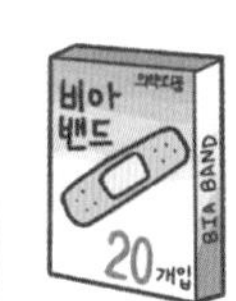

3 빵의 수를 구하려고 합니다. 물음에 답하세요.

(1) 한 상자에 12개씩 들어 있는 빵 4상자를 나타낸 수 모형을 보고, 십 모형과 일 모형은 각각 몇 개인지 구해 보세요.

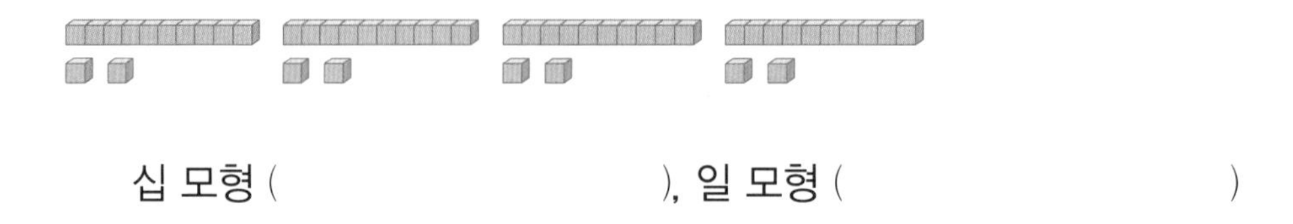

십 모형 ( ), 일 모형 ( )

(2) 빵의 수를 구하기 위한 곱셈식을 써 보세요.

(3) 세로로 계산하면 어떻게 나타낼 수 있을까요? □ 안에 알맞은 수를 써넣으세요.

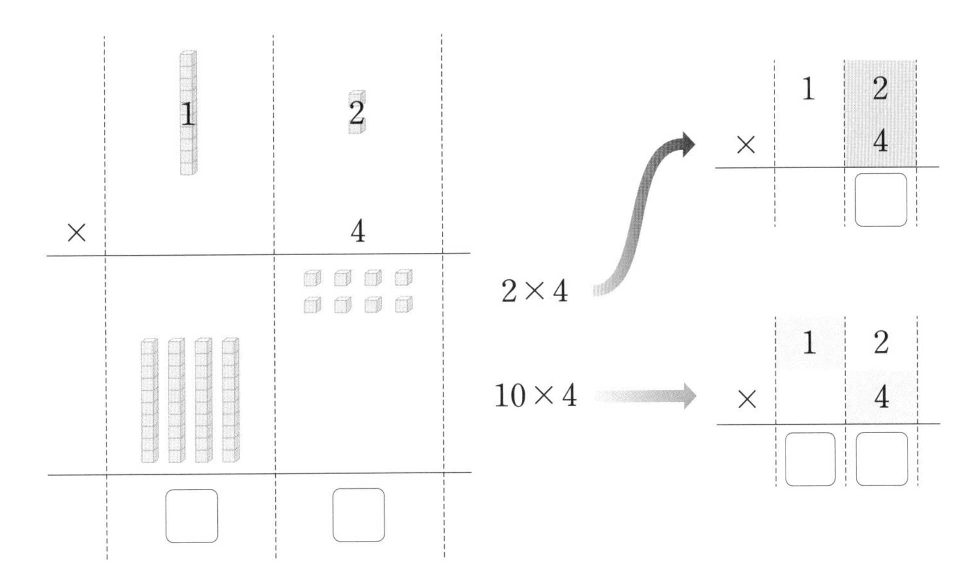

(4) 12×4를 계산하는 방법을 설명해 보세요.

개념 정리 (몇십몇)×(몇)의 세로셈 계산 방법

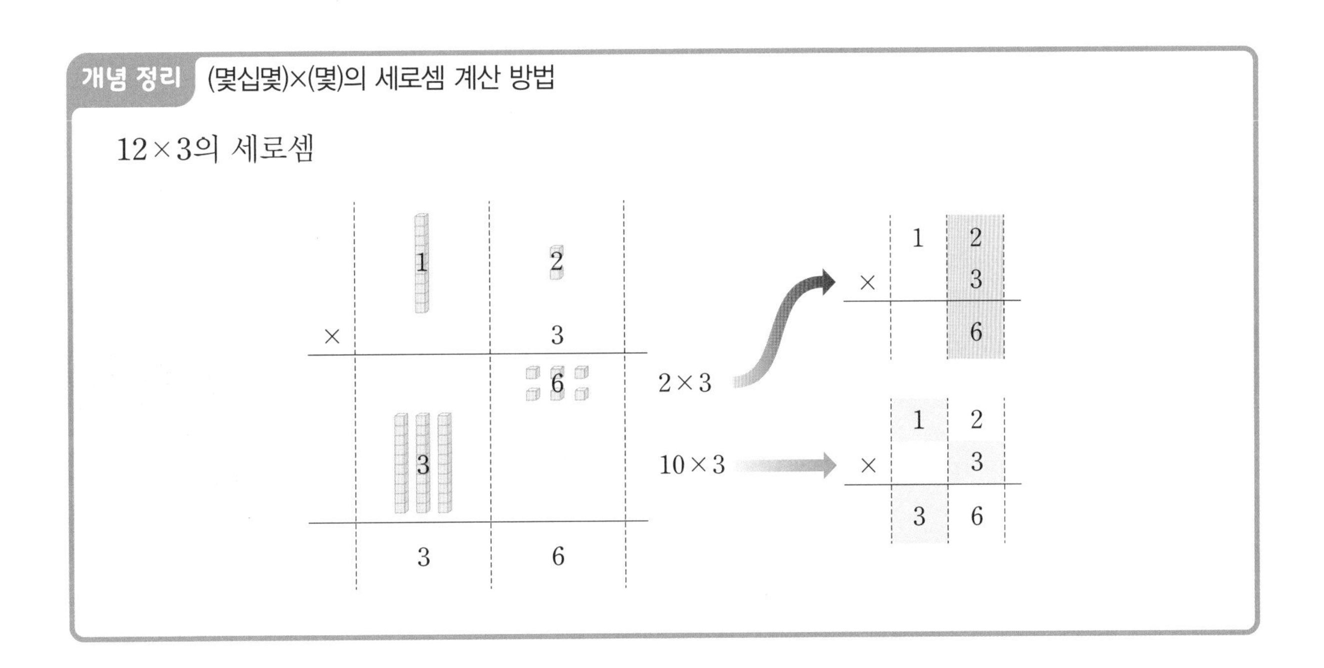

생각열기 ②

떡 3상자는 모두 몇 개인가요?

떡이 한 상자에 32개씩 3상자 있습니다. 물음에 답하세요.

(1) 떡은 모두 몇 개쯤일지 어림해 보세요.

(2) 수 모형과 곱셈식을 이용하여 떡이 모두 몇 개인지 구해 보세요.

(3) 떡의 수를 모눈종이에 나타내어 보세요.

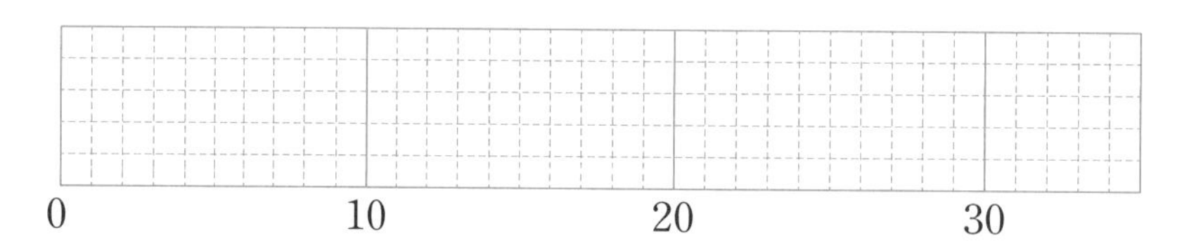

한 상자에 24개씩 들어 있는 음료수가 3상자 있습니다. 물음에 답하세요.

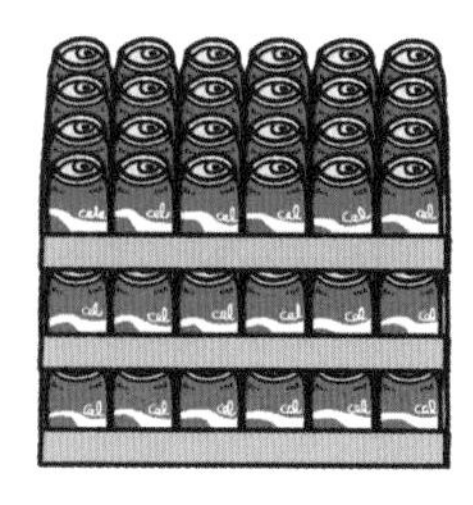

(1) 음료수는 모두 몇 개쯤일지 어림해 보세요.

(2) 수 모형과 곱셈식을 이용하여 음료수는 모두 몇 개인지 구해 보세요.

(3) 음료수의 수를 모눈종이에 나타내어 보세요.

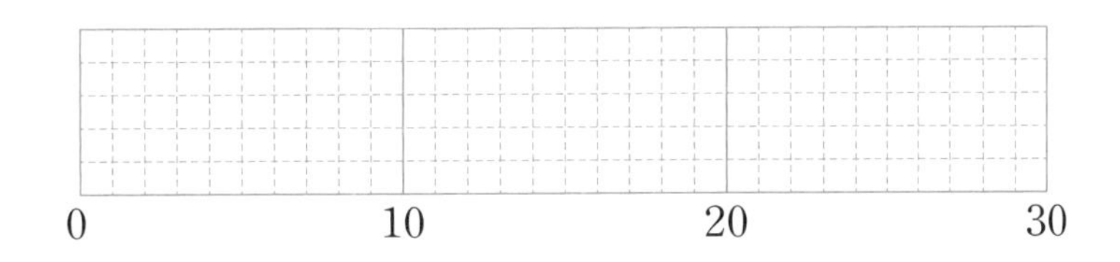

3 버스 한 대에는 승객이 45명 탈 수 있습니다. 물음에 답하세요..

(1) 버스 4대에 탈 수 있는 사람은 모두 몇 명쯤일지 어림해 보세요.

(2) 수 모형과 곱셈식을 이용하여 버스 4대에 탈 수 있는 사람은 모두 몇 명인지 구해 보세요.

(3) 버스 4대에 탈 수 있는 사람의 수를 모눈종이에 나타내어 보세요.

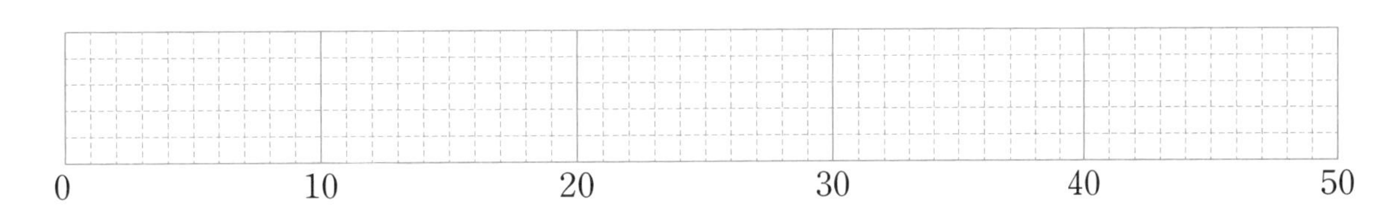

개념활용 ❷-1

올림이 있는 (몇십몇)×(몇)을 모눈종이로 계산하기

1 떡의 수를 구하려고 합니다. 물음에 답하세요.

(1) 한 상자에 32개씩 들어 있는 떡 4상자를 나타낸 수 모형을 보고, 십 모형과 일 모형은 각각 몇 개인지 구해 보세요.

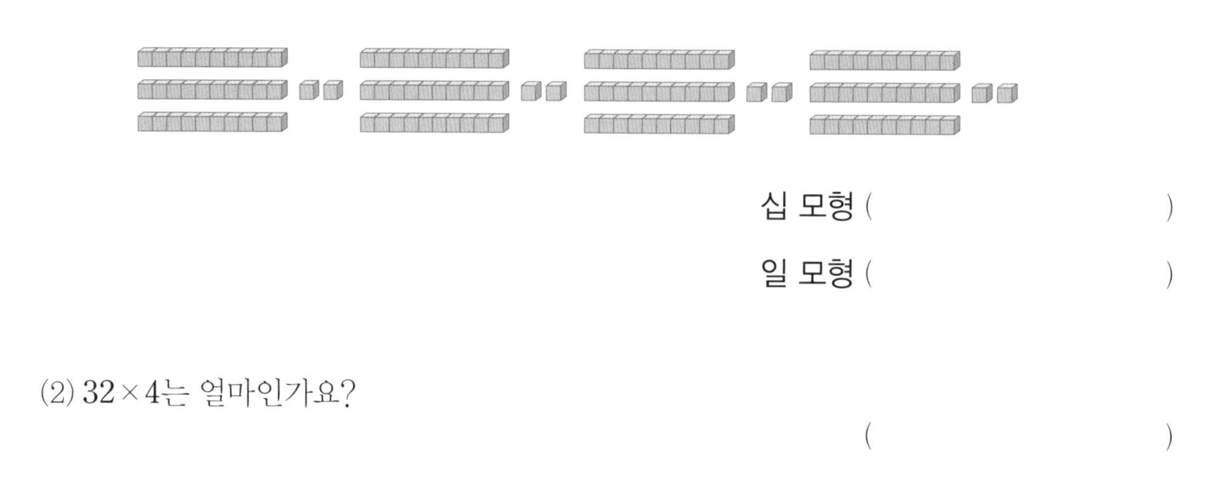

십 모형 (　　　　　　　)

일 모형 (　　　　　　　)

(2) 32×4는 얼마인가요?

(　　　　　　　)

2 음료수가 한 상자에 24개씩 4상자 있습니다. 모눈종이에 나타낸 음료수의 수를 보고 물음에 답하세요.

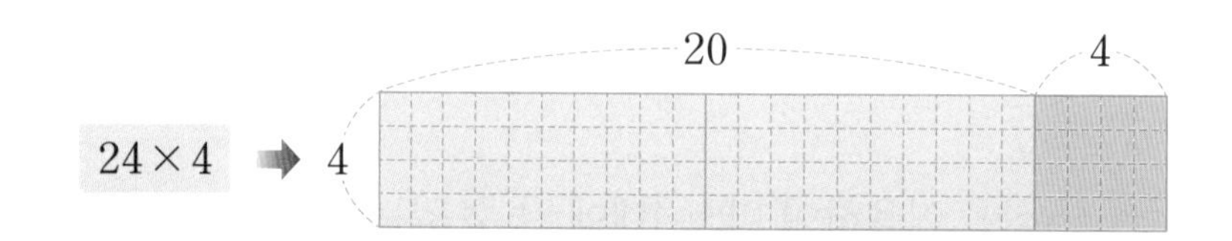

(1) 파란색으로 표시된 부분은 몇 칸인지 곱셈식으로 나타내어 보세요.

(2) 주황색으로 표시된 부분은 몇 칸인지 곱셈식으로 나타내어 보세요.

3 승객이 45명씩 탈 수 있는 버스가 3대 있습니다. 버스에 탈 수 있는 사람의 수를 구해 보려고 해요.

(1) 버스 3대에 탈 수 있는 사람의 수를 나타낸 수 모형을 보고, 십 모형과 일 모형은 각각 몇 개인지 구해 보세요.

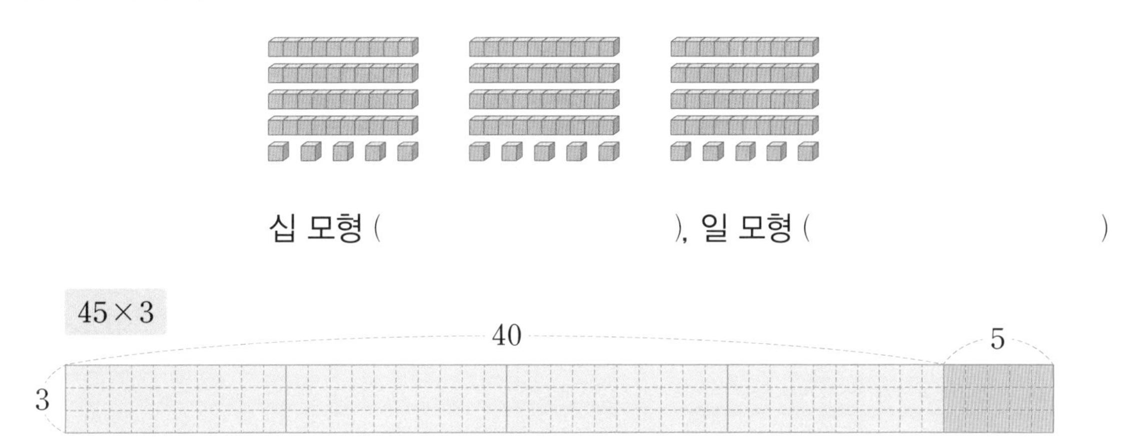

십 모형 (　　　　　　　　), 일 모형 (　　　　　　　　)

(2) 파란색으로 표시된 부분은 몇 칸인지 곱셈식으로 나타내어 보세요.

(3) 주황색으로 표시된 부분은 몇 칸인지 곱셈식으로 나타내어 보세요.

(4) 모눈종이로 곱셈을 해결하는 방법을 설명해 보세요.

(5) 45×3은 얼마인가요?

(　　　　　　　　)

개념 정리 (몇십몇)×(몇)을 모눈종이에 나타낼 수 있어요.

25×5 ➡ 5

20　5

개념활용 ②-2

올림이 있는 (몇십몇)×(몇)을 세로로 계산하기

한 상자에 32개씩 들어 있는 떡이 4상자 있습니다. 떡의 수를 알아보세요.

(1) 세로로 계산하면 어떻게 나타낼 수 있을까요? □ 안에 알맞은 수를 써넣으세요.

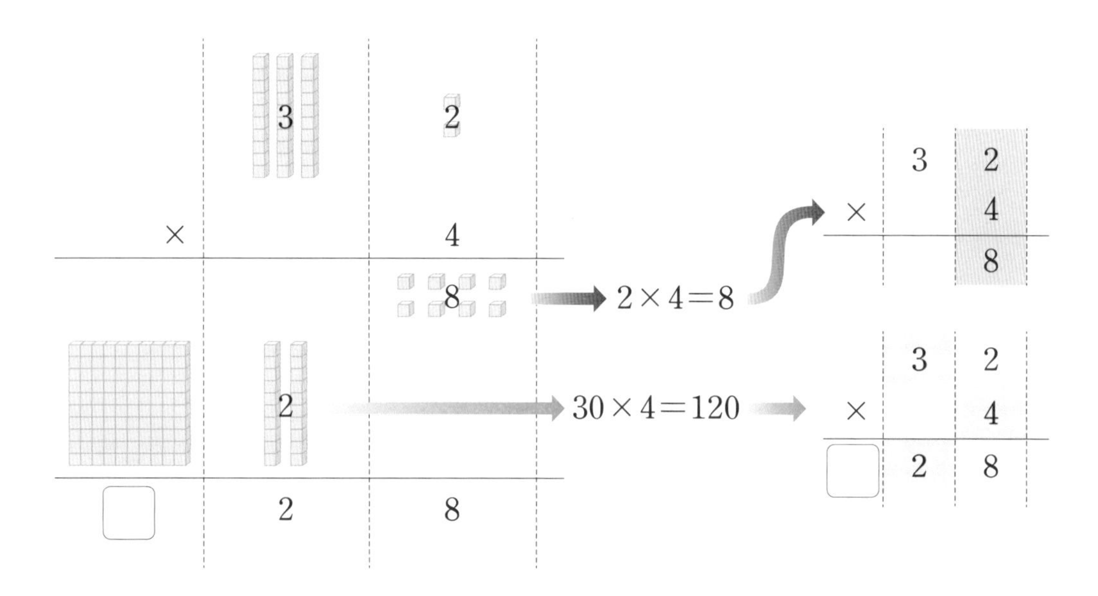

(2) 32×4를 계산하는 방법을 설명한 것입니다. □ 안에 알맞은 수나 식을 써넣으세요.

- 십의 자리를 계산하여 얻은 120과 일의 자리를 계산한 8을 더하여 □을 구합니다.
- 120의 12는 십 모형의 수이고, 8은 일 모형의 수입니다.
- 8은 2×4의 값이고, 120은 □의 값입니다.

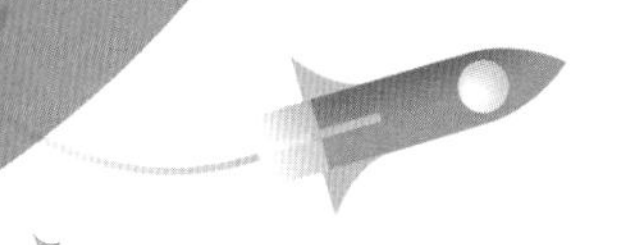

2 한 대에 45명이 탈 수 있는 버스가 3대 있습니다. 버스 3대에 탈 수 있는 사람의 수를 알아보세요.

(1) 세로로 계산하면 어떻게 나타낼 수 있을까요? □ 안에 알맞은 수를 써넣으세요.

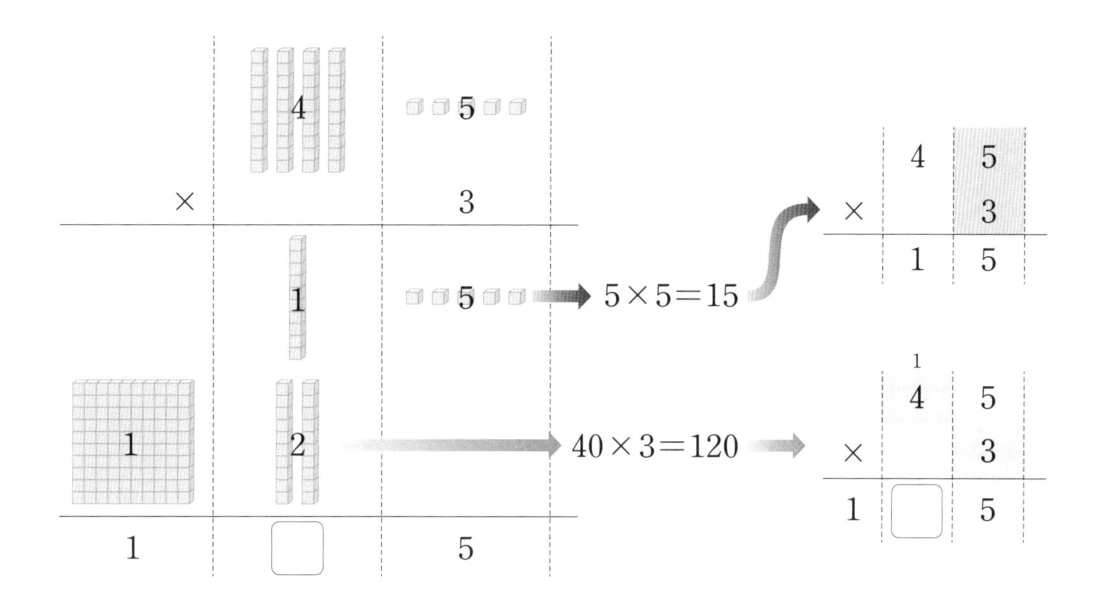

(2) 45×3을 계산하는 방법을 설명해 보세요.

개념 정리 (몇십몇)×(몇)을 세로셈으로 나타낼 수 있어요.

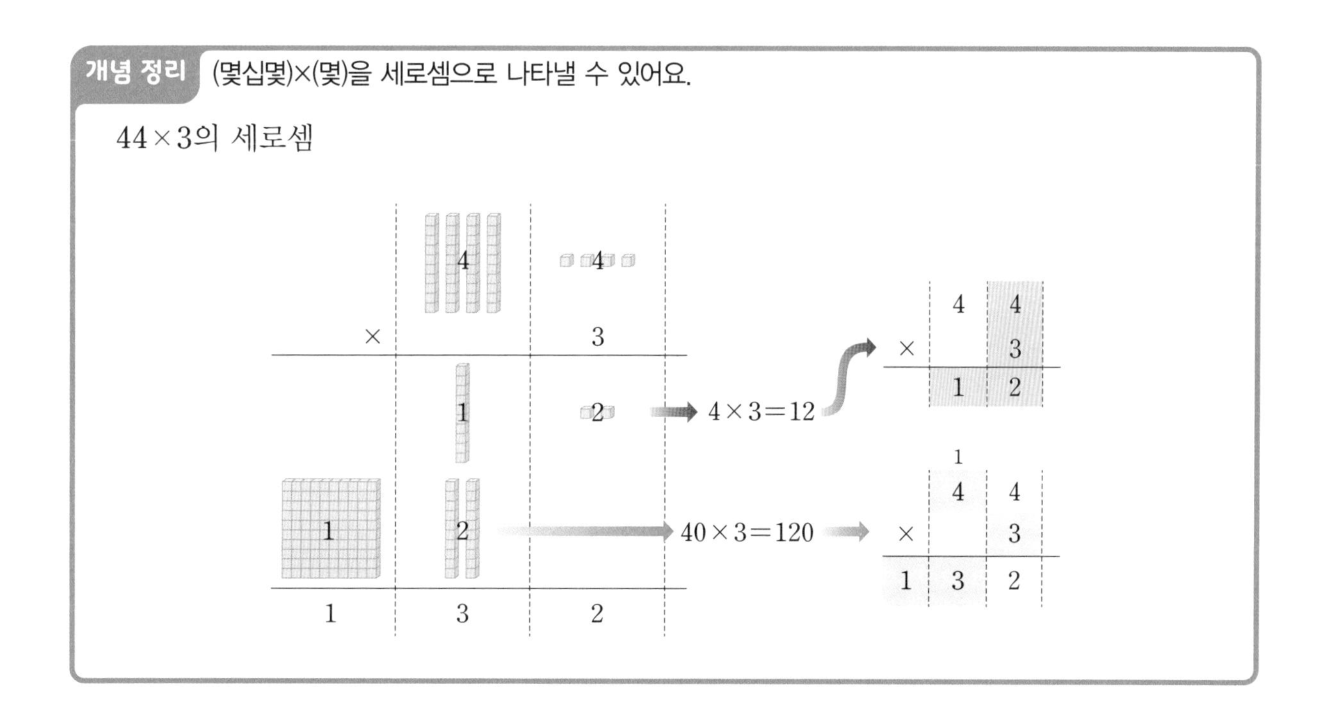

표현하기

곱셈

스스로 정리 곱셈을 여러 가지 방법으로 해결해 보세요.

1 34×4

방법1

방법2

기타

개념 연결 빈칸에 알맞은 수를 써넣으세요.

주제	칸 채우기
곱셈구구	(아래 표)
1단 곱셈구구와 0의 곱	$0\times0=\square$, $0\times5=\square$, $1\times1=\square$, $1\times6=\square$, $1\times8=\square$ $0\times\square=0$, $0\times1=\square$, $\square\times1=4$, $\square\times1=7$, $1\times\square=9$

×	1	2	3	4	5	6	7	8	9
7	7			28				56	
9		18				54			

다양한 방법으로 계산하고 계산한 방법을 친구에게 편지로 설명해 보세요.

1 30×6

2 41×7

3 24×9

1 우리 반 학생들은 공책 27권씩 4묶음을 국제 난민 기구에 전달하였습니다. 전달한 공책은 모두 몇 권인지 구하고, 어떻게 구했는지 설명해 보세요.

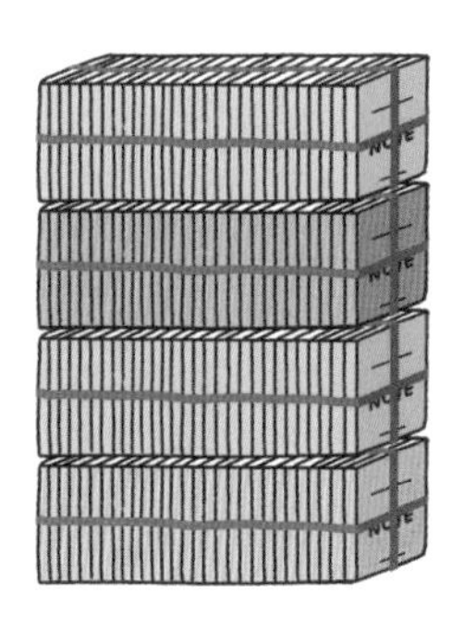

2 똑같은 초콜릿을 두 할인점에서 서로 다른 포장으로 팔고 있습니다. 어느 할인점에서 사는 것이 더 좋을까요? 그렇게 생각한 이유를 설명해 보세요.

G 마트: 25개들이 3상자에 10000원

S 마트: 18개들이 4상자에 10000원

곱셈은 이렇게 연결돼요

곱셈구구

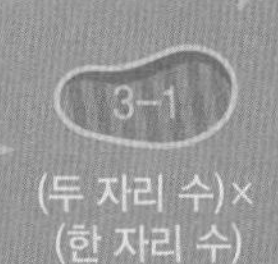

(두 자리 수)×(한 자리 수) 곱셈

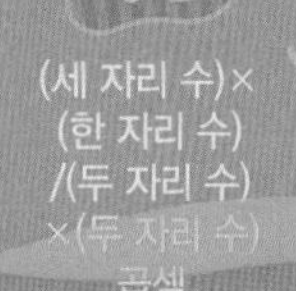

(세 자리 수)×(한 자리 수)/(두 자리 수)×(두 자리 수) 곱셈

(세 자리 수)×(두 자리 수) 곱셈

1 수 모형을 보고 □ 안에 알맞은 수를 써넣으세요.

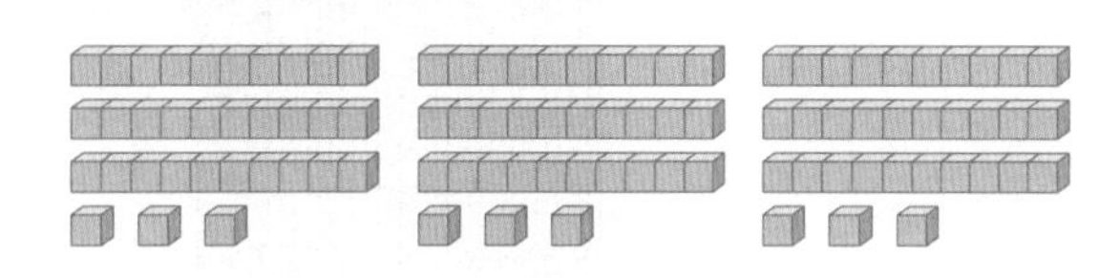

$33 \times 3 = \square$

2 계산해 보세요.

(1)
$$\begin{array}{r} 2\ 0 \\ \times \quad 4 \\ \hline \end{array}$$

(2)
$$\begin{array}{r} 4\ 1 \\ \times \quad 2 \\ \hline \end{array}$$

(3) 30×3

(4) 23×3

3 한 상자에 12개씩 들어 있는 라면이 4상자 있습니다. 라면은 모두 몇 개인지 곱셈식으로 나타내고 답을 구해 보세요.

곱셈식 ______________________

답 ______________________

4 수 모형을 보고 □ 안에 알맞은 수를 써넣으세요.

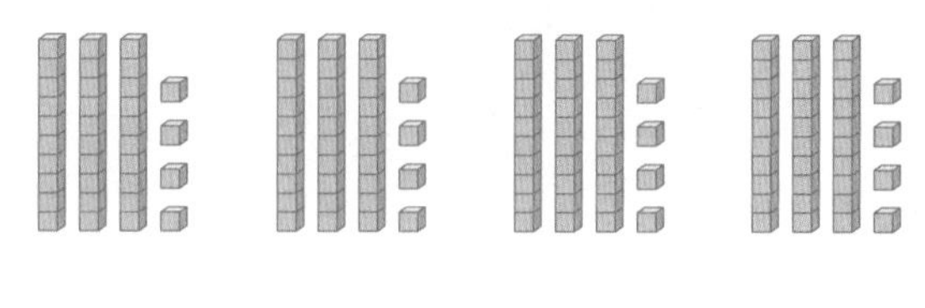

$34 \times 4 = \square$

5 계산 결과를 비교하여 ○ 안에 >, =, <를 알맞게 써넣으세요.

33×2 ○ 11×6

6 □ 안에 알맞은 수를 써넣으세요.

27×3 ─ $20 \times 3 = \square$ ─ $\square$
　　　　 └ $7 \times 3 = \square$ ┘

7 계산해 보세요.

(1) 62×4　　　　(2) 28×3

8 계산 결과가 400보다 큰 식을 찾아 기호를 써 보세요.

㉠ 72×4　　㉡ 51×7　　㉢ 83×5

(　　　　　　　　)

9 선우는 색종이를 한 묶음에 24장씩 5묶음 가지고 있습니다. 선우가 가지고 있는 색종이는 모두 몇 장인지 곱셈식으로 나타내고 답을 구해 보세요.

곱셈식 ______________________

답 ______________________

10 47×2를 계산한 것입니다. 계산 순서에 맞게 □ 안에 알맞은 수를 써넣으세요.

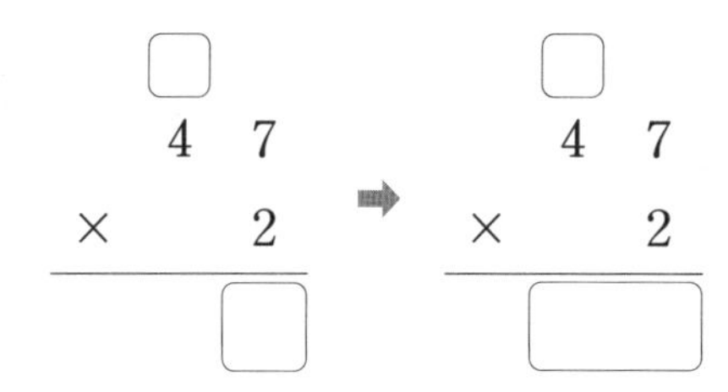

11 빈칸에 알맞은 수를 써넣으세요.

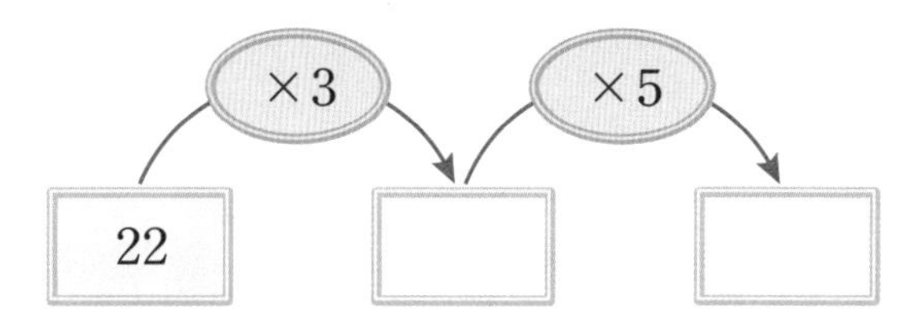

12 계산이 잘못된 곳을 바르게 이야기한 사람은 누구인가요?

$$\begin{array}{r} 48 \\ \times \quad 4 \\ \hline 162 \end{array}$$

• 바다: 40×4의 계산이 틀렸어.
• 하늘: 올림한 값을 더하지 않았어.

(　　　　　　　　)

1 가장 큰 수와 가장 작은 수의 곱을 구해 보세요.

57　　73　　6　　9

(　　　　　　　　)

2 곱셈식에서 □ 안의 숫자 8이 뜻하는 것을 곱셈식으로 나타내어 보세요.

$$\begin{array}{r} 4\ 2 \\ \times\ \ \ 2 \\ \hline \boxed{8}\ 4 \end{array}$$

(　　　　　　　　)

3 38×3과 계산 결과가 다른 것을 찾아 기호를 써 보세요.

㉠ 38+38+38
㉡ 30+8+3
㉢ 3×38
㉣ 30+30+30+8+8+8

(　　　　　　　　)

4 □ 안에 알맞은 수를 써넣으세요.

(1)

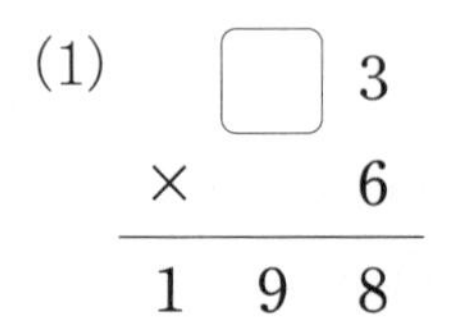

$$\begin{array}{r} \square\ 3 \\ \times\ \ \ 6 \\ \hline 1\ 9\ 8 \end{array}$$

(2)

$$\begin{array}{r} 7\ 6 \\ \times\ \ \ \square \\ \hline 2\ 2\ 8 \end{array}$$

5 다음은 공연장 좌석 배치도입니다. 이 공연장에는 모두 몇 명이 앉을 수 있을까요?

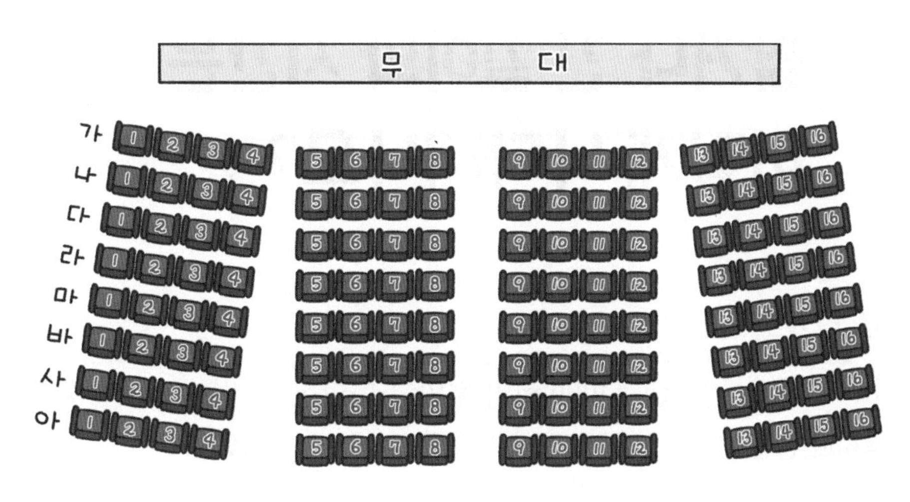

( )

6 하늘이네 가족과 바다네 가족은 딸기 따기 체험장에 갔습니다. 딸기를 하늘이네는 한 바구니에 20개씩 4바구니에 담았고, 바다네는 한 바구니에 29개씩 4바구니에 담았습니다. 두 가족이 담은 딸기는 모두 몇 개인가요?

( )

7 1에서 9까지의 자연수 중 □ 안에 들어갈 수 있는 가장 작은 수를 써넣고, 이유를 설명해 보세요.

$$38 \times 2 < 19 \times \square$$

이유

8 수 카드를 한 번씩만 사용하여 계산 결과가 가장 큰 곱셈식을 만들고 계산해 보세요.

4 8 5

곱셈식 ____________________ 답 ____________

5 짧거나 긴 길이와 시간은 어떻게 나타내나요?

길이와 시간

- 1 cm=10 mm, 1 km=1000 m임을 알고 다양한 단위로 나타낼 수 있어요.
- 1분=60초임을 알고 초 단위까지 시각을 읽을 수 있어요.
- 시간을 더하고 뺄 수 있어요.

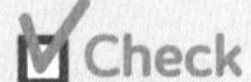

Check

스스로 다짐하기

- ☐ 정답을 맞히는 것도 중요하지만, 문제를 푼 과정을 설명하는 것도 중요해요.
- ☐ 새롭고 어려운 내용이 많지만, 꼼꼼하게 풀어 보세요.
- ☐ 스스로 과제를 해결하는 것이 힘들지만, 참고 이겨 내면 기분이 더 좋아져요.

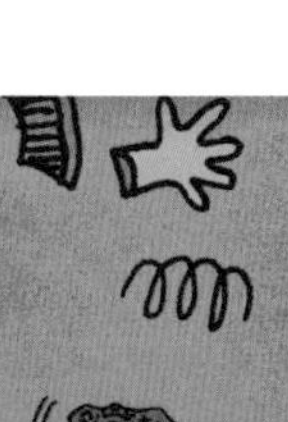

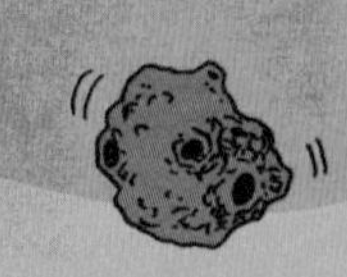

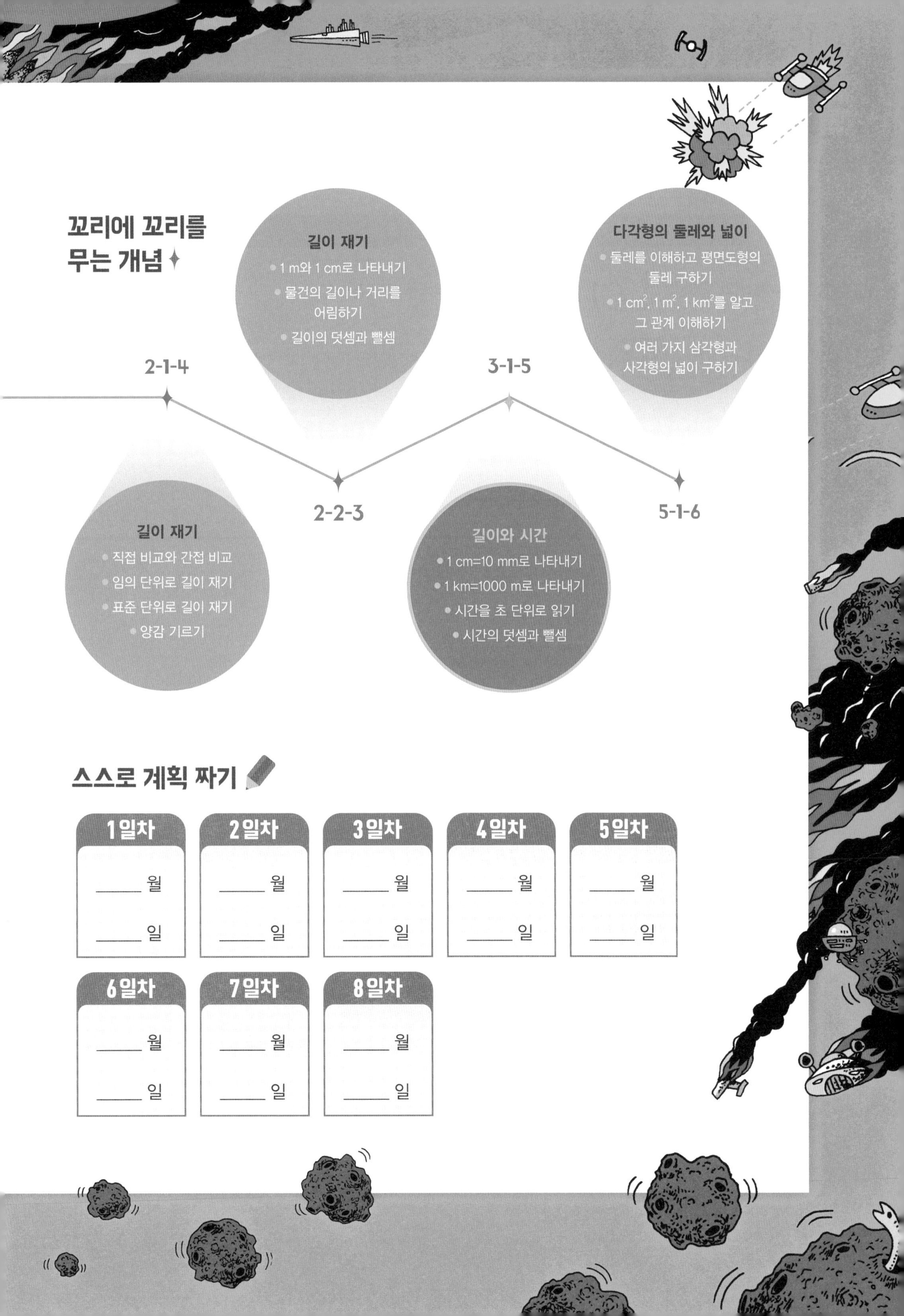

꼬리에 꼬리를 무는 개념

2-1-4 길이 재기
- 직접 비교와 간접 비교
- 임의 단위로 길이 재기
- 표준 단위로 길이 재기
- 양감 기르기

2-2-3 길이 재기
- 1 m와 1 cm로 나타내기
- 물건의 길이나 거리를 어림하기
- 길이의 덧셈과 뺄셈

3-1-5 길이와 시간
- 1 cm=10 mm로 나타내기
- 1 km=1000 m로 나타내기
- 시간을 초 단위로 읽기
- 시간의 덧셈과 뺄셈

5-1-6 다각형의 둘레와 넓이
- 둘레를 이해하고 평면도형의 둘레 구하기
- 1 cm^2, 1 m^2, 1 km^2를 알고 그 관계 이해하기
- 여러 가지 삼각형과 사각형의 넓이 구하기

스스로 계획 짜기

1일차	2일차	3일차	4일차	5일차
____ 월 ____ 일	____ 월 ____ 일	____ 월 ____ 일	____ 월 ____ 일	____ 월 ____ 일

6일차	7일차	8일차
____ 월 ____ 일	____ 월 ____ 일	____ 월 ____ 일

기억하기

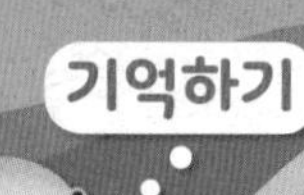

기억 1 1 cm, 1 m 이해하기, 길이 재기

▬의 길이를 1 cm 라 쓰고 1 센티미터라고 읽습니다.

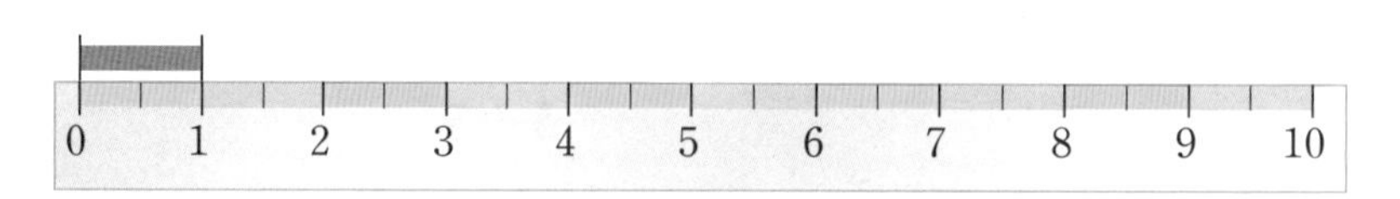

100 cm는 1 m와 같습니다. 1 m는 1 미터라고 읽습니다.

100 cm=1 m

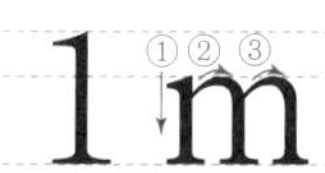

1 주어진 길이를 쓰고 읽어 보세요.

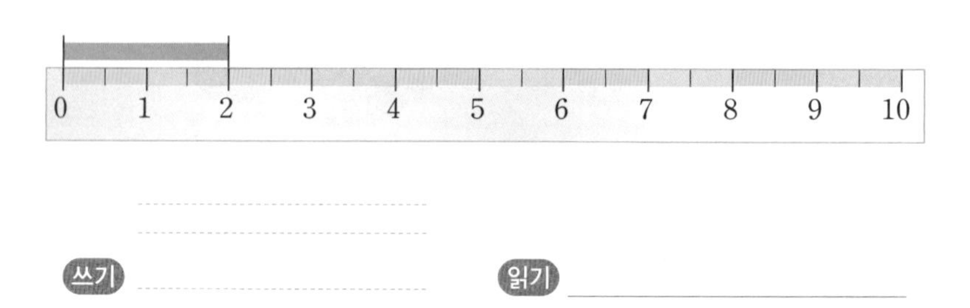

쓰기 ______ 읽기 ______

기억 2 cm로 나타내거나 m와 cm로 나타내기

130 cm는 1 m보다 30 cm 더 깁니다.

130 cm를 1 m 30 cm라고도 씁니다.

1 m 30 cm를 1 미터 30 센티미터라고 읽습니다.

130 cm=1 m 30 cm

2 □ 안에 알맞은 수를 써넣으세요.

(1) 2 m=□ cm

(2) 1 m 25 cm=□ cm

기억 3 길이의 합과 차

$$\begin{array}{r} 1\text{ m }10\text{ cm} \\ +\ 2\text{ m }30\text{ cm} \\ \hline \end{array} \Rightarrow \begin{array}{r} 1\text{ m }10\text{ cm} \\ +\ 2\text{ m }30\text{ cm} \\ \hline 40\text{ cm} \end{array} \Rightarrow \begin{array}{r} 1\text{ m }10\text{ cm} \\ +\ 2\text{ m }30\text{ cm} \\ \hline 3\text{ m }40\text{ cm} \end{array}$$

$$\begin{array}{r} 2\text{ m }30\text{ cm} \\ -\ 1\text{ m }10\text{ cm} \\ \hline \end{array} \Rightarrow \begin{array}{r} 2\text{ m }30\text{ cm} \\ -\ 1\text{ m }10\text{ cm} \\ \hline 20\text{ cm} \end{array} \Rightarrow \begin{array}{r} 2\text{ m }30\text{ cm} \\ -\ 1\text{ m }10\text{ cm} \\ \hline 1\text{ m }20\text{ cm} \end{array}$$

3 길이의 합과 차를 구해 보세요.

(1) 1 m 20 cm+2 m 15 cm

(2) 1 m 17 cm+3 m 42 cm

(3) 9 m 67 cm−4 m 23 cm

(4) 7 m 54 cm−5 m 20 cm

기억 4 시각을 분 단위로 읽기

시계에서 긴바늘이 가리키는 작은 눈금 한 칸은 1분을 나타냅니다.
오른쪽 그림의 시계가 나타내는 시각은 10시 17분입니다.

4 시계가 나타내는 시각을 읽어 보세요.

읽기 ________________

5 시각을 시계에 그려 보세요.

5시 15분 ➡

생각열기 ①

내 뼘의 길이는 정확하게 얼마인가요?

1 바다는 색연필과 연필의 길이를 비교하려고 합니다. 그림을 보고 물음에 답하세요.

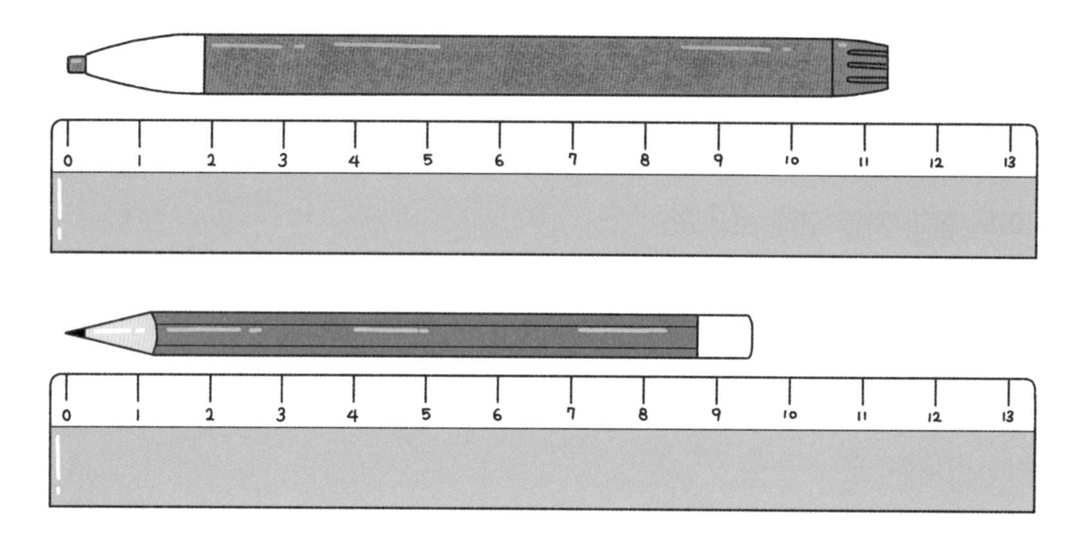

(1) 색연필과 연필의 길이는 차이가 얼마나 난다고 생각하는지 써 보세요.

(2) 길이를 좀 더 정확히 재려면 무엇이 필요할까요?

2 주변에서 1 cm보다 짧은 물건을 찾아 써 보세요.

3 하늘이는 자신의 뼘의 길이를 알아보기 위해 종이 위에 손을 완전히 펴고 두 손가락 끝에 점을 찍은 다음 곧은 선으로 잇고 길이를 재어 보았습니다. 물음에 답하세요.

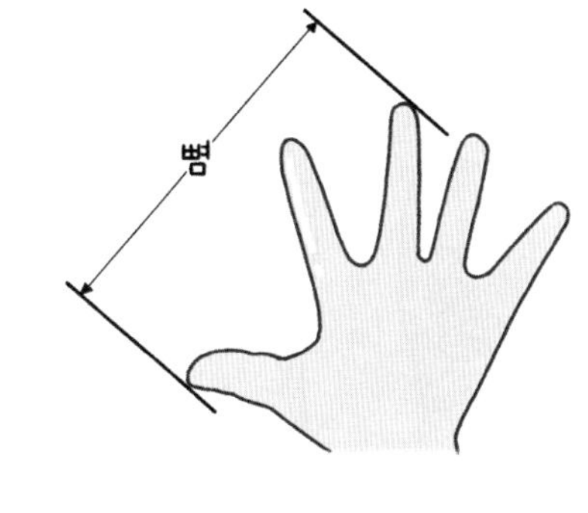

뼘은 엄지손가락과 다른 손가락을
완전히 펴서 벌렸을 때
두 끝 사이의 거리입니다.

(1) 하늘이의 뼘의 길이는 얼마일까요?

(2) 하늘이의 뼘의 길이는 얼마쯤 된다고 할 수 있을까요?

(3) 나의 뼘을 선분으로 나타내어 보세요.

(4) 나의 뼘의 길이는 얼마쯤 된다고 할 수 있을까요?

개념활용 1-1

mm 단위

1 바다는 운동화를 사기 위해 발 크기에 맞는 신발을 신어 보려고 합니다. 신발에는 왼쪽부터 210, 215, 220이라는 숫자가 적혀 있어요.

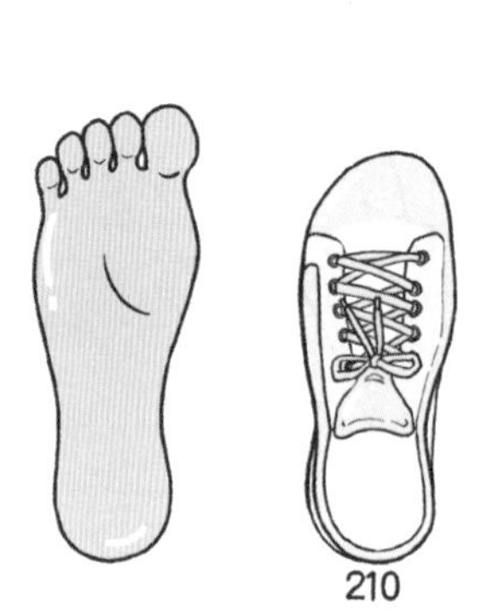

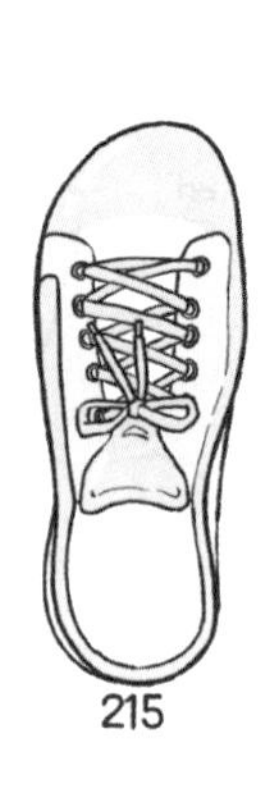

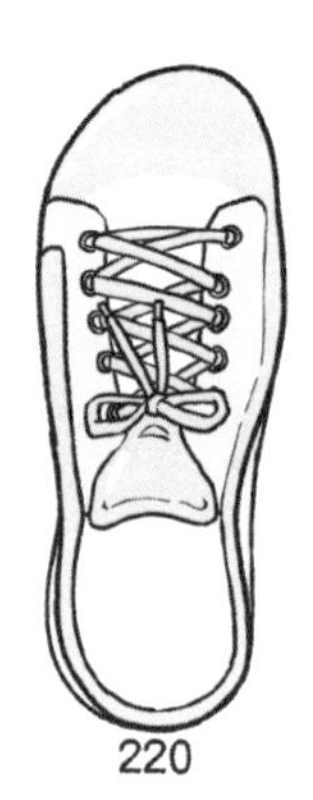

(1) 210, 215, 220은 무엇을 나타낼까요?

(2) 바다의 발에 맞는 신발은 어느 것이라고 생각하나요?

(3) 바다의 발의 길이는 얼마쯤 될까요?

개념 정리 mm

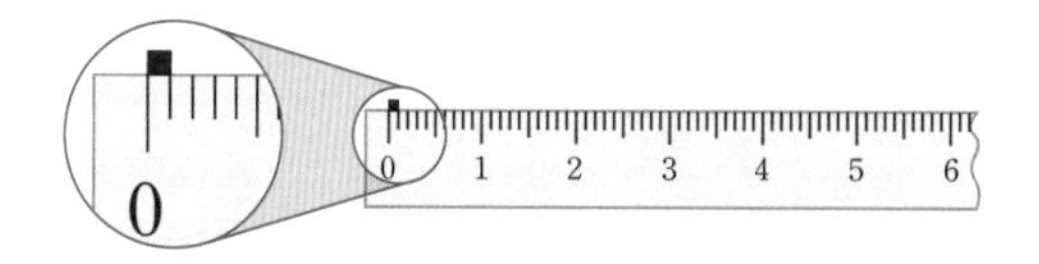

1 cm( )를 10칸으로 똑같이 나누었을 때( ) 작은 눈금 한 칸의 길이(■)를 1 mm라 쓰고 1 밀리미터라고 읽습니다.

1mm 1mm

1 cm=10 mm

21 cm보다 5 mm 더 긴 것을 21 cm 5 mm라 쓰고 21 센티미터 5 밀리미터라고 읽습니다. 21 cm 5 mm는 215 mm입니다.

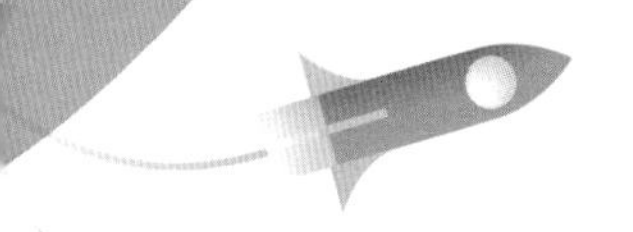

2 주어진 길이를 자로 재어 써 보세요.

(1)

( )

(2)

( )

3 자를 이용하여 주어진 길이를 그어 보세요.

(1) 13 cm 7 mm

(2) 111 mm

4 주변에 있는 물건의 길이를 어림하고 자로 재어 확인해 보세요.

주변에 있는 물건의 길이

물건	어림한 길이	자로 잰 길이
연필		
지우개		
수학 교과서 가로 길이		
수학 교과서 세로 길이		

생각열기 ②

집에서 학교까지의 거리는 얼마나 되나요?

산이는 1분 동안 움직일 수 있는 거리를 조사하였습니다. 물음에 답하세요.

	고속 열차	5520 m
	치타	1980 m
	코끼리	300 m
	자동차	1000 m
	자전거	340 m
	걷는 사람	66 m

(1) 가장 멀리 갈 수 있는 것은 1분 동안 얼마나 움직일 수 있나요?

(2) (1)에서 m로 나타내었을 때 불편한 점을 써 보세요.

(3) 불편한 점을 해결하려면 어떻게 해야 할까요?

2 바다는 집에서 공원까지의 거리와 집에서 학교까지의 거리를 알아보려고 합니다. 물음에 답하세요.

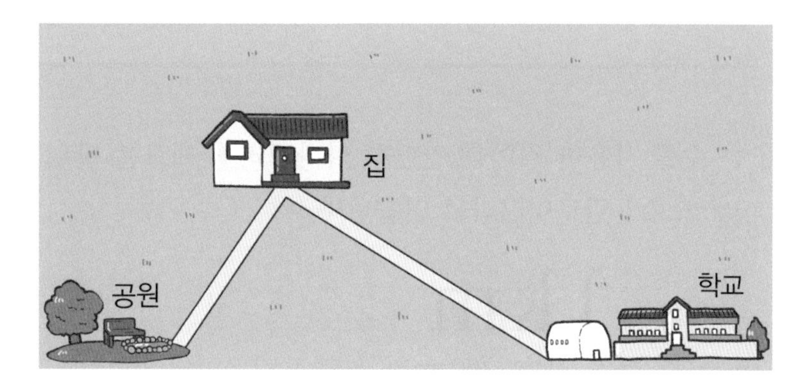

(1) 집에서 공원까지의 거리를 어떻게 알아볼까요?

(2) 집에서 학교까지의 거리를 어떻게 알아볼까요?

3 학교 운동장 한 바퀴는 약 200 m입니다. 운동장을 여러 바퀴 돌면 이동한 거리는 얼마쯤 되는지 알아보세요.

(1) 운동장을 5바퀴 돌면 이동한 거리는 얼마쯤 되는지 써 보세요.

(2) 운동장을 10바퀴 돌면 이동한 거리는 얼마쯤 되는지 써 보세요.

개념활용 ❷-1

km 단위

개념 정리 km

1000 m와 같이 큰 수를 사용한 길이를 간단히 나타내려면 새로운 단위가 필요합니다.
1000 m를 1 km라 쓰고 1 킬로미터라고 읽습니다.

1 km 1 km

1 km보다 300 m 더 긴 것을 1 km 300 m라 쓰고 1 킬로미터 300 미터라고 읽습니다.
1 km 300 m는 1300 m입니다.

1 하늘이네 집에서 지하철역, 마트, 도서관, 학교까지의 거리를 나타낸 것입니다. 물음에 답하세요.

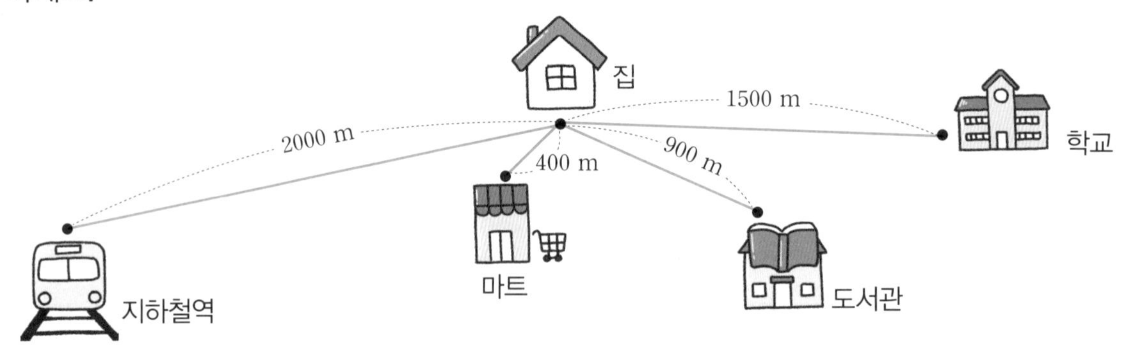

(1) 하늘이네 집에서 1 km가 넘는 곳은 어디인가요?

(2) 하늘이네 집에서 1 km가 넘는 곳의 거리를 km로 나타내어 보세요.

(3) 하늘이네 집에서 학교까지는 1 m씩 몇 번 가야 할까요?

2 다음은 전주 한옥마을 지도입니다. 풍남문에서 전동성당까지의 거리가 1 km이면, 풍남문에서 중앙초까지의 거리는 얼마나 되는지 어림해 보세요.

3 문제 2의 지도에서 2 km로 예상되는 두 지점을 찾아 써 보세요.

2 km로 예상되는 두 지점

거리	장소	
1 km	풍남문	전동성당
2 km		
2 km		

4 주변에서 km를 사용하는 경우를 찾아보세요.

생각열기 ③

손을 씻는 데 걸리는 시간은 얼마나 되나요?

1 시각을 읽어 보세요.

(1)

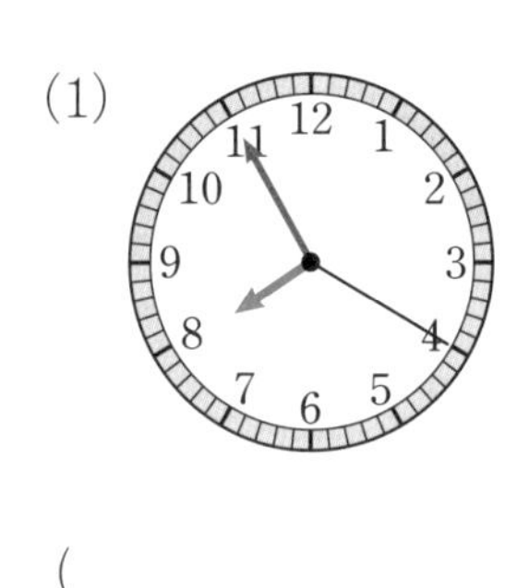

(2) 16: 12: 10

(   )   (   )

2 올바른 손 씻기 방법을 보고, 물음에 답하세요.

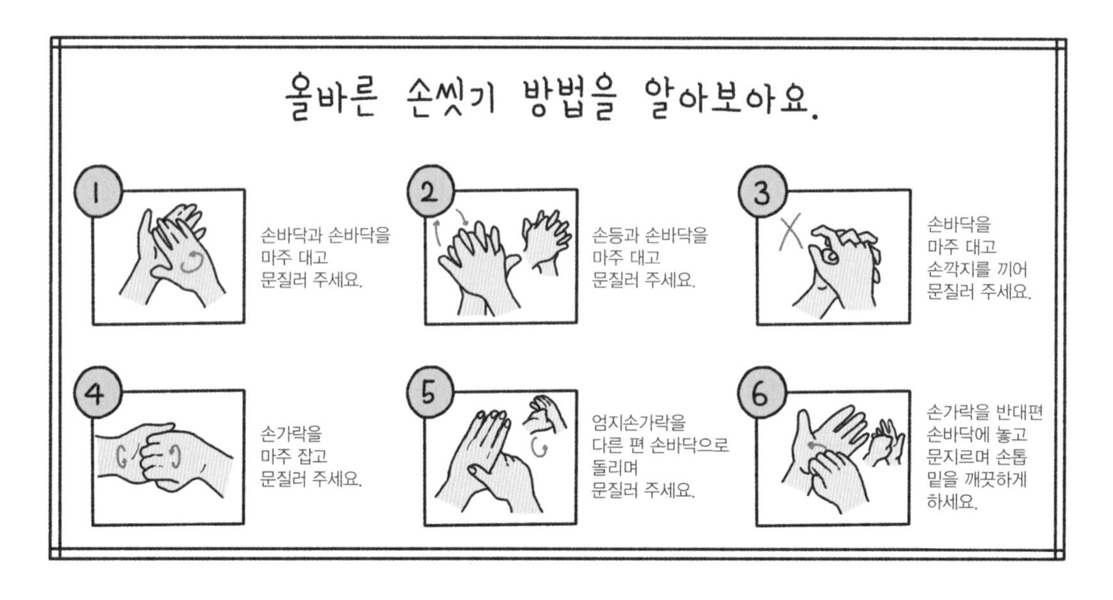

(1) 올바른 손 씻기 방법으로 손을 한 번 씻는 데는 시간이 얼마나 걸린다고 생각하나요?

(2) 손을 한 번 씻는 데 걸리는 시간 동안 할 수 있는 일은 무엇인가요?

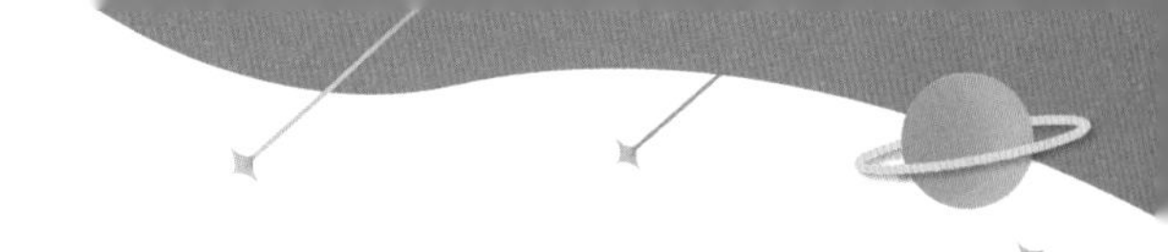

3 하늘이네 가족은 기차를 타고 동대구역에서 수원역으로 가려고 합니다. 기차표를 보고, 동대구역에서 수원역까지 가는 데 걸리는 시간을 구해 보세요.

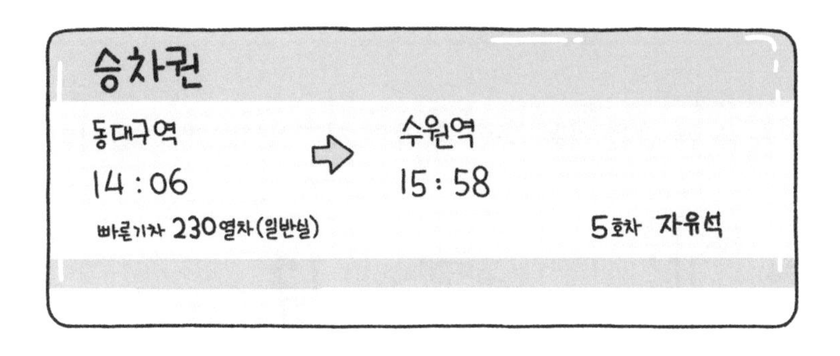

4 산이네 가족은 5415번 버스를 타고 공원에 가려고 합니다. 버스 정류소의 안내판을 보고, 물음에 답하세요.

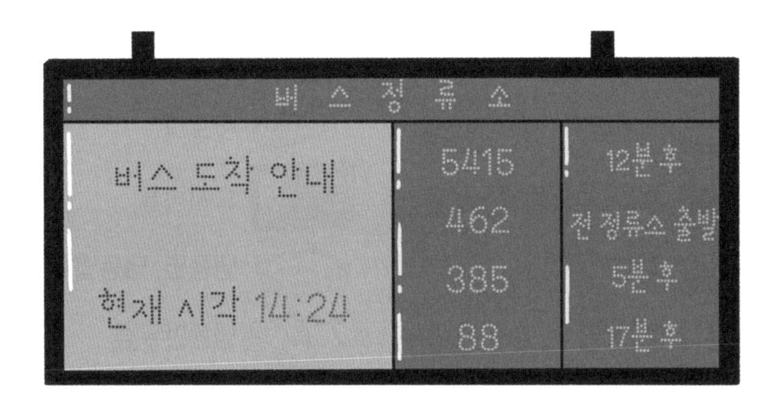

(1) 산이네 가족이 5415번 버스를 타게 되는 시각을 구해 보세요.

(2) 88번 버스가 도착하는 시각을 구해 보세요.

개념활용 3-1

초 단위 알기

개념 정리 초

초바늘이 작은 눈금 한 칸을 가는 동안 걸리는 시간을 1초라고 합니다.

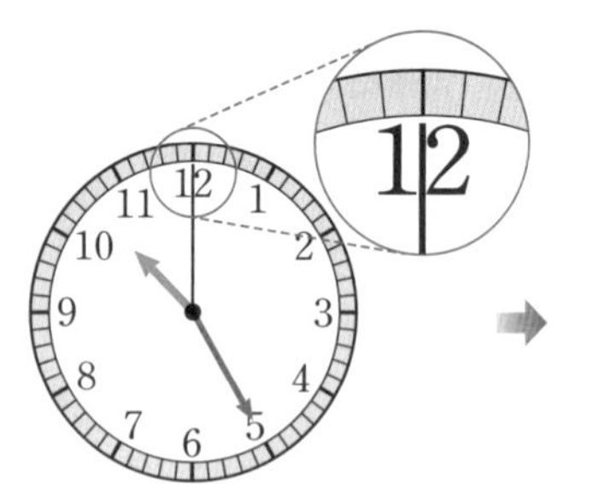
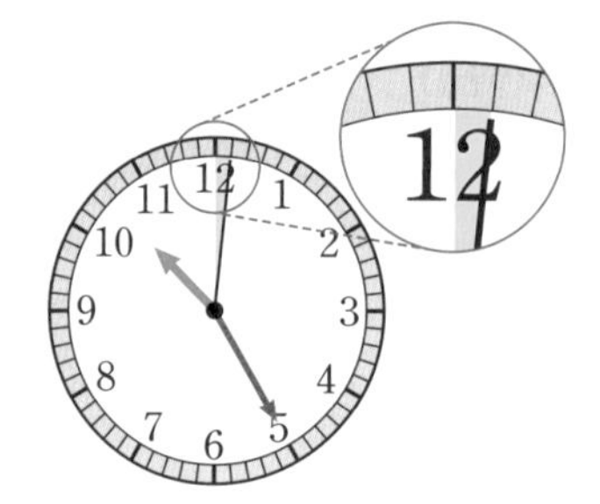

작은 눈금 한 칸=1초

초바늘이 시계를 한 바퀴 도는 데 걸리는 시간은 60초입니다.

60초=1분

 편의점 전자레인지에 붙어 있는 조리 시간표입니다. 물음에 답하세요.

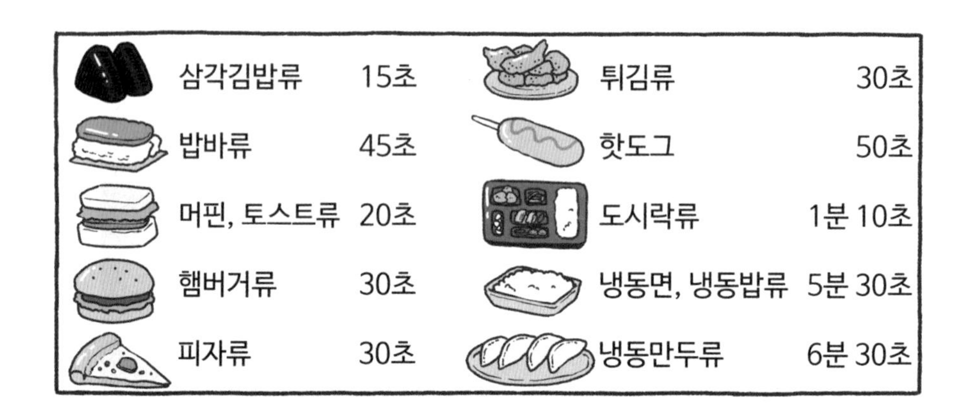

음식	조리 시간	음식	조리 시간
삼각김밥류	15초	튀김류	30초
밥바류	45초	핫도그	50초
머핀, 토스트류	20초	도시락류	1분 10초
햄버거류	30초	냉동면, 냉동밥류	5분 30초
피자류	30초	냉동만두류	6분 30초

(1) 조리 시간이 가장 짧은 것은 무엇인가요?

( )

(2) 햄버거류와 피자류, 튀김류를 조리하는 데 각각 30초가 걸립니다. 30초는 어느 정도의 시간이라고 생각하나요?

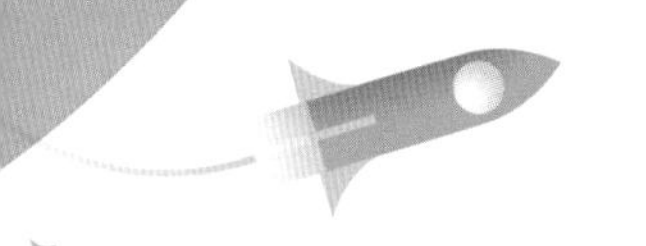

(3) 전자레인지 한 개로 피자와 냉동만두를 조리하는 데 걸리는 시간을 구해 보세요.

(4) 하늘이는 편의점에서 12시 30분 40초에 삼각김밥을 전자레인지로 조리하기 시작했습니다. 조리가 끝난 시각을 구해 보세요.

2 영화 상영 시간표를 보고, 물음에 답하세요.

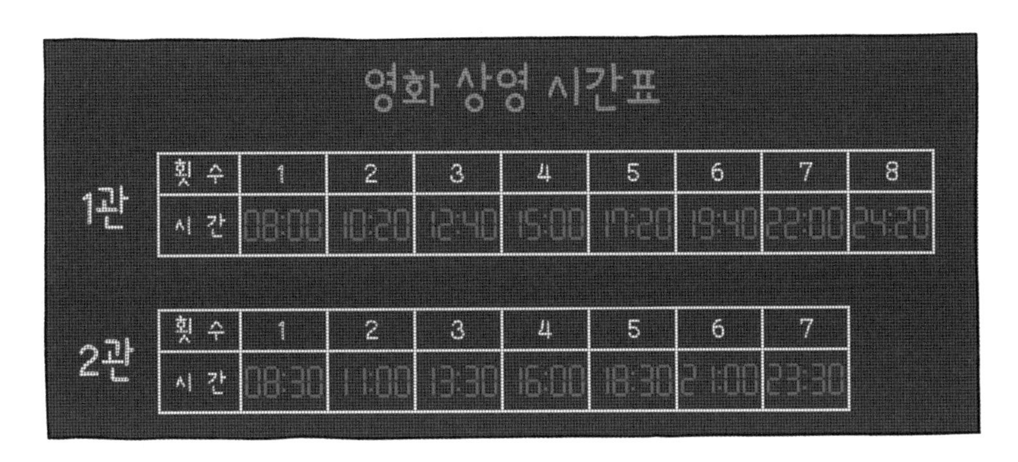

영화 상영 시간표

1관

횟수	1	2	3	4	5	6	7	8
시간	08:00	10:20	12:40	15:00	17:20	19:40	22:00	24:20

2관

횟수	1	2	3	4	5	6	7
시간	08:30	11:00	13:30	16:00	18:30	21:00	23:30

(1) 1관에서는 1회가 시작되고 시간이 얼마나 지나야 2회가 시작되나요?

(2) 하늘이는 1관 4회 영화를 보고, 바다는 2관 4회 영화를 보려고 합니다. 각자 영화를 보고 하늘이는 바다를 만나기 위해서 얼마를 기다려야 할까요? (단, 영화가 끝나면 바로 다음 영화가 시작됩니다.)

표현하기

길이와 시간

스스로 정리 □ 안에 알맞은 수를 써넣으세요.

1 (1) 1 km=□m

(2) 1 cm=□mm

(3) 4 cm 2 mm=□mm

2 (1) 초바늘이 시계를 한 바퀴 도는 데 걸리는 시간을 □초라 합니다.

(2) 1분=□초

(3) 2분 30초=□초

3 (1)

	8 시	42 분	23 초
+		12 분	34 초
	□시	□분	□초

(2)

	20 시	43 분
−	16 시	20 분
	□시간	□분

개념 연결 □ 안에 알맞은 수를 써넣으세요.

주제	칸 채우기
길이	(1) 1 m=□cm (2) 4 m 25 cm=□cm (3) 873 cm=□m □cm
시간	(1) 1시간=□분 (2) 2시간 20분=□분 (3) 190분=□시간 □분

1 □ 안에 알맞은 수를 써넣고, 시간을 더하고 빼는 방법을 친구에게 편지로 설명해 보세요.

(1)

	5 시	35 분	20 초
+	1 시간	10 분	15 초
	□시	□분	□초

(2)

	12 시	26 분	30 초
−	9 시	15 분	9 초
	□시간	□분	□초

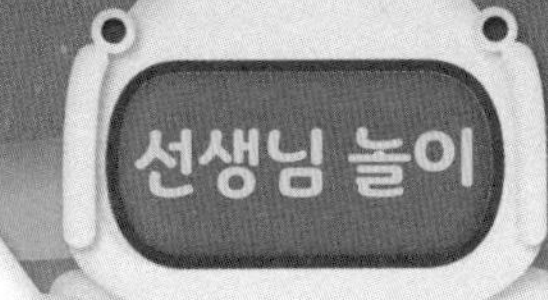

1 우리 집에서 주변에 있는 장소까지의 거리입니다. 우리 집에서 가까운 곳부터 순서대로 건물의 이름을 쓰고, 그렇게 쓴 이유를 설명해 보세요.

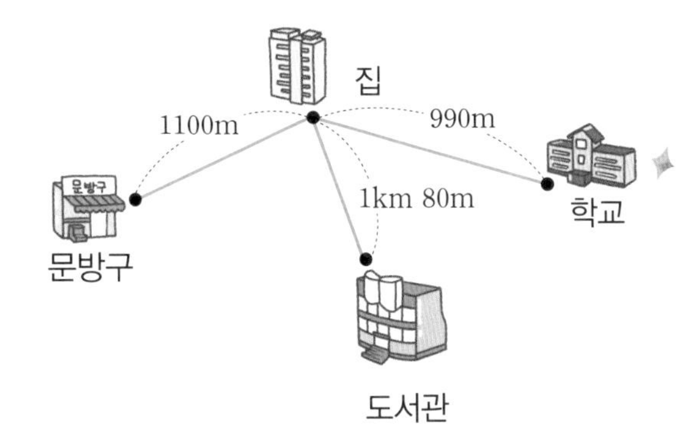

2 학교에서 인수네 집까지는 25분이 걸립니다. 인수가 학교에서 2시 40분에 출발했을 때 집에 도착하는 시각은 몇 시 몇 분일까요? 시계에 그리고 설명해 보세요.

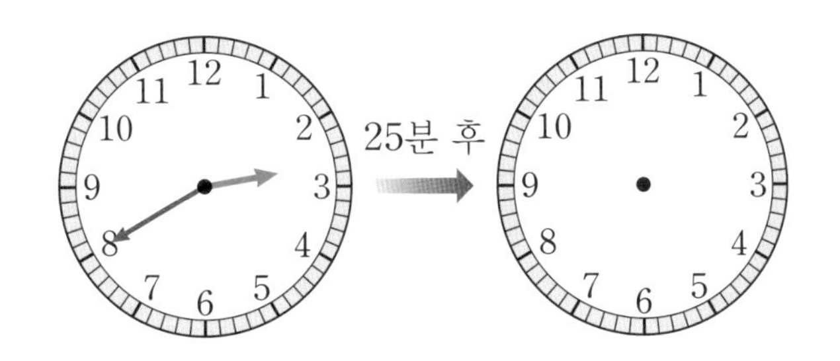

길이와 시간은 이렇게 연결돼요

cm, m 이해하기
길이의 합과 차
시간, 분 이해하기

mm, km 이해하기
초 이해하기
시간의 합과 차

다각형의 둘레 구하기

원주 구하기

단원평가 기본

1 길이를 자로 재어 □ 안에 알맞은 수를 써넣으세요.

(1)

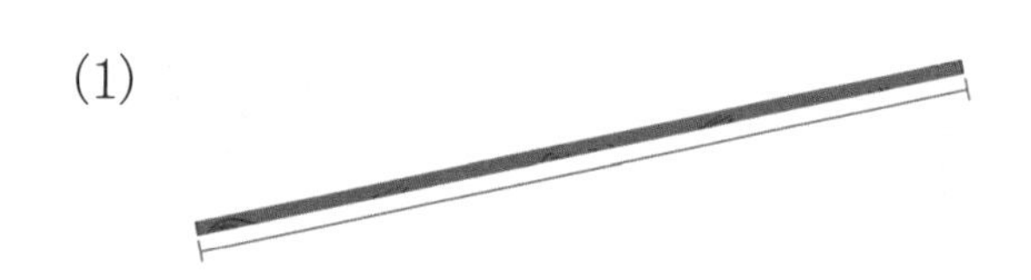

선분의 길이는

□cm □mm입니다.

(2)

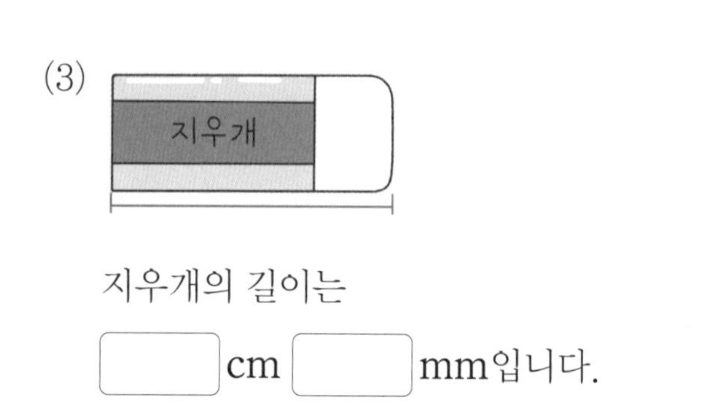

연필의 길이는 □mm입니다.

(3)

지우개의 길이는

□cm □mm입니다.

(4)

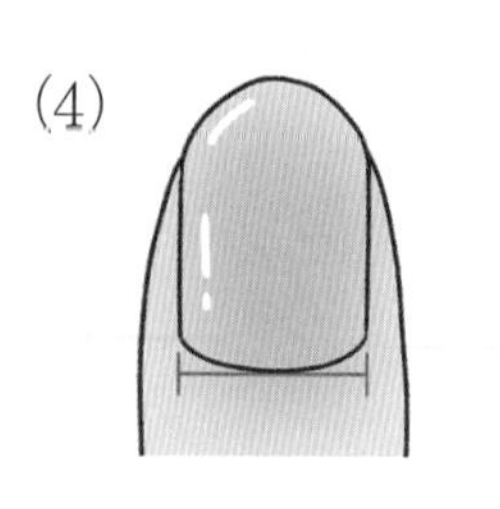

엄지손톱의 너비는 □mm입니다.

2 빈칸에 알맞은 단위를 써 보세요.

(1)

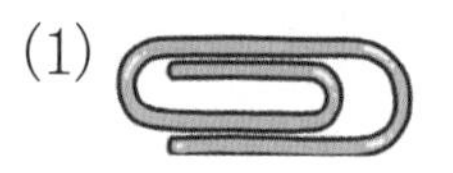

클립의 길이는 약 35 □입니다.

(2)

버스의 길이는 약 10 □입니다.

(3)

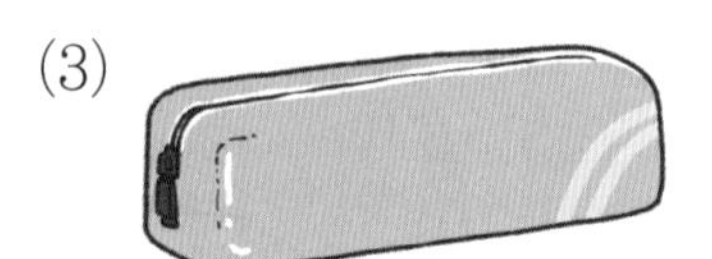

필통의 길이는 약 160 □입니다.

(4)

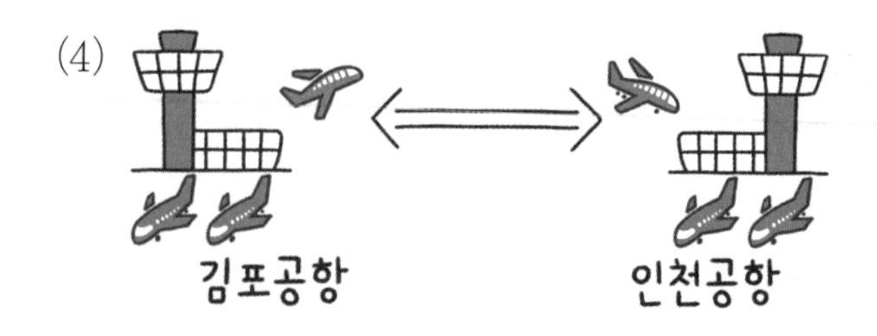

김포 공항에서 인천 공항까지의 거리는

약 42 □입니다.

3 시각을 읽어 보세요.

(1)

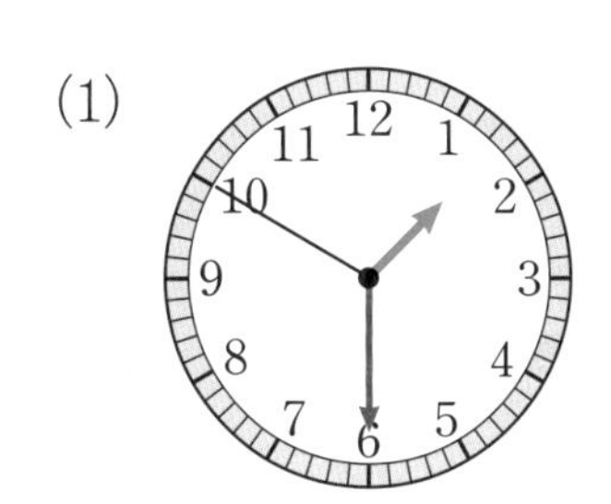

□시 □분 □초

(2)

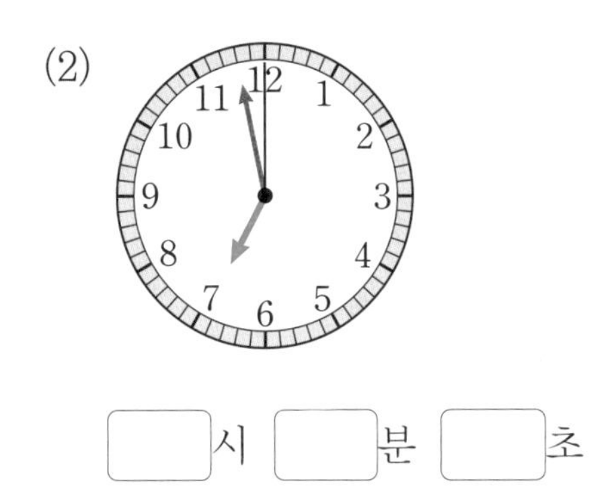

□시 □분 □초

4 시간이 짧은 것부터 순서대로 기호를 써 보세요.

㉠ 82초　　㉡ 1분 20초

㉢ 90초　　㉣ 2분

㉤ 100초

(　　　　　　　　　　)

5 10초 동안 할 수 있는 일을 써 보세요.

6 □ 안에 알맞은 수를 써넣으세요.

(1)

		시		분		초
	3	시	31	분	16	초
+			23	분	18	초
	□	시	□	분	□	초

(2)

		시		분		초
	2	시	22	분	8	초
+	4	시	18	분	39	초
	□	시	□	분	□	초

(3)

		시		분		초
	9	시	42	분	35	초
−	5	시	26	분	19	초
	□	시간	□	분	□	초

(4)

		시		분		초
	11	시	51	분	22	초
−	4	시	15	분	3	초
	□	시간	□	분	□	초

7 봄이는 3시 20분 35초에 만화책을 읽기 시작하여 4시 25분 47초에 다 읽었습니다. 만화책을 읽은 시간을 구해 보세요.

(　　　　　　　　　　)

1 하늘이네 집에서 약 2 km 떨어진 곳은 어디인가요?

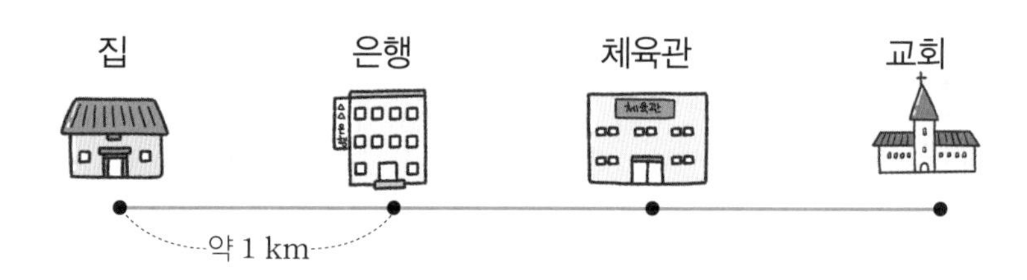

( )

2 마라톤은 아주 오래전 그리스와 페르시아의 전쟁에서 그리스의 승리를 알리기 위해 한 병사가 40 km나 되는 거리를 달린 것에서 유래되었습니다. 현재 마라톤 경기는 약 42 km를 달리는 마라톤, 약 20 km를 달리는 하프 마라톤, 10 km를 달리는 단축 마라톤, 5 km를 달리는 건강 마라톤 등으로 열리고 있습니다. 이 중 건강 마라톤 경기에서 선수들이 달려야 하는 거리는 몇 m인지 구해 보세요.

( )

3 전자시계가 나타내는 시각을 시계에 나타내어 보세요.

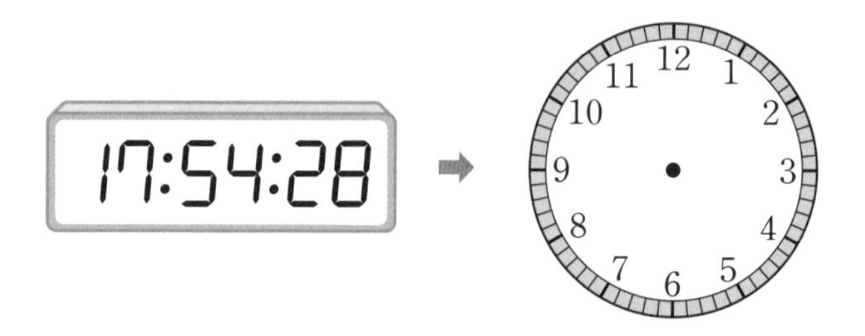

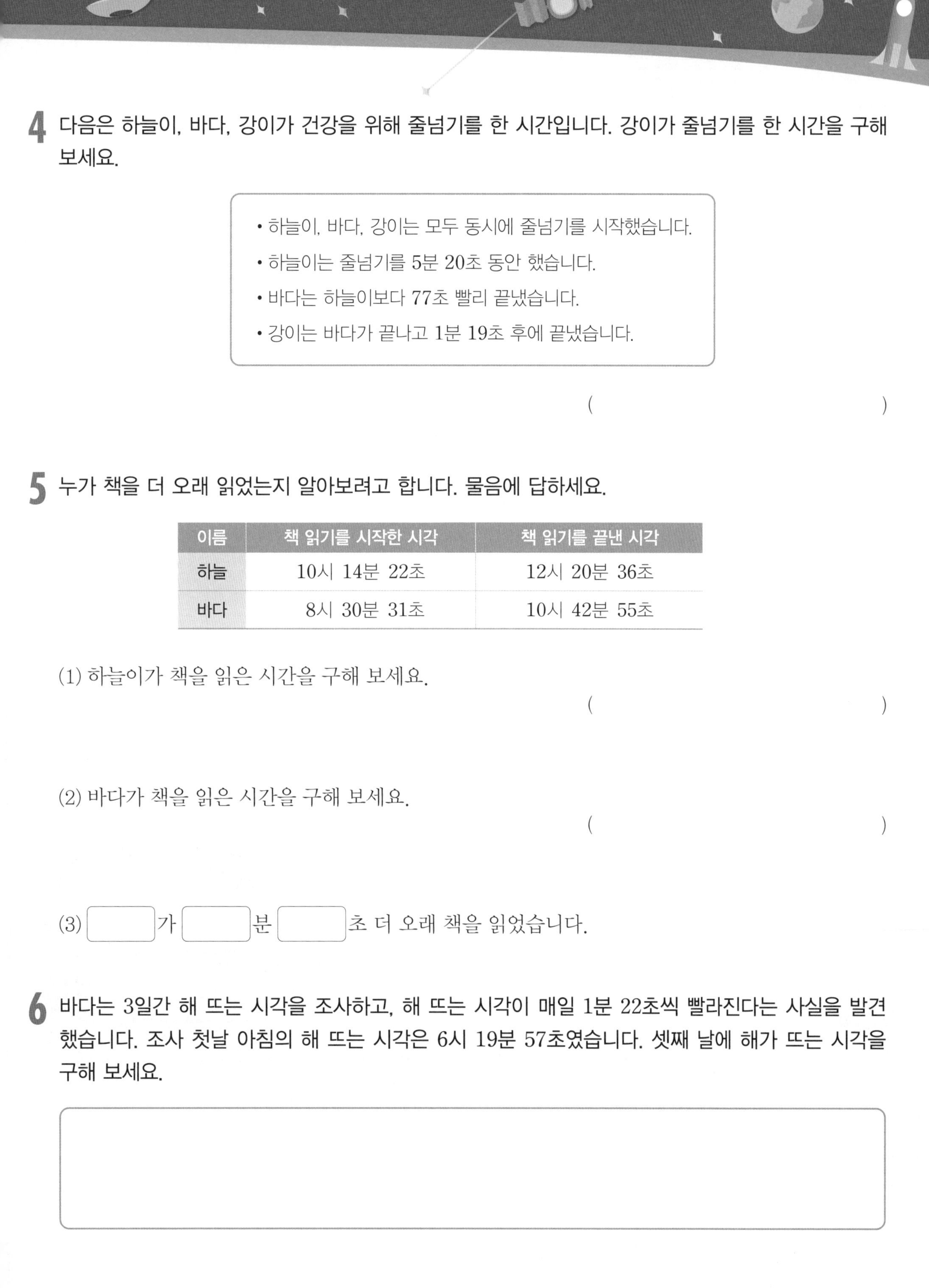

4 다음은 하늘이, 바다, 강이가 건강을 위해 줄넘기를 한 시간입니다. 강이가 줄넘기를 한 시간을 구해 보세요.

- 하늘이, 바다, 강이는 모두 동시에 줄넘기를 시작했습니다.
- 하늘이는 줄넘기를 5분 20초 동안 했습니다.
- 바다는 하늘이보다 77초 빨리 끝냈습니다.
- 강이는 바다가 끝나고 1분 19초 후에 끝냈습니다.

( )

5 누가 책을 더 오래 읽었는지 알아보려고 합니다. 물음에 답하세요.

이름	책 읽기를 시작한 시각	책 읽기를 끝낸 시각
하늘	10시 14분 22초	12시 20분 36초
바다	8시 30분 31초	10시 42분 55초

(1) 하늘이가 책을 읽은 시간을 구해 보세요.

( )

(2) 바다가 책을 읽은 시간을 구해 보세요.

( )

(3) ☐가 ☐분 ☐초 더 오래 책을 읽었습니다.

6 바다는 3일간 해 뜨는 시각을 조사하고, 해 뜨는 시각이 매일 1분 22초씩 빨라진다는 사실을 발견했습니다. 조사 첫날 아침의 해 뜨는 시각은 6시 19분 57초였습니다. 셋째 날에 해가 뜨는 시각을 구해 보세요.

6 피자를 똑같이 나누면 뭐라 표현할까요?

분수와 소수

- 분수를 이해하고 분수의 크기를 비교할 수 있어요.
- 소수를 이해하고 소수의 크기를 비교할 수 있어요.

Check

스스로 다짐하기

- ☐ 정답을 맞히는 것도 중요하지만, 문제를 푼 과정을 설명하는 것도 중요해요.
- ☐ 새롭고 어려운 내용이 많지만, 꼼꼼하게 풀어 보세요.
- ☐ 스스로 과제를 해결하는 것이 힘들지만, 참고 이겨 내면 기분이 더 좋아져요.

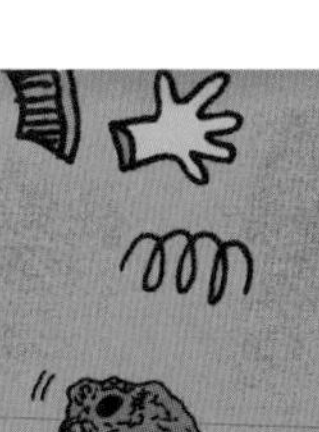

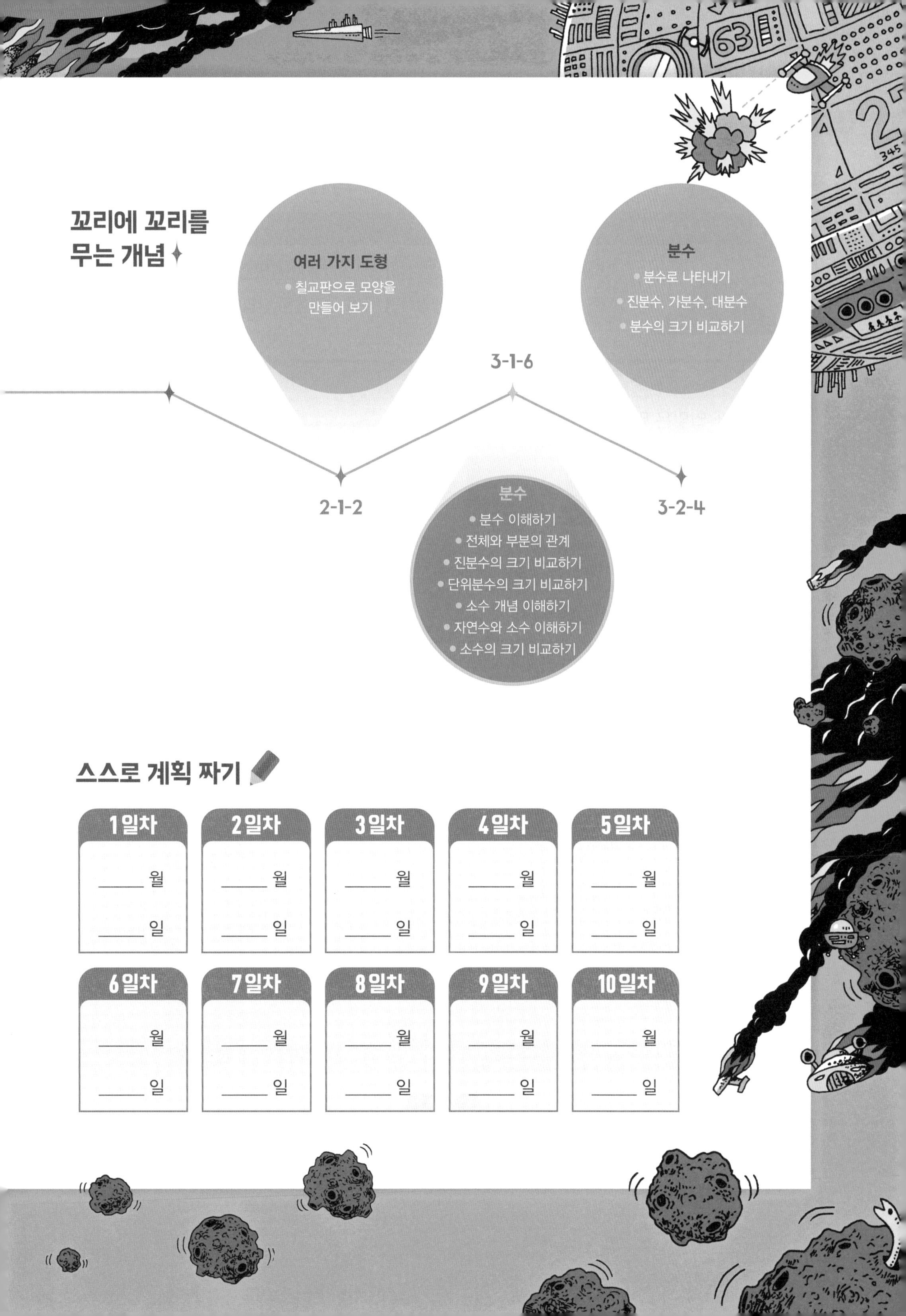

꼬리에 꼬리를 무는 개념

2-1-2
여러 가지 도형
- 칠교판으로 모양을 만들어 보기

3-1-6
분수
- 분수 이해하기
- 전체와 부분의 관계
- 진분수의 크기 비교하기
- 단위분수의 크기 비교하기
- 소수 개념 이해하기
- 자연수와 소수 이해하기
- 소수의 크기 비교하기

3-2-4
분수
- 분수로 나타내기
- 진분수, 가분수, 대분수
- 분수의 크기 비교하기

스스로 계획 짜기

1일차	2일차	3일차	4일차	5일차
____ 월 ____ 일	____ 월 ____ 일	____ 월 ____ 일	____ 월 ____ 일	____ 월 ____ 일

6일차	7일차	8일차	9일차	10일차
____ 월 ____ 일	____ 월 ____ 일	____ 월 ____ 일	____ 월 ____ 일	____ 월 ____ 일

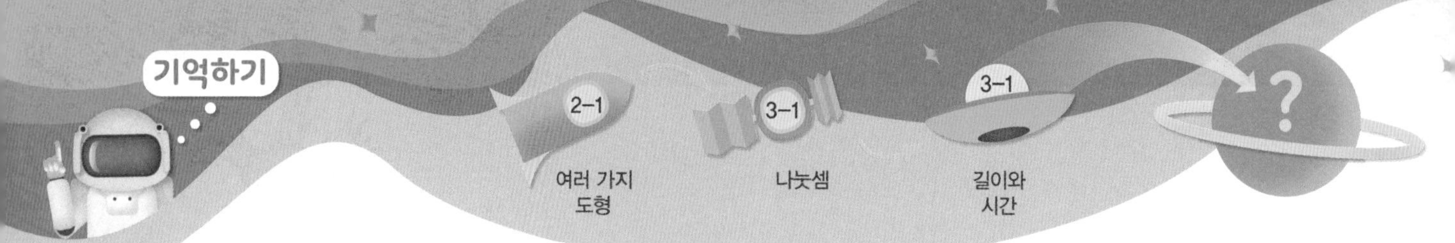

기억 1 여러 가지 도형

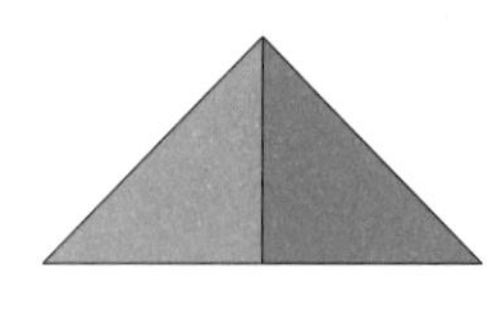

작은 삼각형 2조각으로 큰 삼각형 1조각을 만들었습니다.
큰 삼각형을 하나라고 생각하면 작은 삼각형은 반입니다.

1 빈 곳에 알맞은 말을 써넣으세요.

(1) 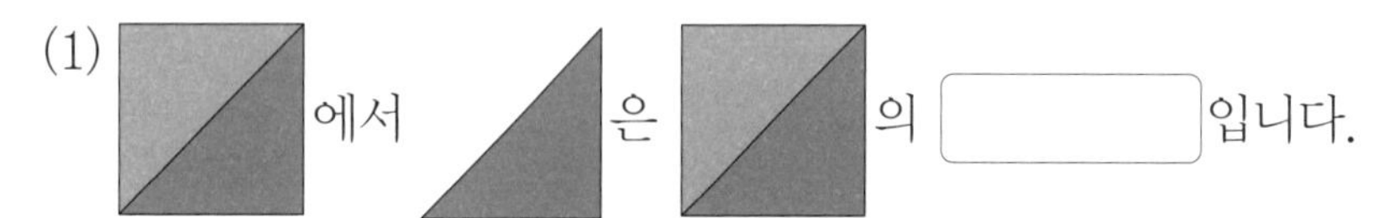
에서 은 의 [ ] 입니다.

(2) 
에서 는 의 [ ] 입니다.

(3) 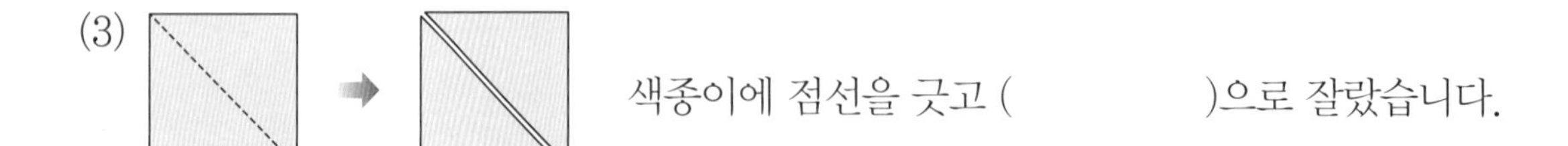
색종이에 점선을 긋고 (   ) 으로 잘랐습니다.

(4) 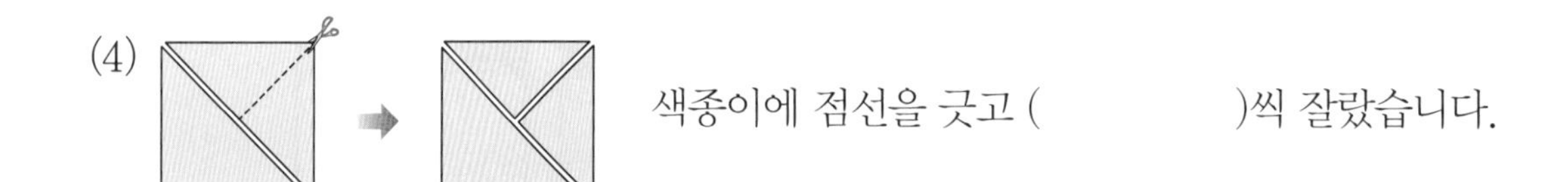
색종이에 점선을 긋고 (   ) 씩 잘랐습니다.

기억 2 나눗셈

바둑돌 2개를 2명이 똑같이 나누면 한 명이 바둑돌 한 개씩 가져갈 수 있습니다.

2 빈칸에 알맞은 말을 써넣으세요.

(1) 사과 3개를 친구 3명이 ☐씩 똑같이 나누어 먹었습니다.

(2) 사탕 8개를 나와 동생이 ☐씩 똑같이 나누어 먹었습니다.

3 빈칸에 알맞은 말을 써넣으세요.

(1) 바둑돌 2개를 한 묶음으로 묶었을 때, 바둑돌 한 개는 한 묶음의 ☐입니다.

(2) 사과 4개를 한 묶음으로 묶었을 때, 사과 한 개는 한 묶음의 ☐입니다.

기억 3 길이

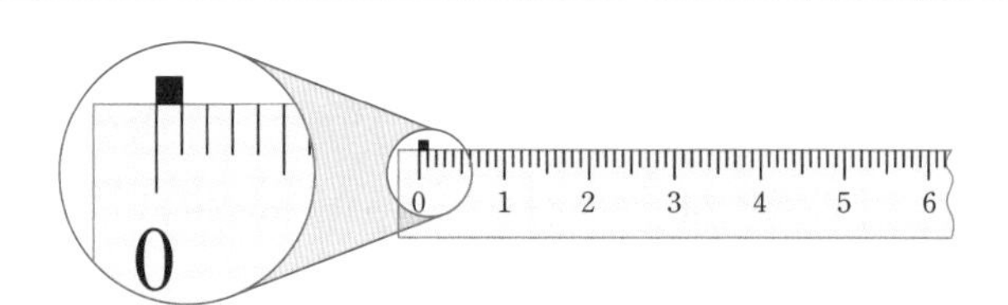

1 cm(☐)를 10칸으로 똑같이 나누었을 때(☐) 작은 눈금 한 칸의 길이(■)를 1 mm라 쓰고 1 밀리미터라고 읽습니다.

4 ☐ 안에 알맞은 수를 써넣으세요.

(1) 1 cm ➡ ☐ mm

(2) 5 cm ➡ ☐ mm

(3) 2 cm 3 mm ➡ ☐ mm

(4) 6 cm 8 mm ➡ ☐ mm

생각열기 ①

사과나 피자를 얼마나 먹었을까요?

 바다와 강이의 대화를 보고 물음에 답하세요.

(1) 바다는 강이와 사과 한 개를 똑같이 나누어 먹었습니다. 바다는 사과를 얼마만큼 먹었는지 설명해 보세요.

(2) 바다, 강, 산 3명은 사과 한 개를 똑같이 나누어 먹었습니다. 바다는 사과를 얼마만큼 먹었는지 설명해 보세요.

(3) 바다, 강, 산, 하늘 4명은 사과 한 개를 똑같이 나누어 먹었습니다. 바다는 사과를 얼마만큼 먹었는지 설명해 보세요.

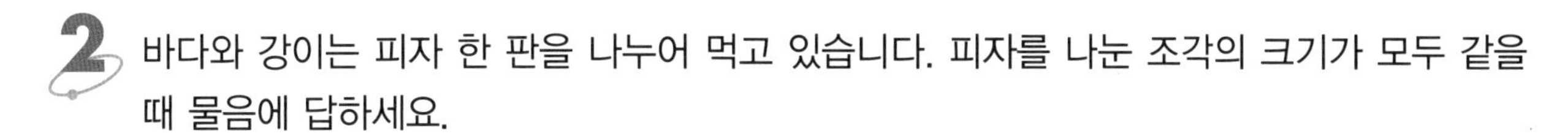

2 바다와 강이는 피자 한 판을 나누어 먹고 있습니다. 피자를 나눈 조각의 크기가 모두 같을 때 물음에 답하세요.

(1) 바다가 먼저 피자를 먹었습니다. 남은 피자를 보고 바다는 피자를 얼마나 먹었는지 설명해 보세요.

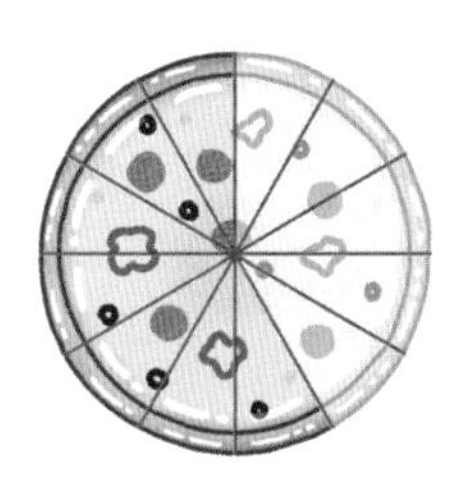

(2) 바다가 먹은 다음으로 강이가 피자를 먹었습니다. 남은 피자를 보고 강이는 피자를 얼마나 먹었는지 설명해 보세요.

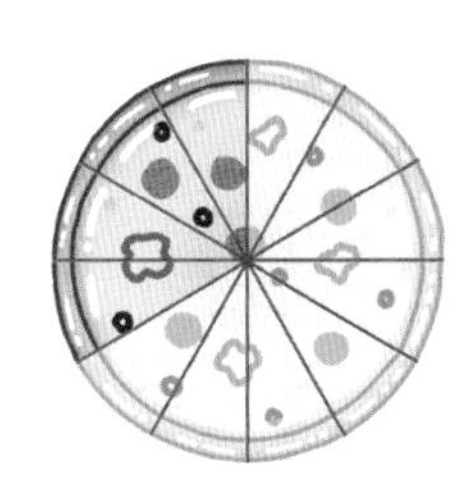

(3) 바다와 강이 중 누가 얼마나 더 많이 먹었는지 설명해 보세요.

개념활용 ①-1

똑같이 나누기

1 피자를 똑같이 둘로 나누어 보세요.

(1)

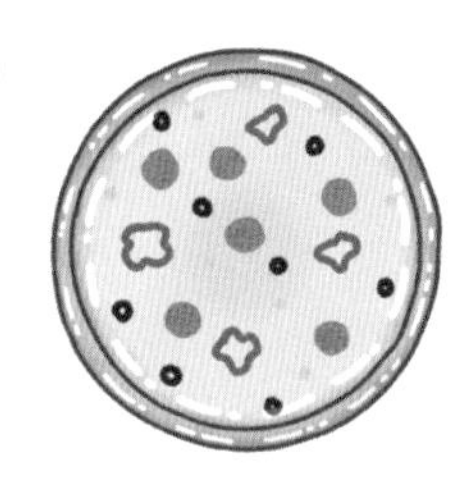

(2)

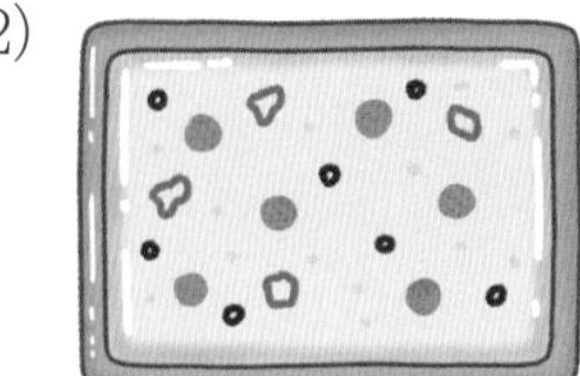

2 피자를 똑같이 셋으로 나누어 보세요.

(1)

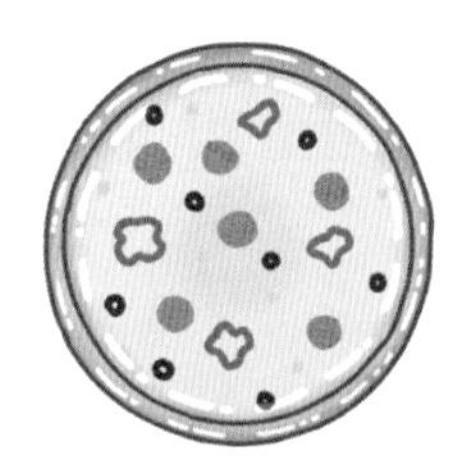

(2)

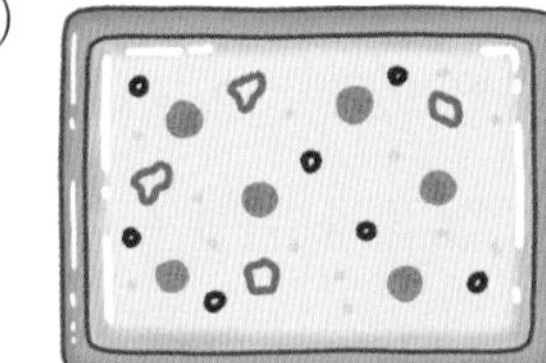

3 피자를 똑같이 넷으로 나누어 보세요.

(1)

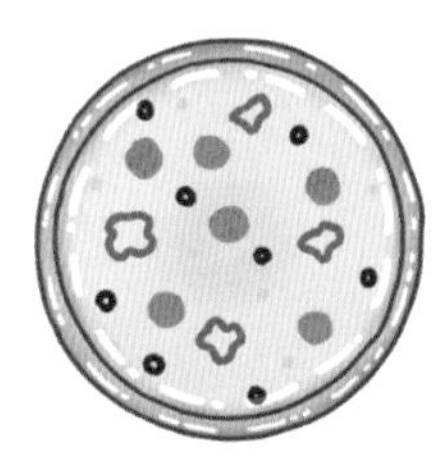

(2)

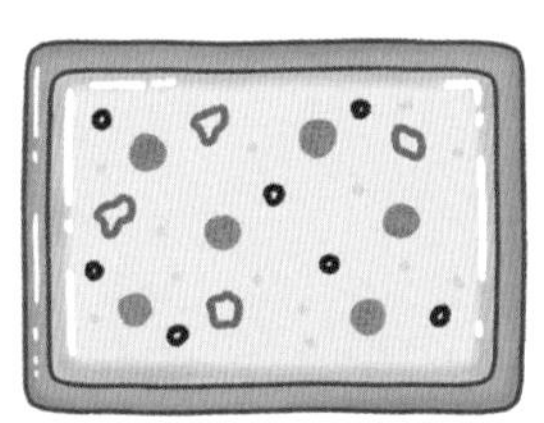

4 모양과 크기가 같도록 2개, 3개, 4개로 나누어 보세요.

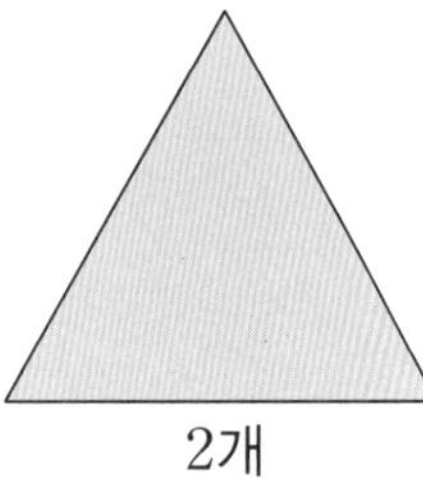

2개

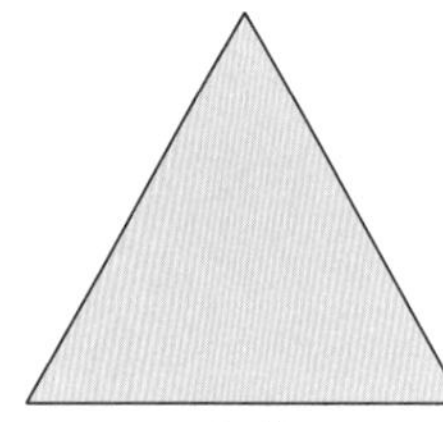

3개

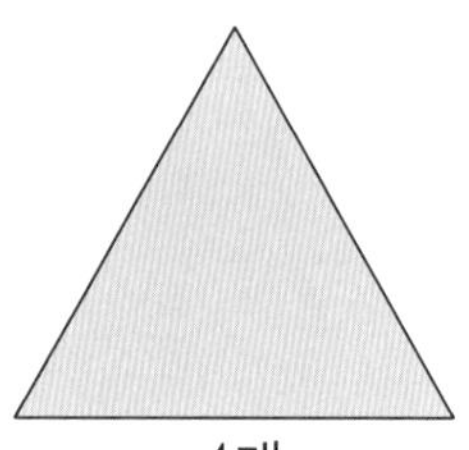

4개

 모양과 크기가 같도록 2개, 3개, 4개로 나누어 보세요.

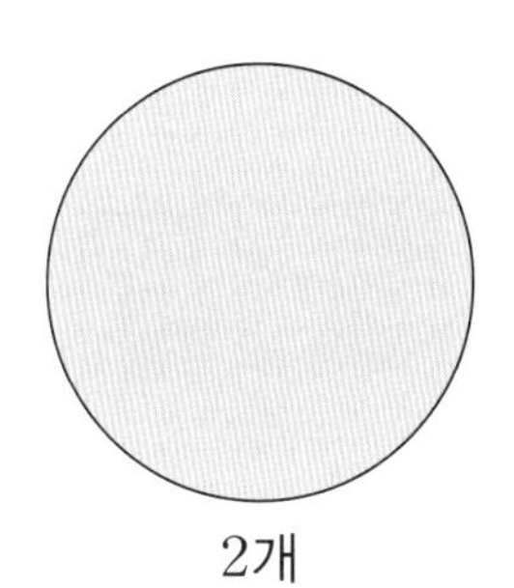

2개

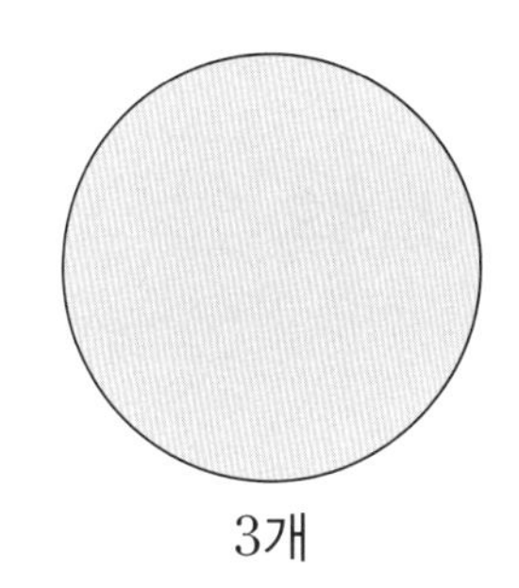

3개

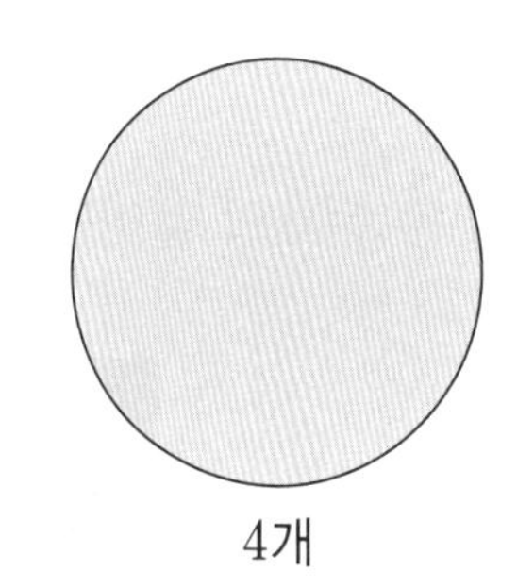

4개

 모양과 크기가 같도록 2개, 3개, 4개, 6개, 8개로 나누어 보세요.

2개

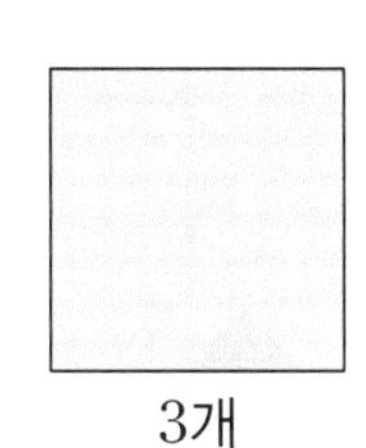

3개

4개

6개

8개

개념 정리 똑같이 나누기

• 나눗셈에서 똑같이 나누기

나눗셈에서는 사과 4개를 2명이 똑같이 나누면 한 명이 2개씩 가질 수 있습니다.

• 하나(전체)를 똑같이 나누기

사과 한 개를 2명이 똑같이 나누려면 사과를 반쪽으로 나누어야 합니다. 한 명이 반쪽씩 가질 수 있습니다.

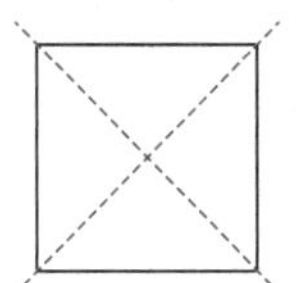
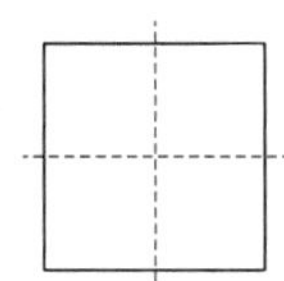
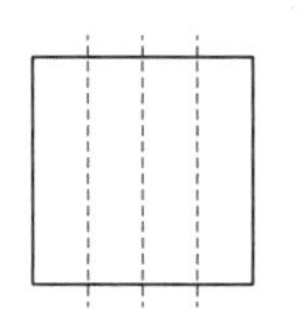
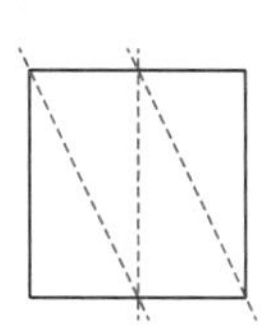

똑같이 나누는 방법은 여러 가지가 있을 수 있습니다.

개념활용 ❶-2

분수

[1~4] 부분은 전체의 얼마인지 설명해 보세요.

1

전체

부분

2

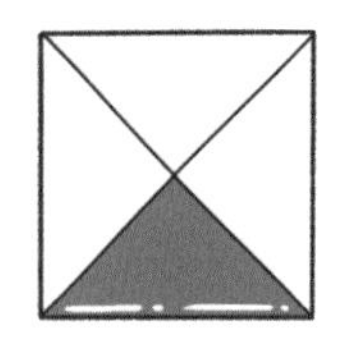

전체

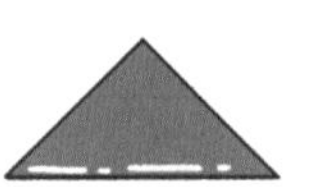

부분

3

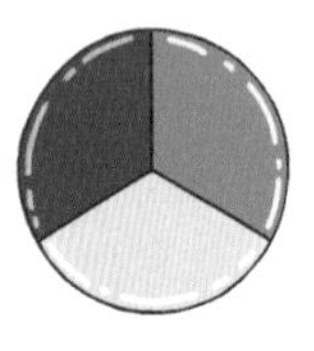

전체

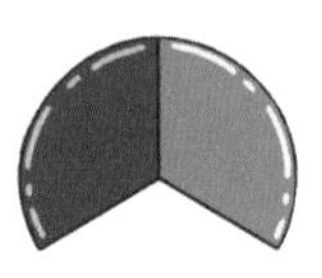

부분

4

전체

부분

개념 정리

전체를 똑같이 2로 나눈 것 중의 1을 $\frac{1}{2}$이라 쓰고 2분의 1이라고 읽습니다.

전체를 똑같이 3으로 나눈 것 중의 2를 $\frac{2}{3}$라 쓰고 3분의 2라고 읽습니다

$\frac{1}{2}$, $\frac{2}{3}$와 같은 수를 분수라고 합니다.

$\frac{1}{2}$ ← 분자, ← 분모　　$\frac{2}{3}$ ← 분자, ← 분모

5 국기의 색칠된 부분을 분수로 나타내고 색칠한 부분의 크기를 설명해 보세요.

인도네시아

(　　　　)

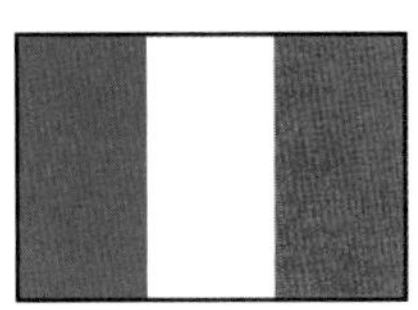

프랑스

(　　　　)

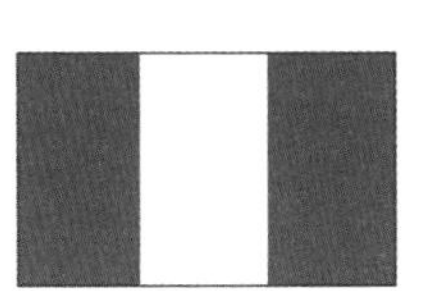

나이지리아

(　　　　)

6 주어진 분수만큼 색칠해 보세요.

(1) $\frac{1}{3}$

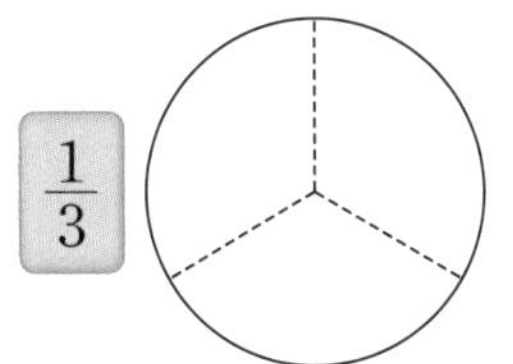

(2) $\frac{5}{6}$

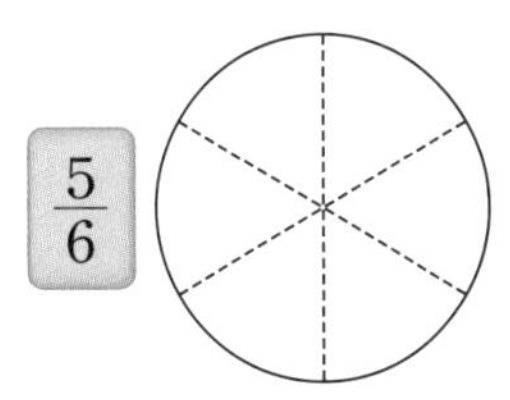

(3) $\frac{2}{4}$

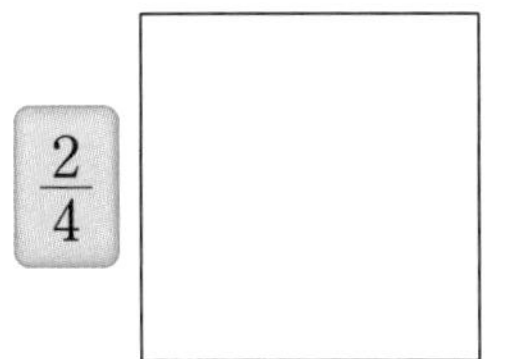

(4) $\frac{5}{8}$

개념활용 ①-3

분수의 크기 비교

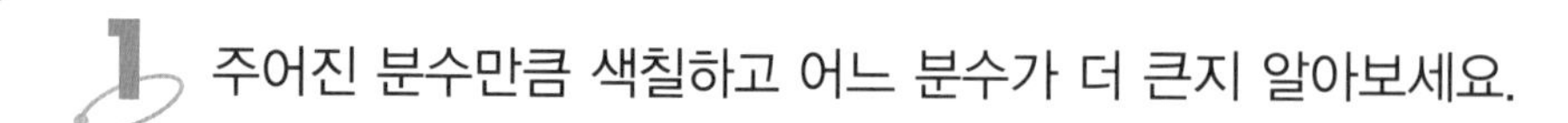

1 주어진 분수만큼 색칠하고 어느 분수가 더 큰지 알아보세요.

(1)

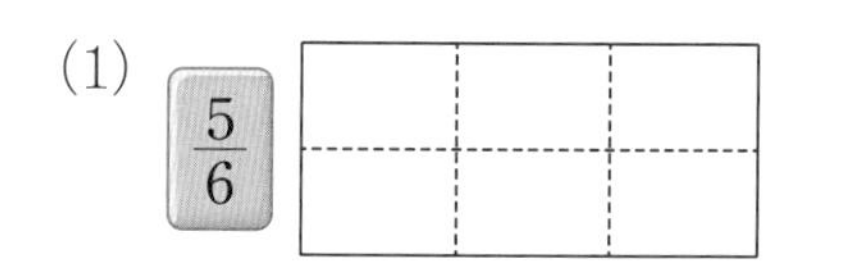

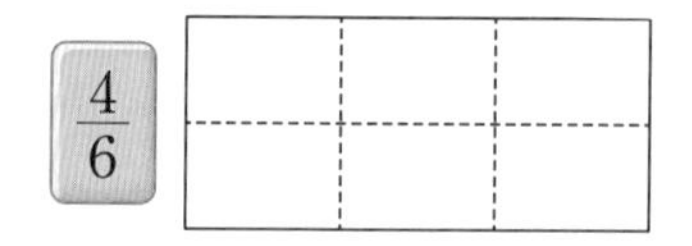

(2) $\frac{5}{6}$는 $\frac{4}{6}$보다 더 (큽니다 , 작습니다).

2 주어진 분수만큼 색칠하고 어느 분수가 더 작은지 알아보세요.

(1) $\frac{5}{8}$ $\frac{3}{8}$

(2) $\frac{3}{8}$은 $\frac{5}{8}$보다 더 (큽니다 , 작습니다).

3 두 분수의 크기를 비교해 보세요.

(1) $\frac{2}{4}$는 $\frac{1}{4}$이 몇 개인지 색칠하여 알아보세요.

➡ $\frac{1}{4}$이 □개

(2) $\frac{3}{4}$은 $\frac{1}{4}$이 몇 개인지 색칠해서 알아보세요.

➡ $\frac{1}{4}$이 □개

(3) 두 분수의 크기를 비교하여 ○ 안에 >, =, <를 알맞게 써넣으세요.

$\frac{2}{4}$ ○ $\frac{3}{4}$

4 산이와 바다가 피자 한 판을 나누어 먹었습니다. 산이가 먼저 먹고 나중에 바다가 먹었습니다. 먹은 피자를 비교해 보세요.

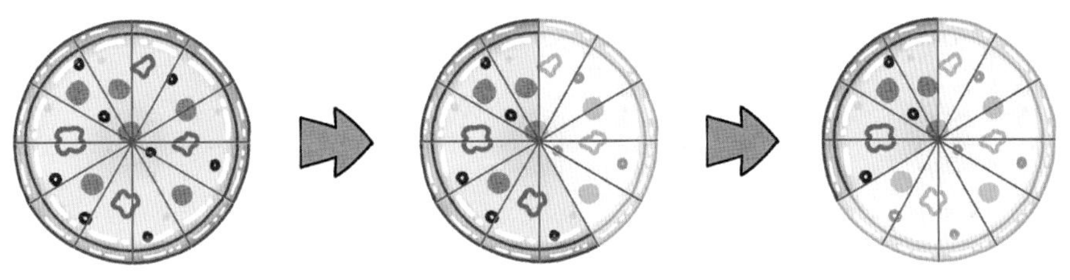

(1) 산이가 먹은 피자의 양을 분수로 나타내고 설명해 보세요.

(2) 바다가 먹은 피자의 양을 분수로 나타내고 설명해 보세요.

(3) 산이와 바다 중에서 누가 더 많이 먹었는지 설명해 보세요.

개념 정리 분수의 크기 비교

분모가 같은 분수의 크기를 비교할 때는 분자의 크기를 비교합니다.
분모가 같다는 것은 똑같이 나눈 개수가 같다는 것이므로 분자가 몇인지를 비교하면 됩니다.

개념활용 ❶-4

단위분수

1 주어진 분수만큼 색칠하고 어느 분수가 더 큰지 알아보세요.

(1) $\frac{1}{2}$ $\frac{1}{3}$

(2) $\frac{1}{2}$은 $\frac{1}{3}$ 보다 더 (큽니다 , 작습니다).

2 주어진 분수만큼 색칠하고 어느 분수가 더 작은지 알아보세요.

(1) $\frac{1}{3}$ $\frac{1}{6}$

(2) $\frac{1}{6}$은 $\frac{1}{3}$보다 더 (큽니다 , 작습니다).

3 두 분수의 크기를 비교해 보세요.

(1) 두 분수를 수직선에 나타내어 보세요.

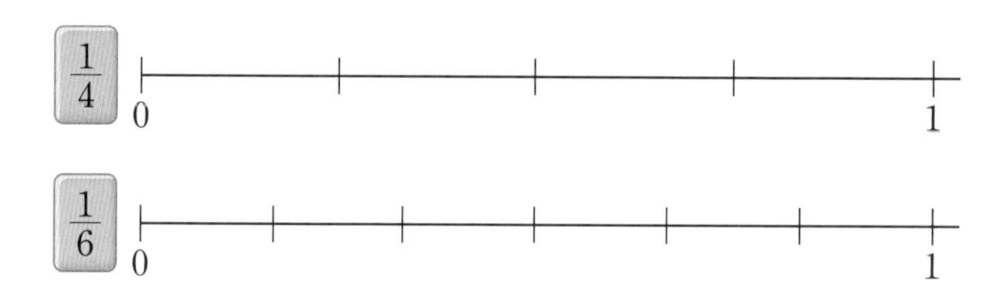

(2) 크기를 비교하여 ○ 안에 >, =, <를 알맞게 써넣으세요.

$\frac{1}{4}$ ○ $\frac{1}{6}$

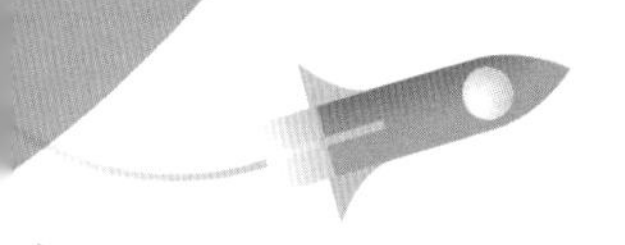

4. $\frac{1}{4}$과 $\frac{1}{5}$을 수직선에 나타내고 크기를 비교하여 ○ 안에 >, =, <를 알맞게 써넣으세요.

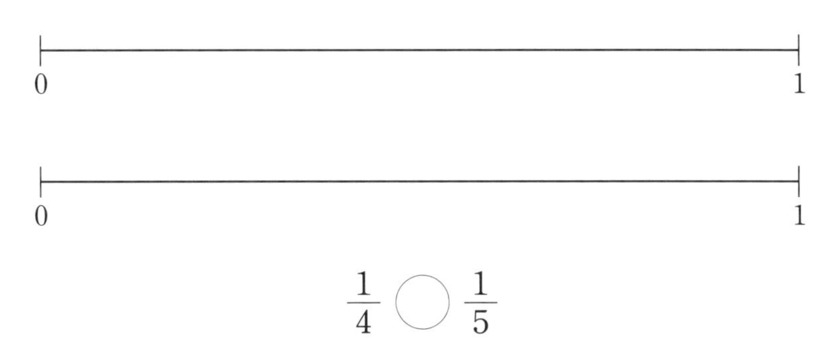

$\frac{1}{4}$ ○ $\frac{1}{5}$

5. 크기를 비교하여 ○ 안에 >, =, <를 알맞게 써넣으세요.

(1) $\frac{1}{4}$ ○ $\frac{1}{2}$

(2) $\frac{1}{3}$ ○ $\frac{1}{5}$

(3) $\frac{1}{4}$ ○ $\frac{1}{8}$

(4) $\frac{1}{7}$ ○ $\frac{1}{5}$

개념 정리 단위분수와 그 크기 비교

분수 중에서 $\frac{1}{2}$, $\frac{1}{3}$, $\frac{1}{4}$, $\frac{1}{5}$……과 같이 분자가 1인 분수를 **단위분수**라고 합니다.

단위분수의 크기를 비교할 때는 분모의 크기를 비교합니다.

<table>
<tr><td colspan="20">1</td></tr>
<tr><td colspan="10">$\frac{1}{2}$</td><td colspan="10">$\frac{1}{2}$</td></tr>
<tr><td colspan="20">$\frac{1}{3}$ | $\frac{1}{3}$ | $\frac{1}{3}$</td></tr>
<tr><td colspan="5">$\frac{1}{4}$</td><td colspan="5">$\frac{1}{4}$</td><td colspan="5">$\frac{1}{4}$</td><td colspan="5">$\frac{1}{4}$</td></tr>
<tr><td colspan="4">$\frac{1}{5}$</td><td colspan="4">$\frac{1}{5}$</td><td colspan="4">$\frac{1}{5}$</td><td colspan="4">$\frac{1}{5}$</td><td colspan="4">$\frac{1}{5}$</td></tr>
</table>

분수는 똑같이 나눈 것을 나타냅니다. 분모가 크다는 것은 더 많이 나눈다는 것이므로 더 많이 나눈 것, 즉 분모가 큰 것이 작습니다.

생각열기 ②

연필의 길이는 몇 cm인가요?

1 하늘이는 자를 이용하여 책상 위에 있는 물건들의 길이를 재려고 합니다. 물음에 답하세요.

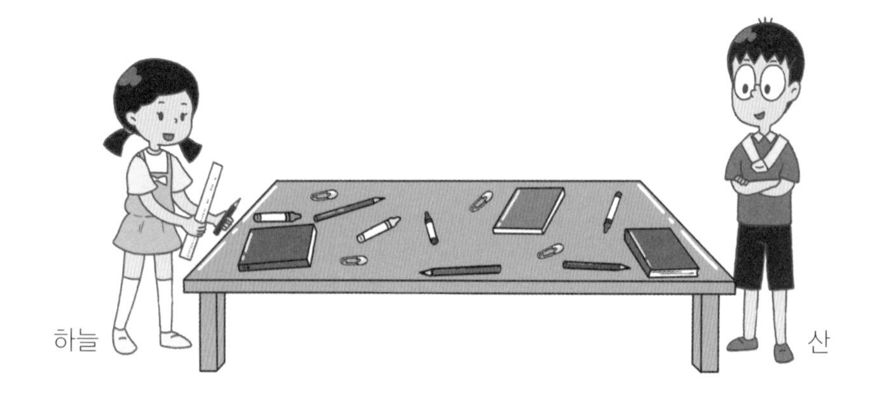

(1) 옷핀의 길이는 얼마인가요?

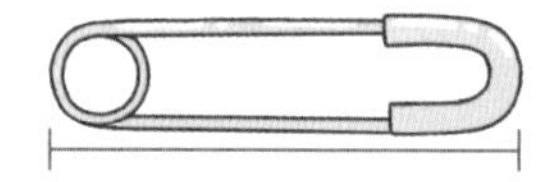

(　　　　　　　　)

(2) 크레용의 길이는 얼마인가요?

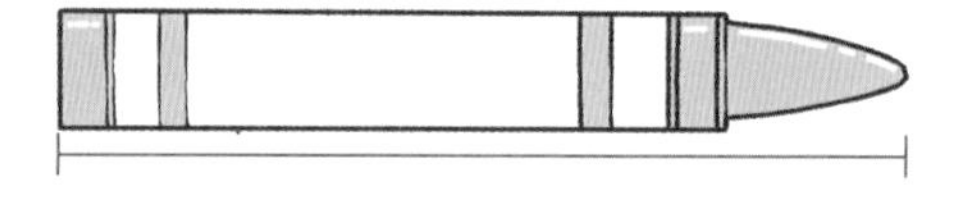

(　　　　　　　　)

(3) 연필의 길이는 얼마인가요?

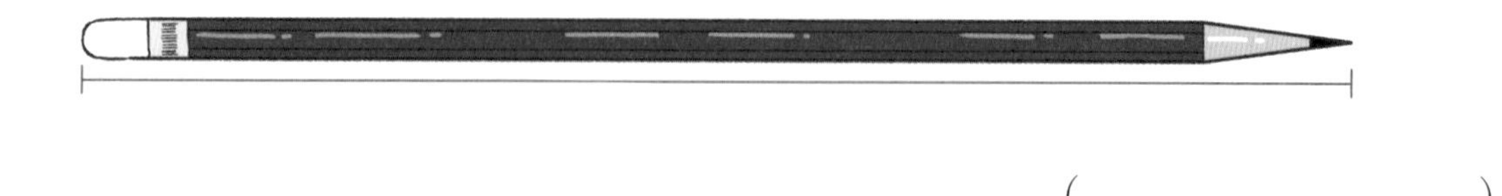

(　　　　　　　　)

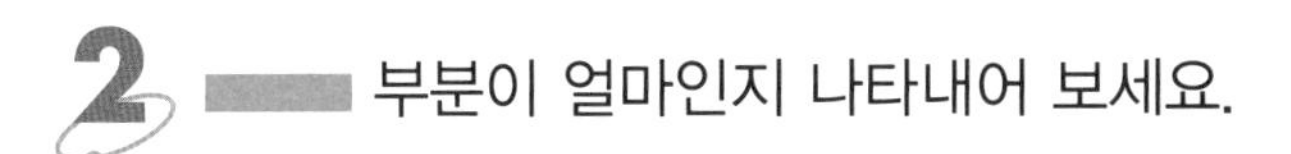

2 ▬ 부분이 얼마인지 나타내어 보세요.

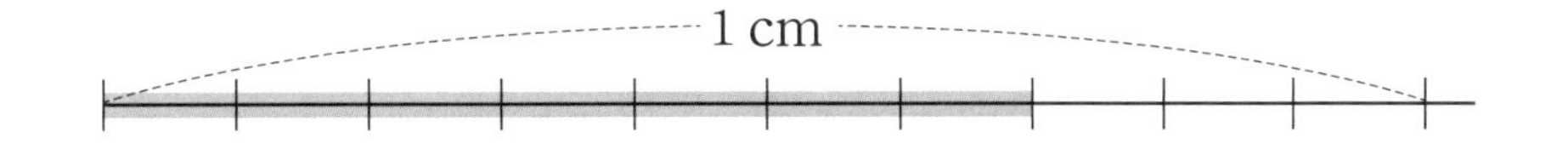

(1) ▬ 부분의 크기를 분수로 나타내어 보세요.

( )

(2) ▬ 부분의 크기를 분수가 아닌 다른 방법으로 나타내어 보세요.

3 자로 재어 길이를 나타내어 보세요.

(1) 연필심의 길이는 몇 cm인지 분수로 나타내어 보세요.

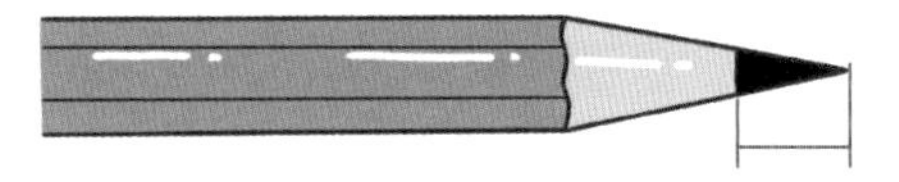

( )

(2) 클립의 높이는 몇 cm인지 분수로 나타내어 보세요.

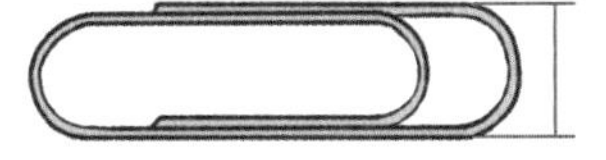

( )

(3) 막대의 길이는 8 cm보다 몇 cm 더 긴지 분수로 나타내어 보세요.

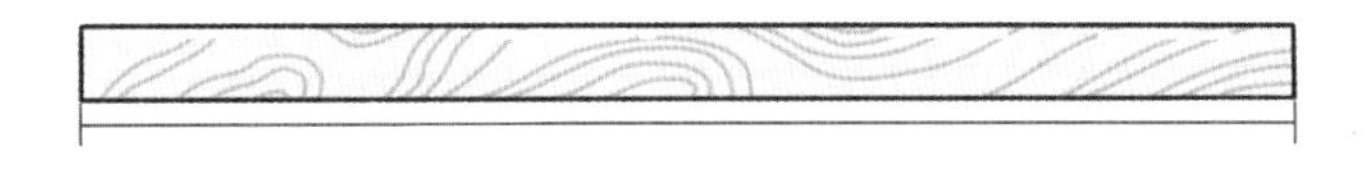

( )

개념활용 ②-1

소수로 나타내기

1 전체에서 ▬ 부분이 얼마인지 분수로 써 보세요.

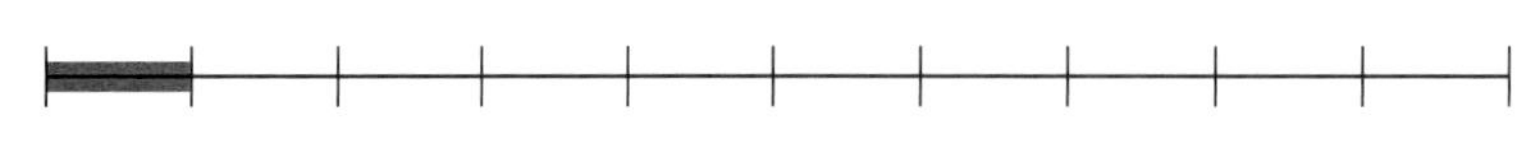

(　　　　　　　　　)

2 전체에서 색칠한 부분이 얼마인지 분수로 써 보세요.

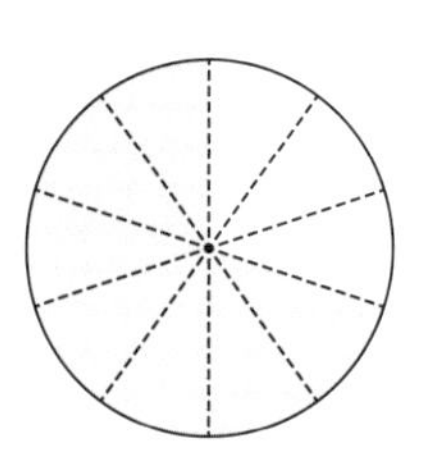

(　　　　　　　　　)

3 전체에서 색칠한 부분이 얼마인지 분수로 쓰고 설명해 보세요.

(　　　　　　　　　)

개념 정리

$\frac{1}{10}$, $\frac{2}{10}$, $\frac{3}{10}$ …… $\frac{9}{10}$를 각각 0.1, 0.2, 0.3 …… 0.9라 쓰고
영 점 일, 영 점 이, 영 점 삼 …… 영 점 구라고 읽습니다.
0.1, 0.2, 0.3과 같은 수를 소수라 하고 '.'을 소수점이라고 합니다.

4 □ 안에 알맞은 분수 또는 소수를 써넣으세요.

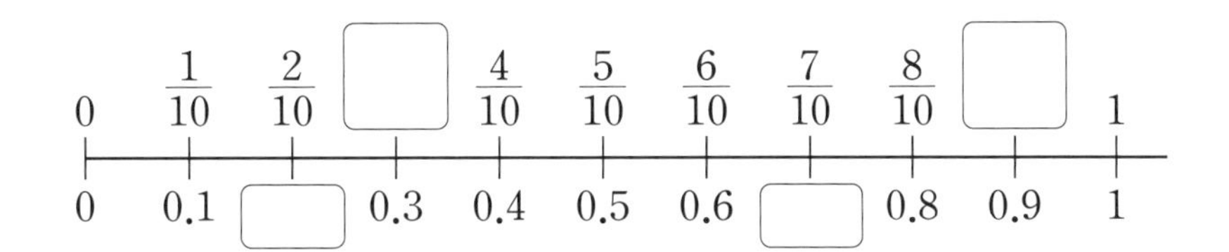

5 □ 안에 알맞은 수를 써넣으세요.

(1) 0.2는 0.1이 □개입니다.

(2) 0.1이 6개이면 □입니다.

(3) $\frac{4}{10}$=□

(4) $\frac{7}{10}$=□

(5) 0.3=□

(6) 0.9=□

6 막대의 길이를 소수로 나타내어 보세요.

(　　　　　　) cm

7 0.5를 수직선에 나타내어 보세요.

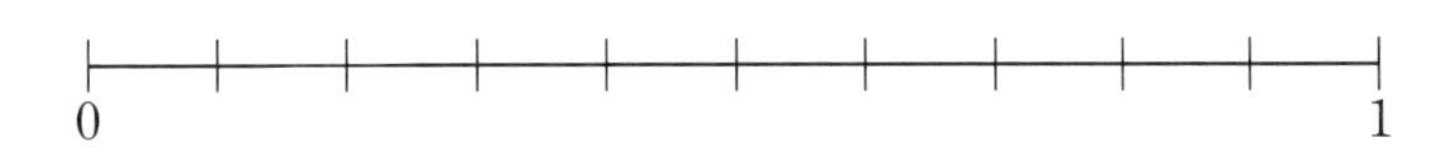

개념활용 ❷-2

1보다 큰 소수

1 막대의 길이를 써 보세요.

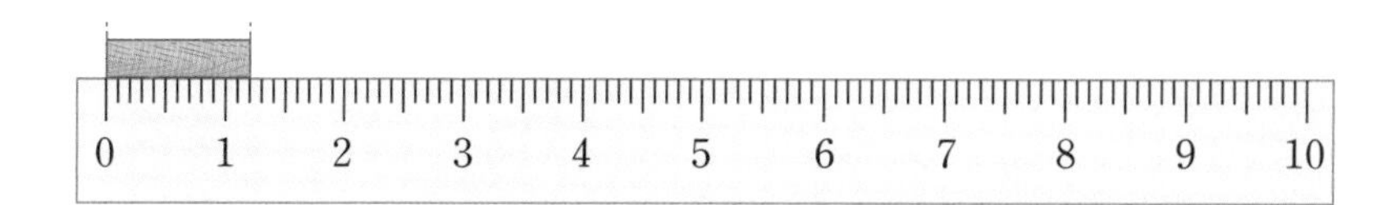

2 전체에서 ▬ 부분이 얼마인지 써 보세요.

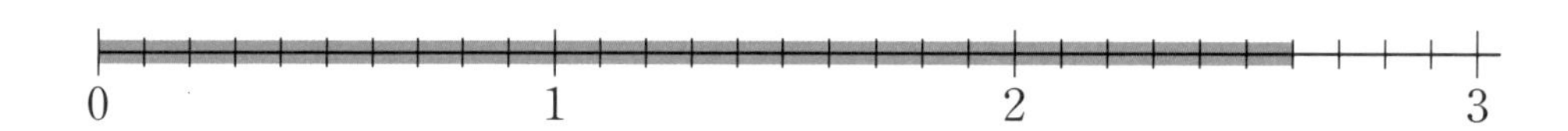

3 색칠한 부분을 써 보세요.

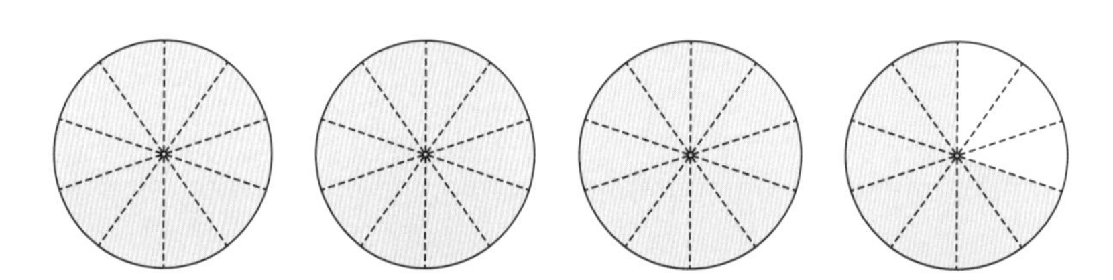

4 □ 안에 알맞은 소수를 써넣으세요.

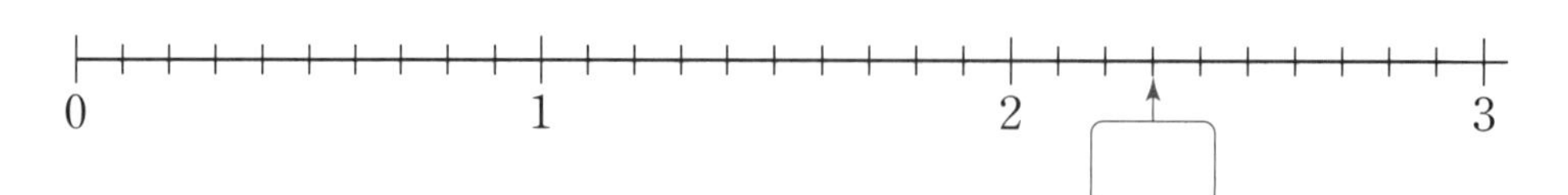

5 □ 안에 알맞은 수를 써넣으세요.

(1) 1.4는 0.1이 □개입니다.

(2) 5.9는 0.1이 □개입니다.

(3) 0.1이 25개이면 □입니다.

(4) 0.1이 73개이면 □입니다.

6 □ 안에 알맞은 수를 써넣으세요.

(1) 36 mm=□cm

(2) 68 mm=□cm

(3) 8.9 cm=□mm

(4) 9.4 cm=□mm

7 막대의 길이를 소수로 나타내어 보세요.

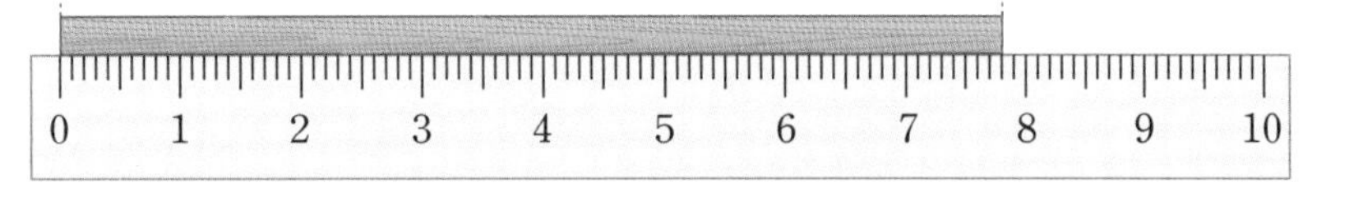

( ) cm

개념 정리 1보다 큰 소수 읽고 쓰기

7과 0.3만큼을 7.3이라 쓰고 칠 점 삼이라고 읽습니다.

cm와 mm의 관계

1 cm=10 mm ➡ 1 mm=0.1 cm

1 cm를 10칸으로 똑같이 나눈 것 중 한 칸의 길이가 1 mm이므로
$\frac{1}{10}$ cm=1 mm, 0.1 cm=1 mm입니다.

㉲ 56 mm를 cm로 나타내면 ➡ 5 cm와 6 mm, 5 cm와 0.6 cm, 5.6 cm입니다.

개념활용 ❷-3

소수의 크기 비교

1 주어진 소수만큼 색칠하고 어느 소수가 더 큰지 알아보세요.

(1)

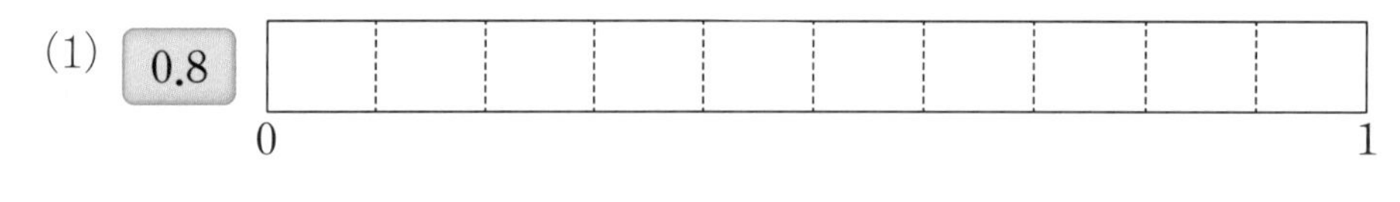

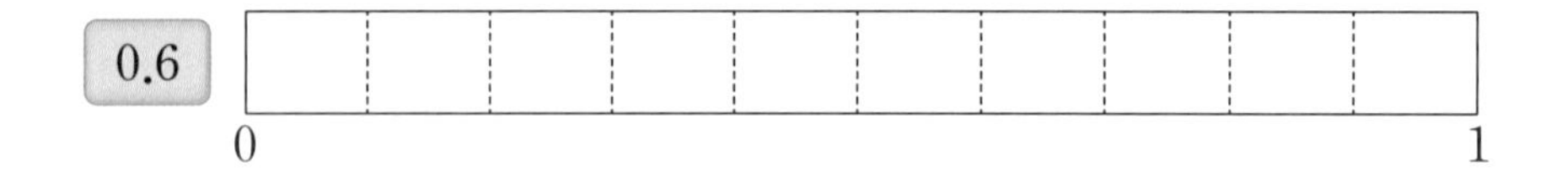

(2) 0.8과 0.6 중에서 더 큰 소수는 ☐ 입니다.

2 0.3과 0.7의 크기를 비교하여 ◯ 안에 ＞, ＝, ＜를 알맞게 써넣고, 그 이유를 설명해 보세요.

0.3 ◯ 0.7

3 1.8과 2.5의 크기를 비교하여 ◯ 안에 ＞, ＝, ＜를 알맞게 써넣고, 그 이유를 설명해 보세요.

1.8 ◯ 2.5

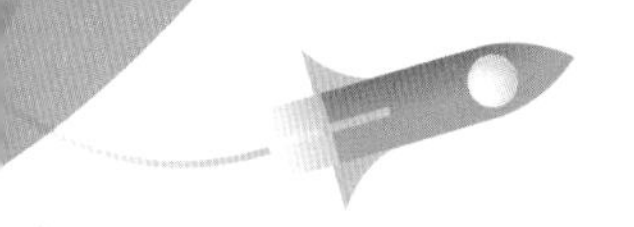

4 두 소수의 크기를 비교하여 ○ 안에 >, =, <를 알맞게 써넣으세요.

(1) 0.3 ◯ 0.7　　　(2) 0.8 ◯ 0.8

(3) 5.6 ◯ 7.4　　　(4) 2.9 ◯ 1.7

5 두 길이를 비교하여 ○ 안에 >, =, <를 알맞게 써넣으세요.

(1) 4.1 cm ◯ 38 mm　　　(2) 49 mm ◯ 6 cm

(3) 89 mm ◯ 9.1 cm　　　(4) 6.4 cm ◯ 8.2 cm

6 강이와 산이는 달리기 경기를 하고 있습니다. 강이는 출발선에서 1.4 km 떨어진 곳을 달리고 있고, 산이는 출발선에서 2.1 km 떨어진 곳을 달리고 있습니다. 도착점에 더 가까이 있는 사람은 누구일까요?

개념 정리 소수의 크기 비교

소수의 크기를 비교할 때 자연수 부분을 먼저 비교하고 다음에 소수 부분을 비교합니다.

① 1.3과 2.4의 자연수 부분 1과 2를 비교하면 2가 더 크므로 2.4가 1.3보다 더 큽니다.

② 0.7과 0.8의 자연수 부분은 둘 다 0이므로 소수 부분인 7과 8을 비교합니다. 8이 더 크므로 0.8이 0.7보다 더 큽니다.

소수의 크기 비교의 또 다른 방법: 0.1의 개수를 생각합니다.

① 1.3과 2.4를 보면 1.3은 0.1이 13개이고 2.4는 0.1이 24개이므로 2.4가 1.3보다 더 큽니다.

② 0.7과 0.8을 보면 0.7은 0.1이 7개이고 0.8은 0.1이 8개이므로 0.8이 0.7보다 더 큽니다.

표현하기

분수와 소수

스스로 정리 물음에 답하세요.

1 분수 $\frac{1}{4}$의 뜻을 쓰고 그림으로 나타내어 보세요.

뜻

그림 

2 □ 안에 알맞은 분수 또는 소수를 써넣으세요.

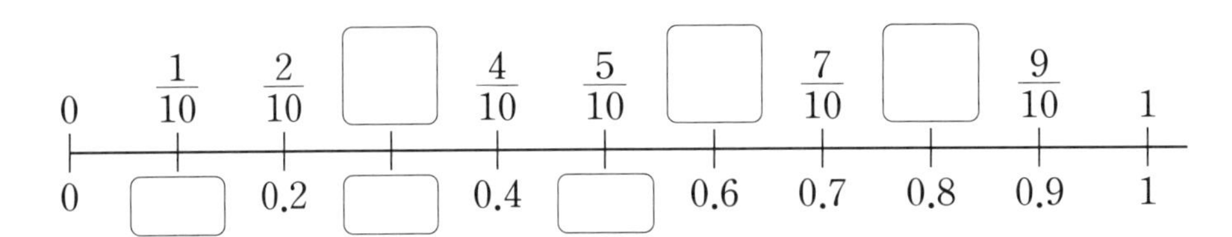

개념 연결 빈칸에 알맞은 수를 써넣으세요.

주제	칸 채우기		
도형 쪼개기	전체	부분 □개	부분 □개
	전체	부분 □개	부분 □개

1 오각형을 쪼개어 $\frac{3}{5}$을 나타내고 설명해 보세요.

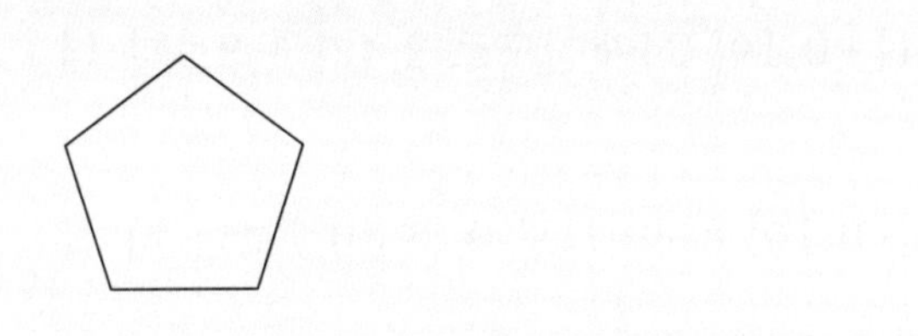

2 색칠한 부분을 분수와 소수로 나타내고 설명해 보세요.

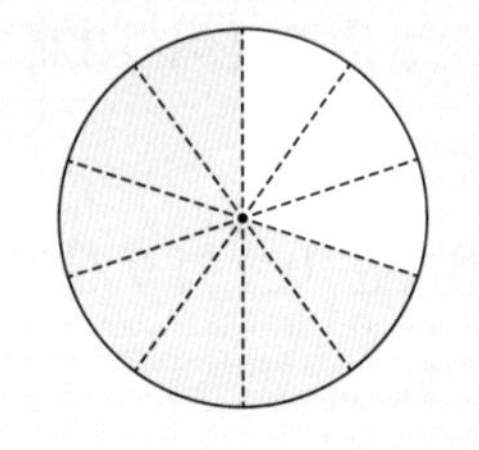

1 친구 3명이 먹은 피자의 양입니다. 물음에 답하세요.

인호: 나는 피자의 $\frac{1}{2}$ 을 먹었어.	은주: 나는 피자의 $\frac{1}{4}$ 을 먹었어.
아영: 나는 피자의 $\frac{1}{3}$ 을 먹었어.	

(1) 각 친구가 먹은 피자의 양을 그림에 나타내어 보세요.

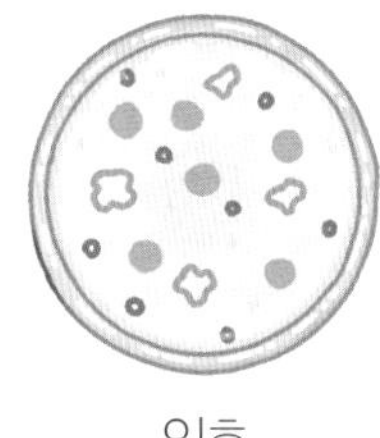
인호

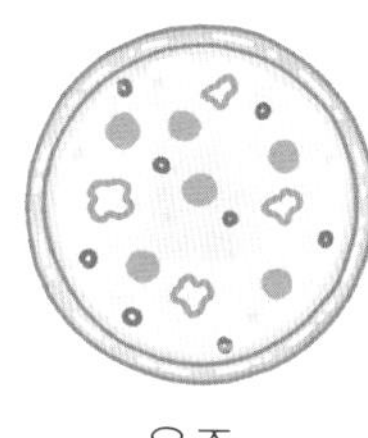
은주

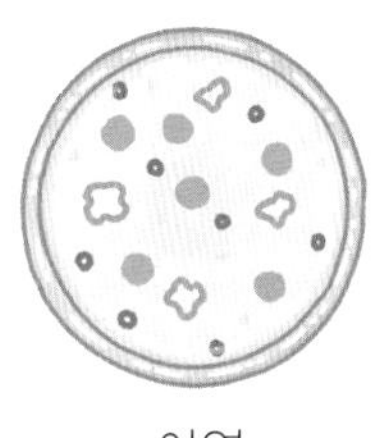
아영

(2) 많이 먹은 사람부터 차례로 쓰고 그렇게 생각한 이유를 설명해 보세요.

2 주스의 양만큼 색칠하고 크기를 비교해 보세요.

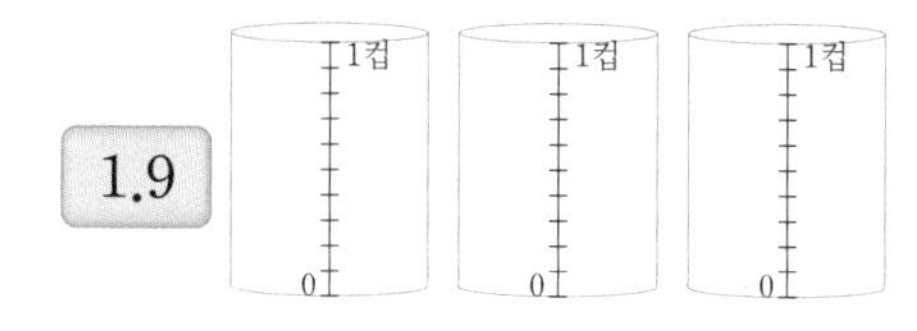

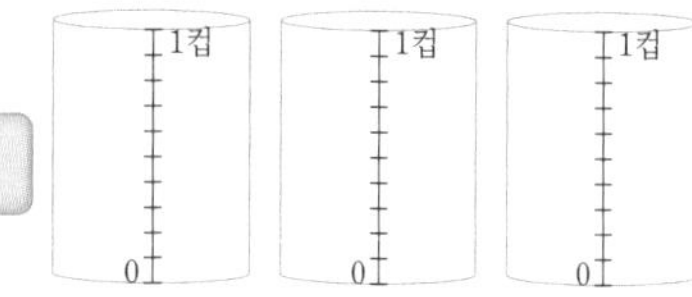

(1) 주스 1.9컵과 2.3컵만큼 색칠해 보세요.

(2) 양이 많은 쪽부터 차례로 쓰고 그게 생각한 이유를 설명해 보세요.

분수와 소수는 이렇게 연결돼요

여러 가지 도형

분수와 소수

분수

4-2
분수의 덧셈과 뺄셈
소수의 덧셈과 뺄셈

1 주어진 분수만큼 색칠해 보세요.

(1) $\frac{1}{2}$ 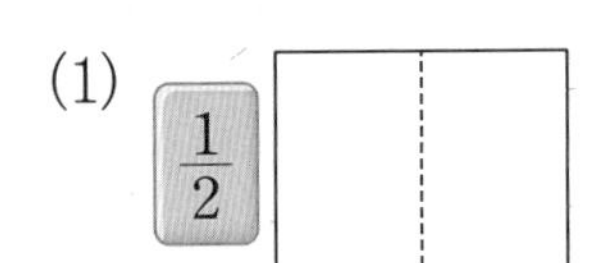

(2) $\frac{2}{3}$ 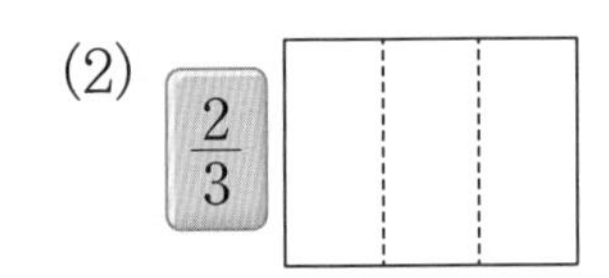

(3) $\frac{3}{4}$ 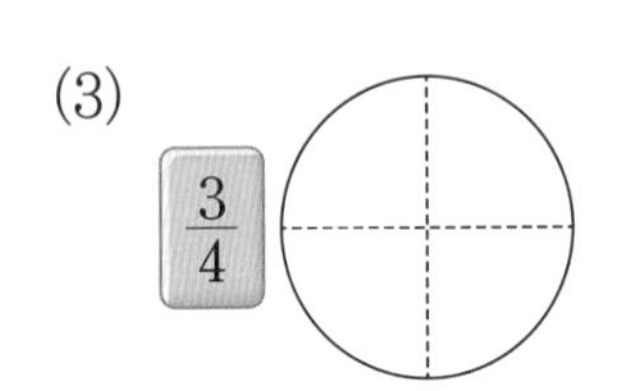

(4) $\frac{4}{5}$ 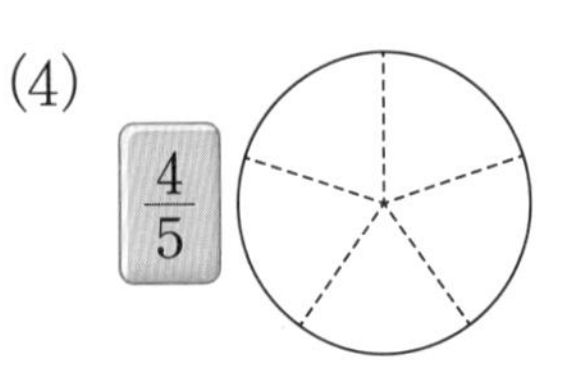

2 색칠한 부분을 보기 와 같이 나타내어 보세요.

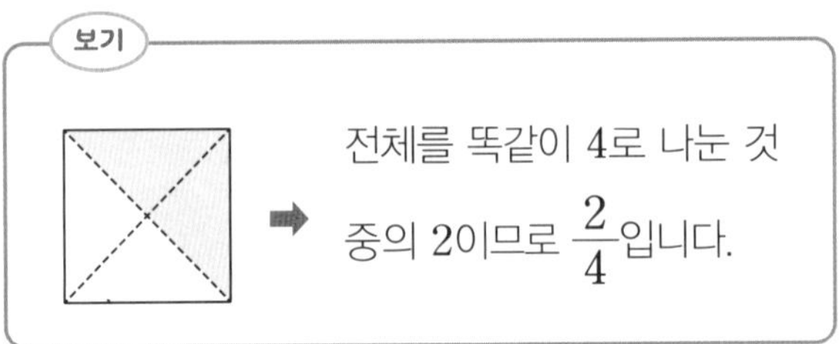
보기

전체를 똑같이 4로 나눈 것 중의 2이므로 $\frac{2}{4}$입니다.

(1) 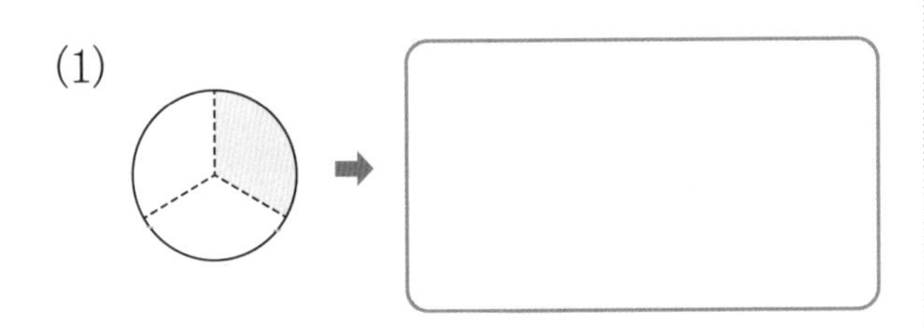

(2) 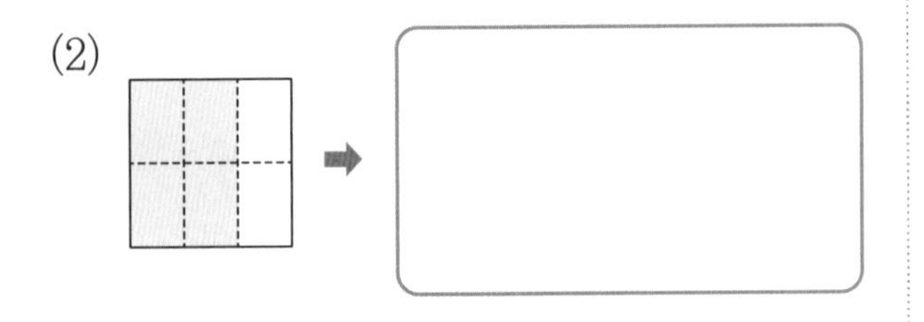

3 두 분수의 크기를 비교하여 ○ 안에 >, =, <를 알맞게 써넣으세요.

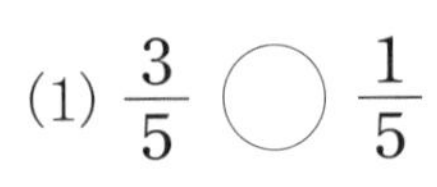

(1) $\frac{3}{5}$ ○ $\frac{1}{5}$　　(2) $\frac{5}{6}$ ○ $\frac{3}{6}$

(3) $\frac{7}{9}$ ○ $\frac{8}{9}$　　(4) $\frac{3}{11}$ ○ $\frac{7}{11}$

4 두 분수의 크기를 비교하여 ○ 안에 >, =, <를 알맞게 써넣으세요.

(1) $\frac{1}{8}$ ○ $\frac{1}{5}$　　(2) $\frac{1}{7}$ ○ $\frac{1}{12}$

5 다음 조건 을 모두 만족하는 분수를 모두 써 보세요.

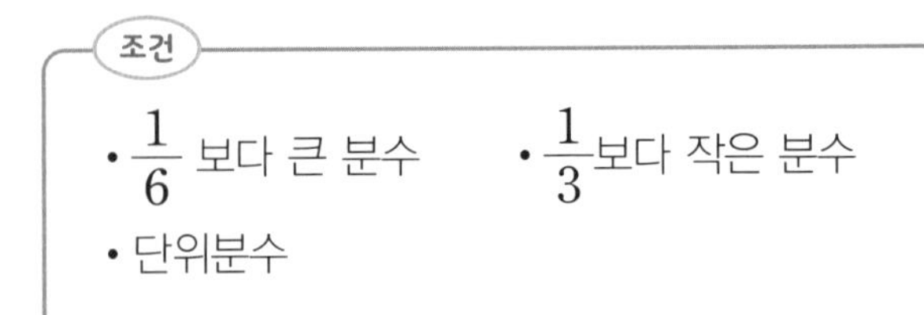
조건

- $\frac{1}{6}$ 보다 큰 분수
- $\frac{1}{3}$보다 작은 분수
- 단위분수

(　　　　　　　　)

6 □ 안에 알맞은 수를 써넣으세요.

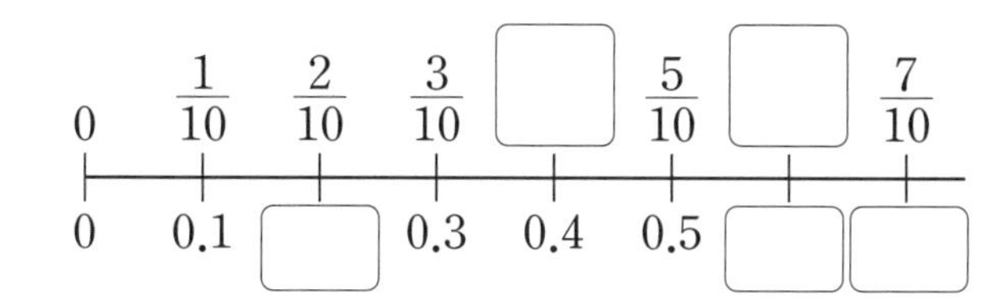

7 □ 안에 들어갈 수 있는 수를 모두 찾아 ○표 해 보세요.

(1) 1.□ < 1.6

(1 2 3 4 5 6 7 8 9)

(2) 5.4 < □.3

(1 2 3 4 5 6 7 8 9)

8 색칠한 부분을 분수와 소수로 나타내어 보세요.

(1) 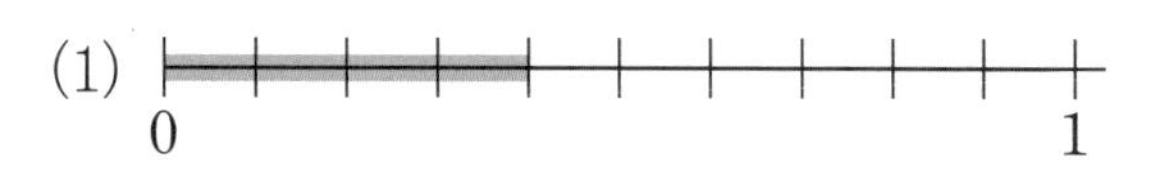

(2) 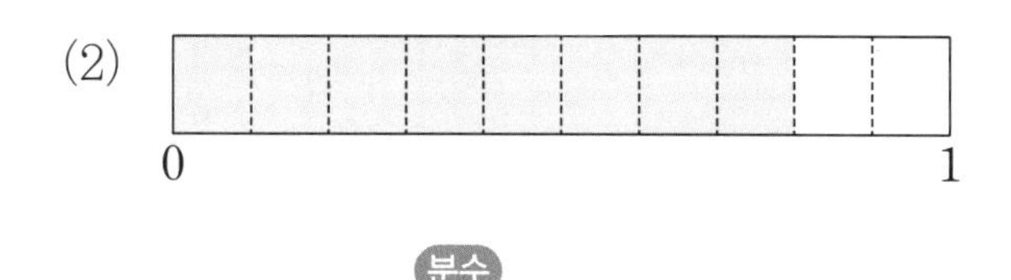

9 색칠한 부분을 보기와 같이 소수로 나타내어 보세요.

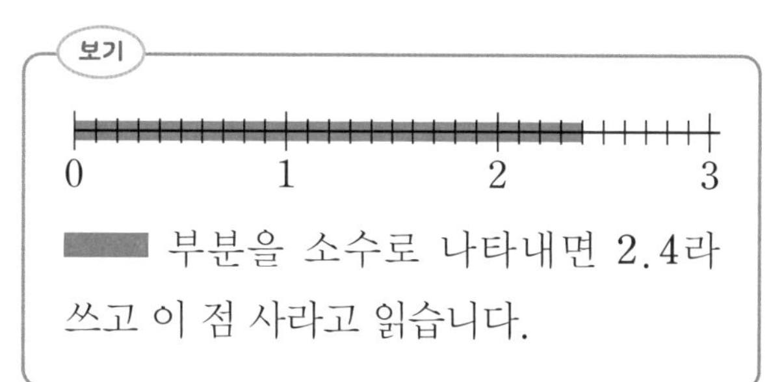

(1) 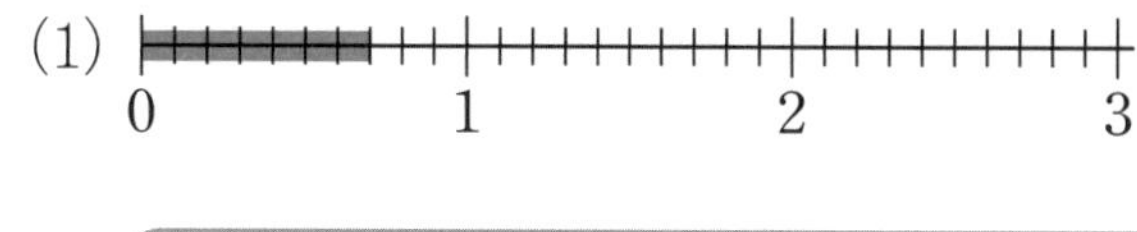

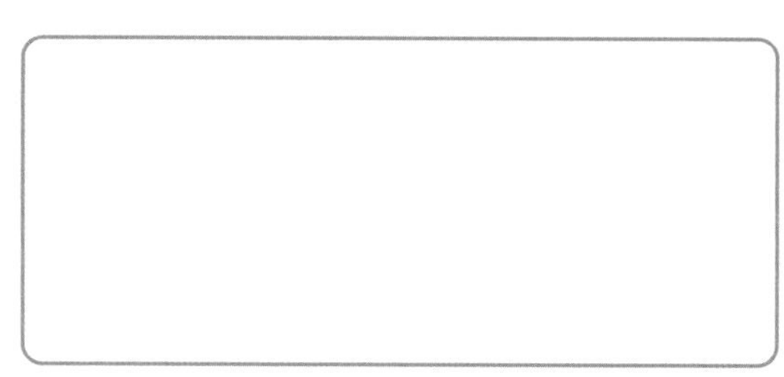

(2) 

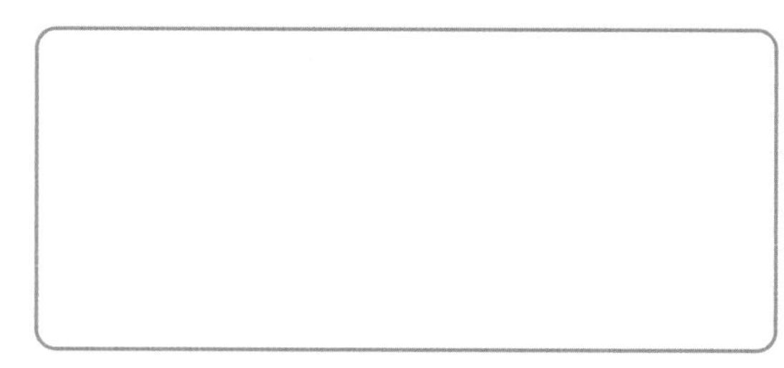

10 두 소수의 크기를 비교하여 ○ 안에 >, =, <를 알맞게 써넣으세요.

(1) 0.8 ○ 0.7 (2) 0.5 ○ 0.3

(3) 2.9 ○ 1.6 (4) 2.6 ○ 3.5

1 $\frac{6}{12}$보다 크고 $\frac{11}{12}$보다 작은 분수를 모두 찾아 ○표 해 보세요.

$\frac{3}{12}$ $\frac{10}{12}$ $\frac{4}{12}$ $\frac{8}{12}$ $\frac{9}{12}$

2 $\frac{1}{14}$보다 크고 $\frac{1}{5}$보다 작은 분수를 모두 찾아 ○표 해 보세요.

$\frac{1}{2}$ $\frac{1}{11}$ $\frac{1}{3}$ $\frac{1}{9}$ $\frac{1}{4}$ $\frac{1}{7}$

3 분수의 크기를 비교하는 방법을 설명하여 대화를 완성해 보세요.

4 색종이를 각각 다른 방법으로 4등분하였습니다. 4등분한 조각끼리 비교하고 비교한 방법을 설명해 보세요.

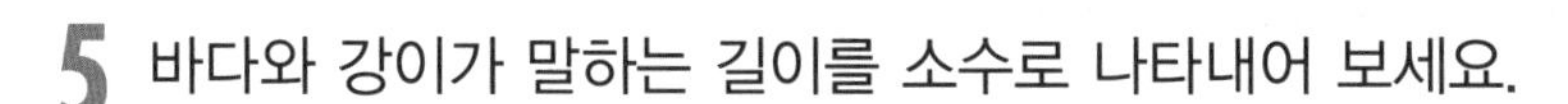

5 바다와 강이가 말하는 길이를 소수로 나타내어 보세요.

소수: (　　　　) cm　　　　　　　　소수: (　　　　) cm

6 체육 시간에 공 멀리 던지기를 하였습니다. 바다는 23.5 m, 산이는 32.2 m, 강이는 19.9 m, 하늘이는 34.1 m를 던졌습니다. 공을 가장 멀리 던진 친구부터 차례대로 이름을 써 보세요.

(　　　　　　　　　　　　)

7 지현이 엄마와 오빠의 대화를 읽고 ①에는 cm 단위의 수를, ②에는 엄마가 생각하는 단위를 써넣으세요.

① (　　　　　　　　) ② (　　　　　　　　)

초중고 수학 개념연결 지도

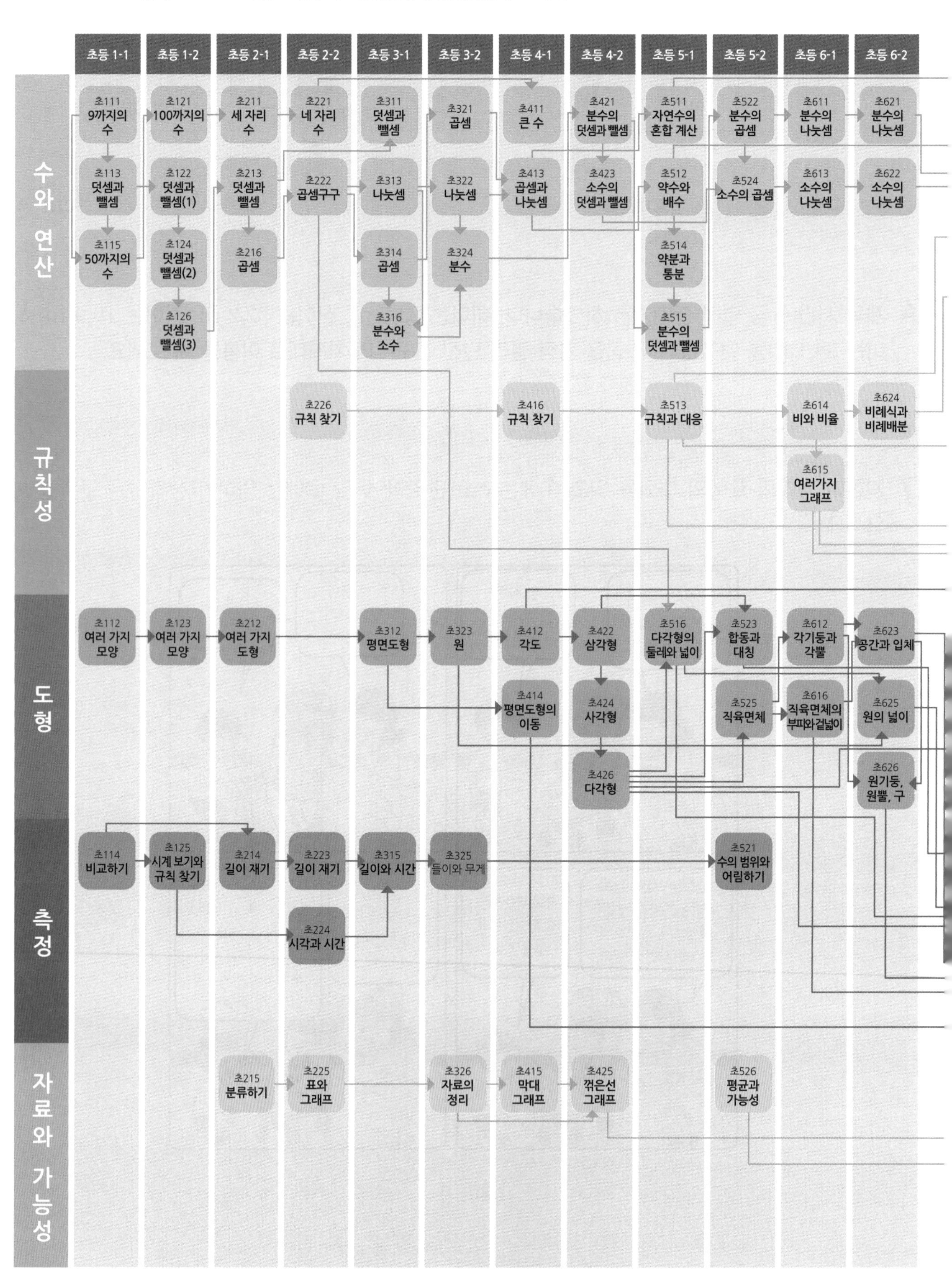

QR코드를 스캔하면
'수학 개념연결 지도'를 내려받을 수 있습니다.

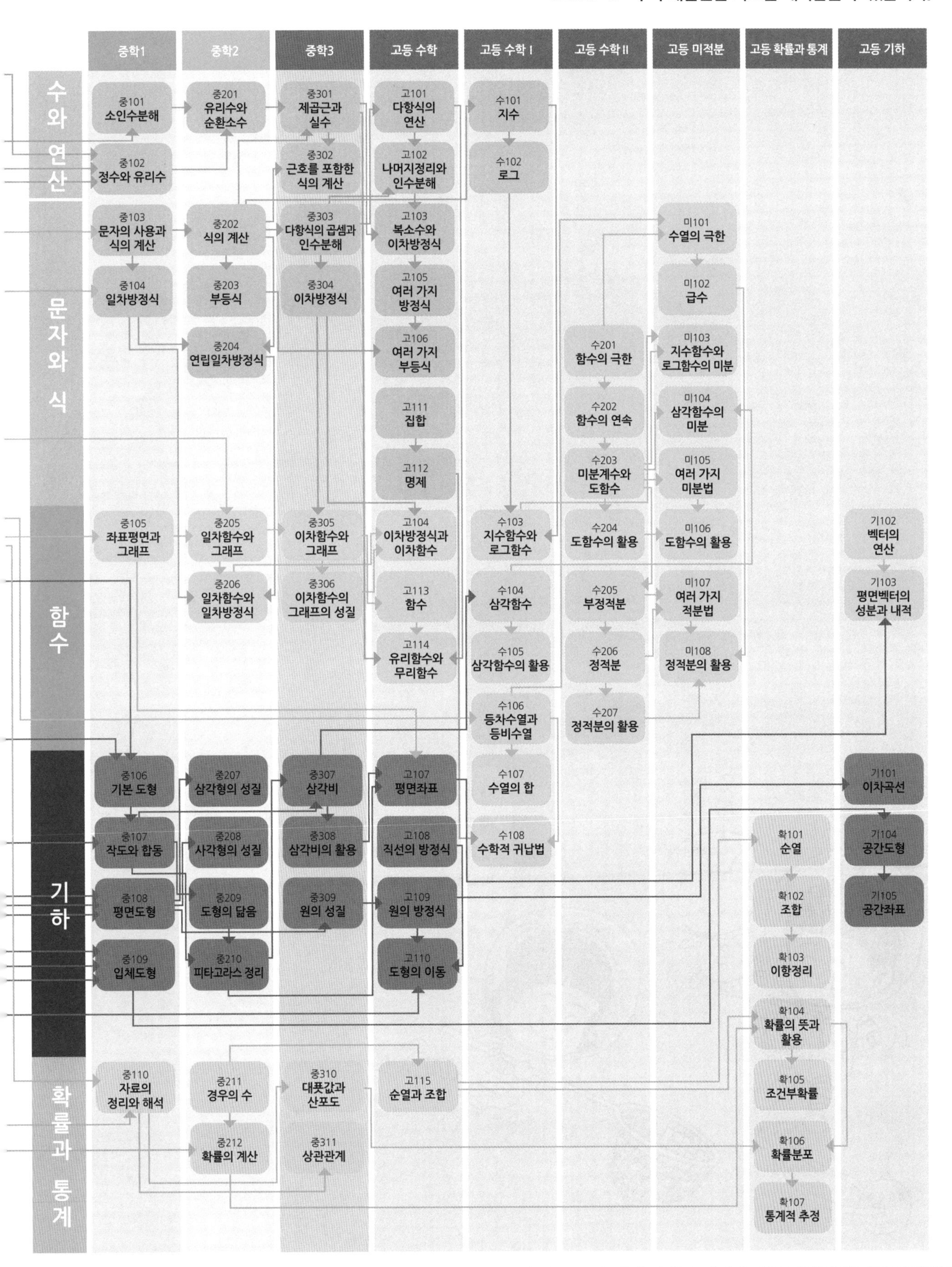

'생각열기'는 내 생각을 쓰는 문제이기 때문에 답이 여러 가지일 수 있어요. 답과 해설을 참고하여 여러분의 생각과 비교하고 수정해 보세요.

초등 3-1

정답과 해설

1단원 덧셈과 뺄셈

기억하기

12~13쪽

1 (1) $25+8=33$
(2) $39+23=62$

2 (1) (위에서부터) 42, 39, 42
(2) 61

3 (1) 87 (2) 53

4 (1) 26 (2) 33

5 (1) 46 (2) 45

2 (2) 34와 27을 각각 십의 자리와 일의 자리로 나누어 십의 자리끼리 더하면 $30+20=50$이고, 일의 자리끼리 더하면 $4+7=11$입니다. 따라서 $50+11=61$입니다.

4 (1) 28을 20과 8로 나누어 $54-20$을 먼저 계산하면 34이고, 남은 일의 자리를 빼면 $34-8=26$입니다.

(2) 39를 30과 9로 나누어 $72-30$을 먼저 계산하면 42이고, 남은 일의 자리를 빼면 $42-9=33$입니다.

생각열기 ❶

14~15쪽

1 (1)~(7) 해설 참조

1 (1) 예 전체 학생 수이므로 남학생 수와 여학생 수를 모두 더합니다. 남학생 수가 257명이고, 여학생 수가 264명이므로 전체 학생 수는 $257+264$를 계산하면 됩니다.

(2) 예 강이는 전체 학생 수를 구하는 문제를 덧셈이 아닌 뺄셈으로 잘못 생각해서 계산했습니다.

(3) 예 산이는 $7+4$를 십의 자리로 받아올림하지 않았고, $5+6$을 백의 자리로 받아올림하지 않고 계산했습니다.

(4) 예 일의 자리에서 십의 자리에, 십의 자리에서 백의 자리에 받아올려 계산하는 과정이 한눈에 보입니다. 그런데 그림 그리는 것이 힘들고 귀찮았을 것 같습니다. / 일 모형끼리 묶어 십 모형 하나를 만들었고, 십 모형끼리 묶어 백 모형 하나를 만들었습니다.

(5) 예 $257+264=400+110+11=521$

400
110
11

백의 자리는 백의 자리끼리, 십의 자리는 십의 자리끼리, 일의 자리는 일의 자리끼리 각각 계산한 후 전체를 더했습니다. 이 방법은 수 모형을 수로 나타내어 계산하는 것과 같습니다.

(6) 예

$$\begin{array}{r} {\scriptstyle 1\ \ 1\ \ } \\ 2\ 5\ 7 \\ +\ 2\ 6\ 4 \\ \hline 5\ 2\ 1 \end{array}$$

각 자리의 숫자를 맞추어 적고 일의 자리와 십의 자리에서 각각 받아올려 계산했습니다.

(7) 예

$$\begin{array}{r} 2\ 5\ 7 \\ +\ 2\ 6\ 4 \\ \hline 4\ 0\ 0 \\ 1\ 1\ 0 \\ 1\ 1 \\ \hline 5\ 2\ 1 \end{array}$$

백의 자리부터 십의 자리, 일의 자리를 더한 값을 차례대로 적고 전체를 더했습니다.

선생님의 참견

세 자리 수의 덧셈과 관련된 탐구 활동을 해요. 세 자리 수의 덧셈을 수 모형으로 나타내고, 이를 식으로 표현하는 과정을 통해 스스로 덧셈식의 원리를 발견하고, 2학년에서 배운 두 자리 수의 덧셈의 원리를 확장해서 연결할 수 있어야 해요.

개념활용 ❶-1

16~17쪽

1 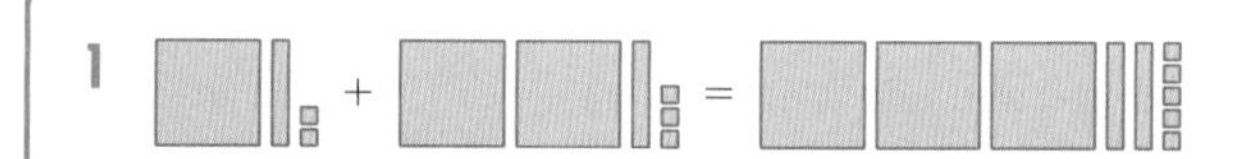

$112+213=325$

2 (1) $200+100+10+30+2+2$
$=300+40+4=344$

(2) $300+100+20+20+4+2$
$=400+40+6=446$

(3) $100+400+20+10+3+5$
$=500+30+8=538$

3 (1) 448 (2) 846 (3) 378

4 (1) 448 (2) 846 (3) 378 / 해설 참조

4 백의 자리부터 계산해도 받아올림이 없기 때문에 일의 자리부터 계산하는 것과 차이가 없습니다.

개념활용 ❶-2

18~19쪽

1 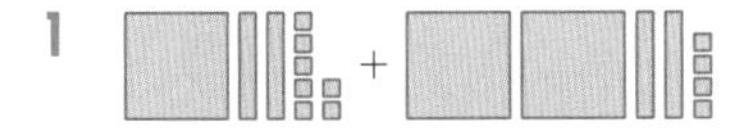

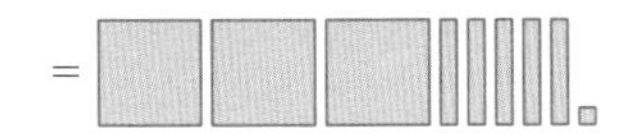

127+224=351

2 (1) 200+100+10+30+9+2
=300+40+11=351

(2) 300+100+50+70+2+1
=400+120+3=523

(3) 800+400+20+10+1+2
=1200+30+3=1233

3 (1)
$$\begin{array}{rrrr} & 1 & 7 & 1 \\ + & 3 & 6 & 2 \\ \hline & 4 & 0 & 0 \\ & 1 & 3 & 0 \\ & & & 3 \\ \hline & 5 & 3 & 3 \end{array}$$

(2)
$$\begin{array}{rrrr} & 8 & 1 & 4 \\ + & 8 & 2 & 4 \\ \hline 1 & 6 & 0 & 0 \\ & & 3 & 0 \\ & & & 8 \\ \hline 1 & 6 & 3 & 8 \end{array}$$

4 (1)
$$\begin{array}{rrrr} & 1 & 9 & 1 \\ + & 3 & 2 & 7 \\ \hline & & & 8 \\ & 1 & 1 & 0 \\ & 4 & 0 & 0 \\ \hline & 5 & 1 & 8 \end{array}$$

(2)
$$\begin{array}{rrrr} & 7 & 1 & 4 \\ + & 5 & 5 & 2 \\ \hline & & & 6 \\ & & 6 & 0 \\ 1 & 2 & 0 & 0 \\ \hline 1 & 2 & 6 & 6 \end{array}$$

5 (1)
$$\begin{array}{rrrr} & {\scriptstyle 1} & & \\ & 3 & 6 & 7 \\ + & 5 & 7 & 1 \\ \hline & 9 & 3 & 8 \end{array}$$

(2)
$$\begin{array}{rrrr} & 6 & 1 & 4 \\ + & 8 & 3 & 2 \\ \hline 1 & 4 & 4 & 6 \end{array}$$

개념활용 ❶-3

20~21쪽

1 

136+274=410

2 (1) 200+100+50+60+9+4
=300+110+13=423

(2) 800+300+10+70+6+6
=1100+80+12=1192

(3) 600+700+80+50+1+2
=1300+130+3=1433

3 (1)
$$\begin{array}{rrrr} & 1 & 7 & 9 \\ + & 4 & 7 & 2 \\ \hline & 5 & 0 & 0 \\ & 1 & 4 & 0 \\ & & 1 & 1 \\ \hline & 6 & 5 & 1 \end{array}$$

(2)
$$\begin{array}{rrrr} & 8 & 9 & 2 \\ + & 6 & 3 & 6 \\ \hline 1 & 4 & 0 & 0 \\ & 1 & 2 & 0 \\ & & & 8 \\ \hline 1 & 5 & 2 & 8 \end{array}$$

4 (1)
$$\begin{array}{rrrr} & 9 & 5 & 1 \\ + & 3 & 8 & 2 \\ \hline & & & 3 \\ & 1 & 3 & 0 \\ 1 & 2 & 0 & 0 \\ \hline 1 & 3 & 3 & 3 \end{array}$$

(2)
$$\begin{array}{rrrr} & 8 & 3 & 7 \\ + & 6 & 4 & 8 \\ \hline & & 1 & 5 \\ & & 7 & 0 \\ 1 & 4 & 0 & 0 \\ \hline 1 & 4 & 8 & 5 \end{array}$$

5 (1)
$$\begin{array}{rrrr} & {\scriptstyle 1} & & \\ & 7 & 5 & 8 \\ + & 6 & 6 & 1 \\ \hline 1 & 4 & 1 & 9 \end{array}$$

(2)
$$\begin{array}{rrrr} & {\scriptstyle 1} & {\scriptstyle 1} & \\ & 5 & 2 & 8 \\ + & 8 & 9 & 5 \\ \hline 1 & 4 & 2 & 3 \end{array}$$

생각열기 ❷

22~23쪽

1 (1)~(7) 해설 참조

1 (1) 예 강이와 바다의 키의 차이를 구하려면 먼저 더 큰 수를 찾고 큰 수에서 작은 수를 빼면 됩니다. 강이가 128 cm이고 바다가 136 cm이므로 바다의 키가 더 큽니다. 따라서 136−128을 계산합니다.

(2) 예 강이와 바다의 키의 차이를 구하려면 먼저 큰 수를 찾아 큰 수에서 작은 수를 빼야 하는데, 산이는 무조건 뺄셈식을 만들었습니다. 이런 경우는 뺄셈을 할 수 없습니다.

(3) 예 십의 자리에서 받아내림 후 남은 수로 빼야 하는데 원래의 수로 뺐습니다.

$$\begin{array}{rrrr} & & {\scriptstyle 2} & {\scriptstyle 10} \\ & 1 & \not{3} & 6 \\ - & 1 & 2 & 8 \\ \hline & & & 8 \end{array}$$

(4) 예 백의 자리와 십의 자리, 일의 자리를 수 모형으로 나타낸 다음, 빼는 수를 표시했습니다. 뺄 수 없으면 수 모형을 바꿔 계산했습니다. 그림 그리는 것이 힘들고 귀찮았을 것 같습니다.

(5) 예 136−128=100−100+36−28=8
백의 자리는 백의 자리끼리 먼저 계산하고, 남은 두 자리 수끼리 계산했습니다.

(6) 예

$$\begin{array}{rrrr} & & {\scriptstyle 2} & {\scriptstyle 10} \\ & 1 & \cancel{3} & 6 \\ - & 1 & 2 & 8 \\ \hline & & & 8 \end{array}$$

각 자리의 숫자를 맞추어 적고 십의 자리에서 일의 자리에 받아내려 계산했습니다.

(7) 예

$$\begin{array}{rrrrl} & & {\scriptstyle 2} & {\scriptstyle 10} & \\ & 1 & \cancel{3} & 6 & \\ - & 1 & 2 & 8 & \\ \hline & & & 0 & \leftarrow 100-100 \\ & & & 8 & \leftarrow 36-28 \\ \hline & & & 8 & \end{array}$$

백의 자리부터 빼고 남은 두 자리 수를 계산했습니다.

선생님의 참견

세 자리 수의 뺄셈을 수 모형으로 나타내고, 이를 식으로 표현하는 과정을 통해 스스로 뺄셈식의 원리를 발견하고, 2학년에서 배운 두 자리 수의 뺄셈의 원리를 확장해서 연결할 수 있어야 해요.

(3)

$$\begin{array}{rrrr} & 7 & 6 & 7 \\ - & 4 & 3 & 4 \\ \hline & & & 3 \\ & & 3 & 0 \\ & 3 & 0 & 0 \\ \hline & 3 & 3 & 3 \end{array}$$

5 (1)

$$\begin{array}{rrrr} & 5 & 2 & 9 \\ - & 3 & 2 & 7 \\ \hline & 2 & 0 & 0 \\ & & & 0 \\ & & & 2 \\ \hline & 2 & 0 & 2 \end{array}$$

(2)

$$\begin{array}{rrrr} & 6 & 8 & 2 \\ - & 2 & 3 & 1 \\ \hline & 4 & 0 & 0 \\ & & 5 & 0 \\ & & & 1 \\ \hline & 4 & 5 & 1 \end{array}$$

(3)

$$\begin{array}{rrrr} & 7 & 6 & 7 \\ - & 4 & 3 & 4 \\ \hline & 3 & 0 & 0 \\ & & 3 & 0 \\ & & & 3 \\ \hline & 3 & 3 & 3 \end{array}$$

/ 해설 참조

5 백의 자리부터 계산해도 받아내림이 없기 때문에 일의 자리부터 계산하는 것과 차이가 없습니다.

개념활용 ❷-1 24~25쪽

1 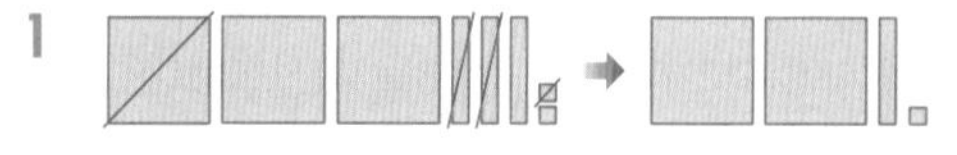

$332-121=211$

2 (1) $400-100+50-20+3-2$
$=300+30+1=331$

(2) $300-100+90-50+5-3$
$=200+40+2=242$

(3) $700-200+90-10+8-2$
$=500+80+6=586$

3 (1) $194-72=122$

(2) $257-11=246$

(3) $347-24=323$

4 (1)

$$\begin{array}{rrrr} & 5 & 2 & 9 \\ - & 3 & 2 & 7 \\ \hline & & & 2 \\ & & & 0 \\ & 2 & 0 & 0 \\ \hline & 2 & 0 & 2 \end{array}$$

(2)

$$\begin{array}{rrrr} & 6 & 8 & 2 \\ - & 2 & 3 & 1 \\ \hline & & & 1 \\ & & 5 & 0 \\ & 4 & 0 & 0 \\ \hline & 4 & 5 & 1 \end{array}$$

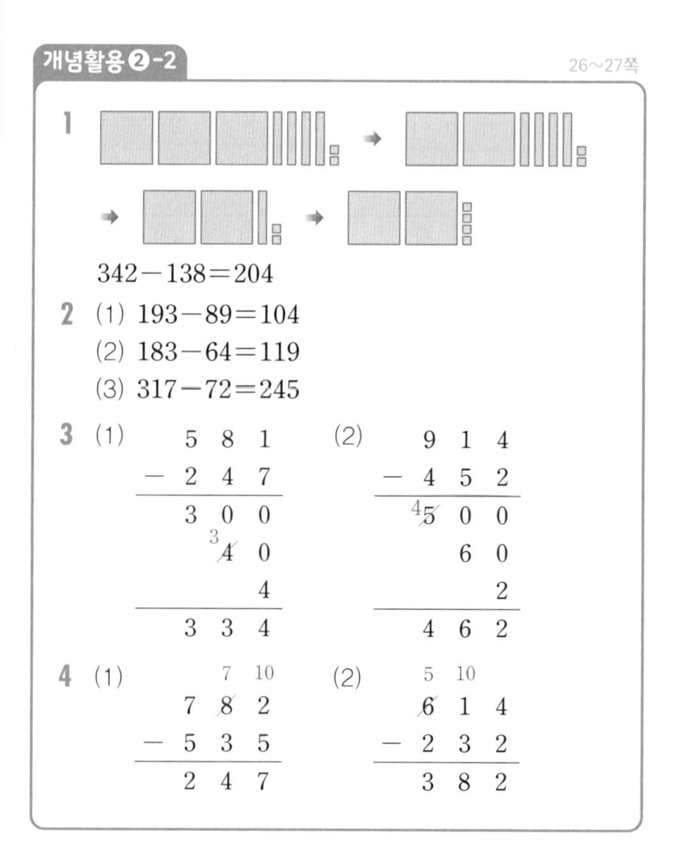

개념활용 ❷-2 26~27쪽

1

$342-138=204$

2 (1) $193-89=104$

(2) $183-64=119$

(3) $317-72=245$

3 (1)

$$\begin{array}{rrrr} & 5 & 8 & 1 \\ - & 2 & 4 & 7 \\ \hline & 3 & 0 & 0 \\ & & {\scriptstyle 3}\cancel{4} & 0 \\ & & & 4 \\ \hline & 3 & 3 & 4 \end{array}$$

(2)

$$\begin{array}{rrrr} & 9 & 1 & 4 \\ - & 4 & 5 & 2 \\ \hline & {\scriptstyle 4}\cancel{5} & 0 & 0 \\ & & 6 & 0 \\ & & & 2 \\ \hline & 4 & 6 & 2 \end{array}$$

4 (1)

$$\begin{array}{rrrr} & & {\scriptstyle 7} & {\scriptstyle 10} \\ & 7 & \cancel{8} & 2 \\ - & 5 & 3 & 5 \\ \hline & 2 & 4 & 7 \end{array}$$

(2)

$$\begin{array}{rrrr} & {\scriptstyle 5} & {\scriptstyle 10} & \\ & \cancel{6} & 1 & 4 \\ - & 2 & 3 & 2 \\ \hline & 3 & 8 & 2 \end{array}$$

개념활용 ❷-3

28~29쪽

1 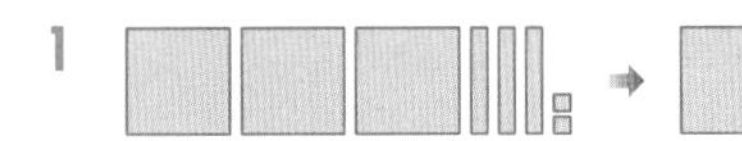

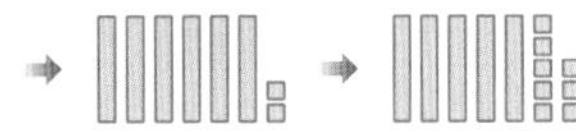

332－274＝58

2 (1) 252－64＝188 (2) 513－76＝437
(3) 225－87＝138

3 (1)
$$\begin{array}{r} 9\ 5\ 1 \\ -\ 3\ 8\ 2 \\ \hline 6\ 0\ 0 \\ 7\ 0 \\ 9 \\ \hline 5\ 6\ 9 \end{array}$$
(2)
$$\begin{array}{r} 8\ 3\ 7 \\ -\ 6\ 4\ 8 \\ \hline 2\ 0\ 0 \\ 9\ 0 \\ 9 \\ \hline 1\ 8\ 9 \end{array}$$

4 (1)
$$\begin{array}{r} 6\ 14\ 10 \\ 7\ 5\ 2 \\ -\ 6\ 6\ 9 \\ \hline 8\ 3 \end{array}$$
(2)
$$\begin{array}{r} 4\ 11\ 10 \\ 5\ 2\ 4 \\ -\ 1\ 9\ 6 \\ \hline 3\ 2\ 8 \end{array}$$

표현하기

30~31쪽

스스로 정리

1 예 방법1 800＋300＝1100
30＋90＝120
7＋4＝11
그러므로 837＋394＝1100＋120＋11
＝1231

방법2
$$\begin{array}{r} 1\ 1\ \ \\ 8\ 3\ 7 \\ +\ 3\ 9\ 4 \\ \hline 1\ 2\ 3\ 1 \end{array}$$

방법3 37＋94＝131
800＋300＝1100
그러므로 837＋394＝131＋1100＝1231

2 예 방법1
$$\begin{array}{r} 5\ 12\ 10 \\ 6\ 3\ 5 \\ -\ 3\ 5\ 8 \\ \hline 2\ 7\ 7 \end{array}$$

방법2 635＝600＋30＋5
＝500＋120＋15
500－300＝200, 120－50＝70, 15－8＝7
그러므로 635－358＝200＋70＋7＝277

방법3 635－358＝335－58＝277

개념 연결

두 자리 수의 덧셈 (1) 45	(2) 135
두 자리 수의 뺄셈 (1) 29	(2) 37

1 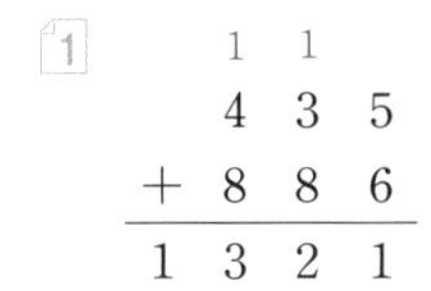
$$\begin{array}{r} 1\ 1\ \ \\ 4\ 3\ 5 \\ +\ 8\ 8\ 6 \\ \hline 1\ 3\ 2\ 1 \end{array}$$

예 먼저 일의 자리 수끼리 더하면 11이니까 10을 받아올림하고 남은 1을 일의 자리에 내려 써. 십의 자리 수끼리 더한 110에 받아올림한 10을 더하면 120이니까 100을 받아올림하고 남은 20을 십의 자리에 내려 써. 마지막으로 백의 자리 수끼리 더한 1200에 받아올림한 100을 더하면 1300이니까 천의 자리와 백의 자리에 1300을 내려 쓰면 1321이 돼.

2
$$\begin{array}{r} 4\ 9\ 10 \\ 5\ 0\ 6 \\ -\ 2\ 4\ 9 \\ \hline 2\ 5\ 7 \end{array}$$

예 빼는 수의 일의 자리 수가 더 크니까 십의 자리에서 받아내림해야 해. 그런데 십의 자리가 0이니까 백의 자리에서 100을 받아내림하고 다시 십의 자리에서 10을 받아내림해. 이제 일의 자리를 계산하면 16－9＝7이고, 십의 자리는 90－40＝50, 백의 자리는 400－200＝200이니까 결과는 257이야.

선생님 놀이

1 예 독도에 도착하는 관광객의 수는 통일호와 동해호에 탑승한 관광객의 수를 더한 결과와 같으므로 세로로 계산하면 1232명입니다.
$$\begin{array}{r} 1\ 1\ \ \\ 5\ 8\ 3 \\ +\ 6\ 4\ 9 \\ \hline 1\ 2\ 3\ 2 \end{array}$$

2 예 비행기의 총 좌석 수가 511개이고, 1층의 좌석 수가 342개이므로 2층 좌석 수는 총 좌석 수에서 1층의 좌석 수를 빼어 계산합니다. 세로로 계산하면 2층 좌석 수는 169개입니다.
$$\begin{array}{r} 4\ 10\ 10 \\ 5\ 1\ 1 \\ -\ 3\ 4\ 2 \\ \hline 1\ 6\ 9 \end{array}$$

단원평가 기본 32~33쪽

1 (1) 537
(2) 282
(3) 819
(4) 1339
(5) 912
(6) 1532

2 (왼쪽에서부터) 637, 607, 442, 802

3 (1) 403
(2) 921

4 1035 m

$$\begin{array}{r} {\scriptstyle 1\ \ 1}\ \ \ \\ 3\ 4\ 8 \\ +\ 6\ 8\ 7 \\ \hline 1\ 0\ 3\ 5 \end{array}$$

방법2 $348+687$
$=300+600+40+80+8+7$
$=1035$

5 (1) 46
(2) 271

6 (1) >
(2) <

7 (1) 332
(2) 406
(3) 253
(4) 148
(5) 494
(6) 367

8 9 cm

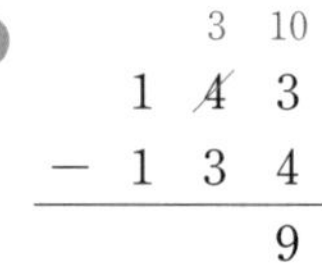

$$\begin{array}{r} {\scriptstyle 3\ \ 10}\ \ \\ 1\ \not{4}\ 3 \\ -\ 1\ 3\ 4 \\ \hline 9 \end{array}$$

방법2 $143-134$
$=100-100+43-34=9$

9 (1) 식 $519+427=946$ 답 946
(2) 식 $427-384=43$ 답 43

10 747장

11 468권

6 (1) $247+395=642$, $182+453=635$
(2) $611-257=354$, $712-343=369$

10 $459+288=747$(장)

11 $816-348=468$(권)

단원평가 심화 34~35 쪽

1 예 이유 받아내림을 하지 않았습니다.

$$\begin{array}{r} {\scriptstyle 6\ \ 10}\ \ \\ 6\ \not{7}\ 3 \\ -\ 2\ 5\ 7 \\ \hline 4\ 1\ 6 \end{array}$$

2 (위에서부터) 5, 6, 3

3 해설 참조

4 226

5 (1) 847 g
(2) 592 g

6 해설 참조

2 일의 자리 계산: □+7=2에서 □=5입니다.
이때 5+7=12이므로 10을 받아올림합니다.
십의 자리 계산: 8+4=12이고 받아올림한 수를 더하면 13입니다. □=3이고 100을 받아올림합니다.
백의 자리 계산: 5+□+1=12이므로 □=6입니다.

3 (1) 962와 741, 942와 761, 961과 742, 941과 762일 때 모든 값은 똑같이 1703입니다. 백의 자리에 가장 큰 두 수를 넣고, 십의 자리에 다음으로 큰 두 수, 마지막에 가장 작은 두 수를 넣으면 같은 값이 나옵니다.

(2) 차이가 작으려면 백의 자리가 같거나 서로 차이가 가장 작은 수를 이용해야 합니다. 차이가 가장 작은 수는 1, 2와 6, 7입니다. 큰 수의 남은 두 자리가 작을수록 차이가 작아지므로 6과 7을 백의 자리로 사용합니다. 이렇게 하면 큰 수는 712, 작은 수는 694가 적당합니다. 712−694=18입니다.
1, 2가 백의 자리인 경우 246과 197이 차이가 가장 작습니다. 246−197=49이므로 712와 694의 차이가 가장 작습니다.

4 □+127=642이므로 □=642−127=515이고, 515−289=226입니다.

5 (1) 378+469=847(g)
(2) 378+214=592(g)

6 (1) 300−206=94, 94개
태어날 때 300개, 어른이 되면 206개이므로 줄어드는 뼈의 개수는 300−206=94(개)입니다.

(2) 206−62−29=115, 115개
성인의 뼈 전체는 206개이고, 하체에 62개, 머리와 목에 29개의 뼈가 있으므로 상체에는 206−62−29=115(개)의 뼈가 있습니다.

기억하기

38~39쪽

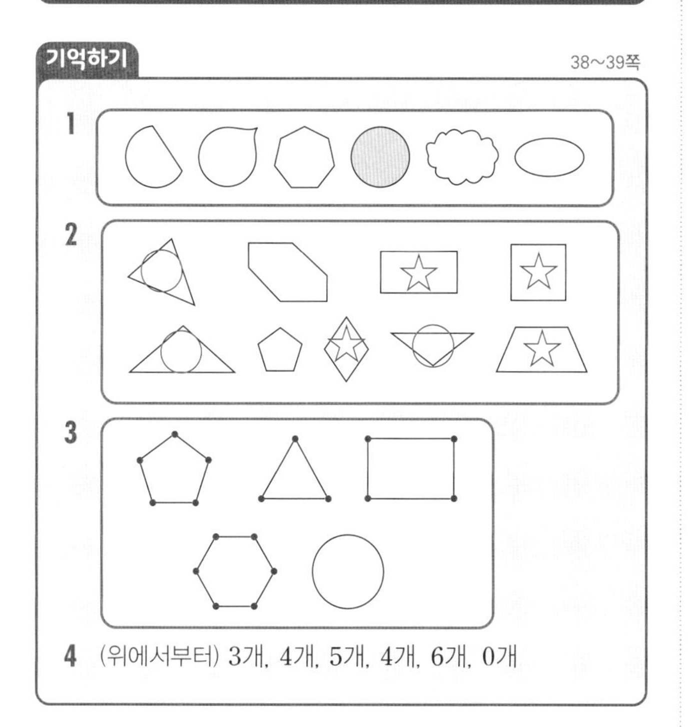

4 (위에서부터) 3개, 4개, 5개, 4개, 6개, 0개

생각열기 ①

40~41쪽

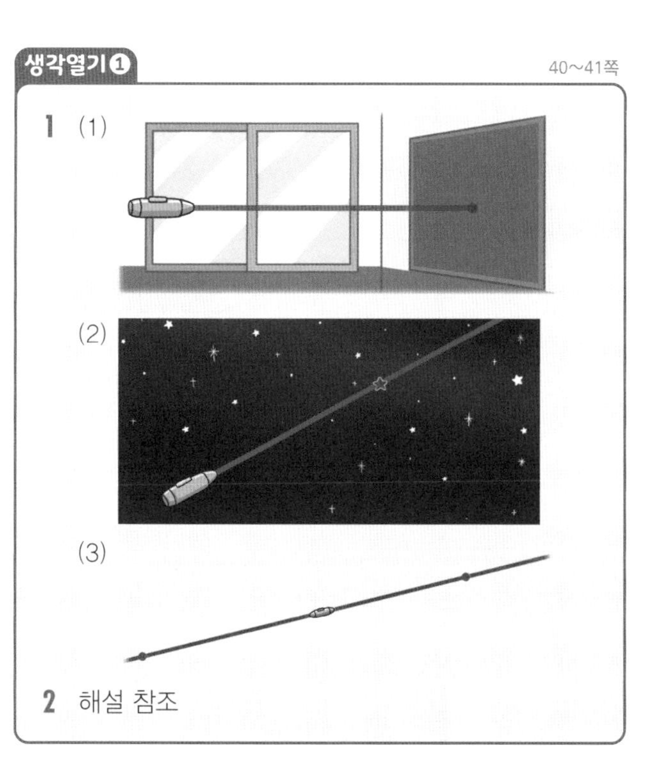

2 예

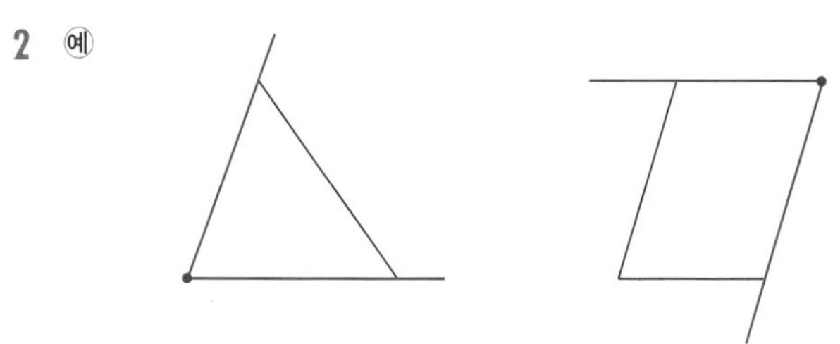

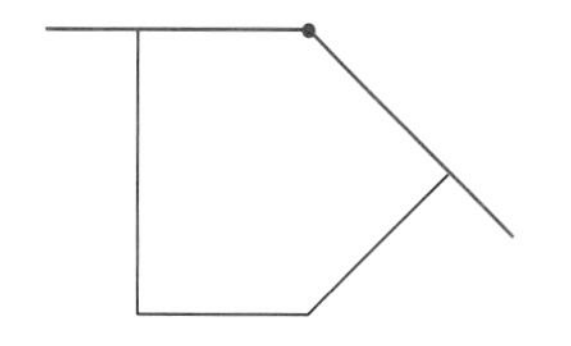

각 도형의 꼭짓점에 점을 찍고 꼭짓점에서 출발하는 두 변을 따라 그립니다. 위에 그려진 예시 외에 다른 꼭짓점을 선택해서 그려도 답이 될 수 있습니다.

선생님의 참견

양 끝이 있는 곧은 선, 한쪽이 끝없이 늘어나는 곧은 선, 양쪽 끝이 없는 곧은 선을 직접 그려 보고 개념을 익혀 보세요. 또한 한 꼭짓점을 중심으로 서로 다른 방향으로 끝없이 늘어나는 곧은 선을 이용하여 새로운 도형을 익히고 다양한 곳에서 새로 배운 도형을 찾아보세요.

개념활용 ①-1

42~43쪽

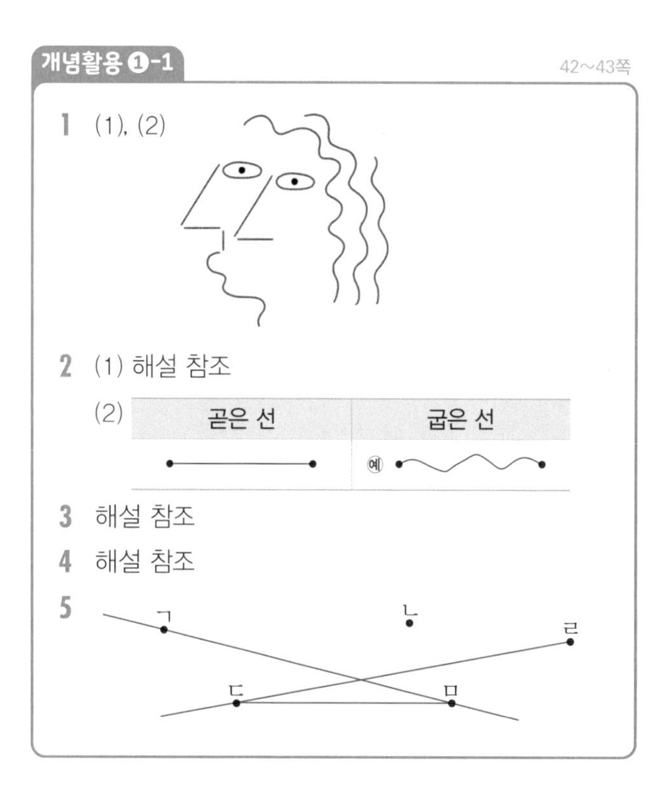

1 (1) 곧은 선을 따라 빨간색으로 그려 봅니다. 자를 대어 보면 곧은 선인지 아닌지 정확하게 확인할 수 있습니다.
(2) 굽은 선을 따라 파란색으로 그려 봅니다. 자를 대어 보면 곧은 선인지 아닌지 정확하게 확인할 수 있습니다.

2 (1) 예 곧은 물건을 대고 선을 그립니다. 자를 대고 선을 그립니다.
곧은 선을 그리기 위해서는 대고 그릴 곧은 물건이 있어야 합니다. 곧은 선을 가진 물건은 대표적으로 '자'가 있습니다. 이 외에도 공책, 지우개, 연필에서도 곧은 선을 찾을 수 있으므로 곧은 부분을 대고 그리면 곧은 선을 그릴 수 있습니다.

(2) 곧은 선을 그리려면 곧은 물건을 이용하여 두 점을 곧게 이어 줍니다. 굽은 선은 자유롭게 굽은 선으로 그려 줍니다. 굽은 선은 다양한 답이 나올 수 있습니다.

3 예 지구 끝까지 그릴 수 있습니다. / 끝없이 그릴 수 있습니다.
곧은 선을 계속 이어 긋는다면 양쪽이 끝없이 그려질 수 있습니다. 수학의 세계에서는 끝없이 펼쳐진 곳에서 곧은 선을 계속 이어 긋기 때문입니다.

4 공통점 예 ㄱ과 ㄴ을 잇는 선입니다.
차이점 예 ㉠은 양 끝이 점 ㄱ과 점 ㄴ이지만 ㉡은 점 ㄴ에서 선이 멈추지 않습니다.
㉢은 점 ㄴ에서 멈추고 점 ㄱ에서 선이 멈추지 않습니다. ㉣은 점 ㄱ과 점 ㄴ에서 끝이 나지 않습니다.
네 선 모두 자로 그은 듯 곧은 선입니다. 또한 모든 선이 점 ㄱ과 점 ㄴ을 이어 주고 있습니다. 하지만 차이점을 볼 때는 선이 어디서 끝나는지, 끝나지 않는지 살펴보아야 합니다. ㉠은 선이 점 ㄱ과 점 ㄴ을 넘어서지 않습니다. 하지만 ㉡은 점 ㄴ을 넘어서서 선이 그어지고 있고, ㉢은 반대로 선이 점 ㄱ을 넘어서서 그어지고 있습니다. ㉣은 점 ㄱ과 점 ㄴ에서 끝나지 않고 양쪽으로 끝없이 이어지고 있습니다.

개념활용 ❶-2 44~45쪽

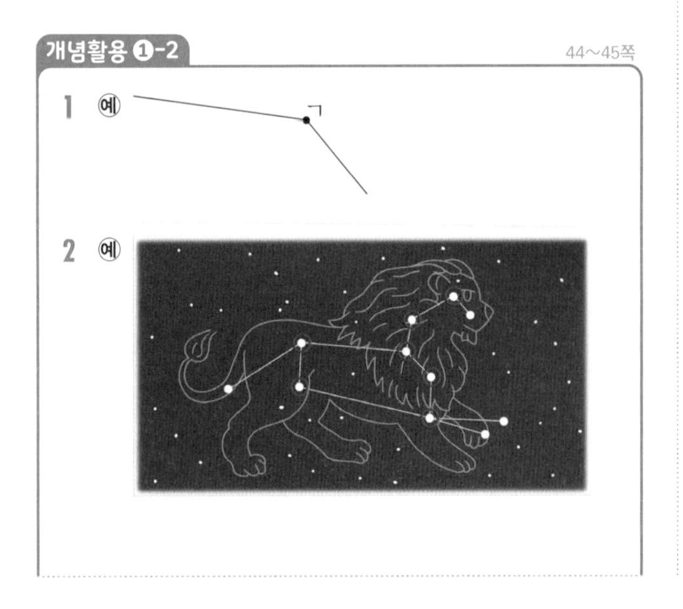

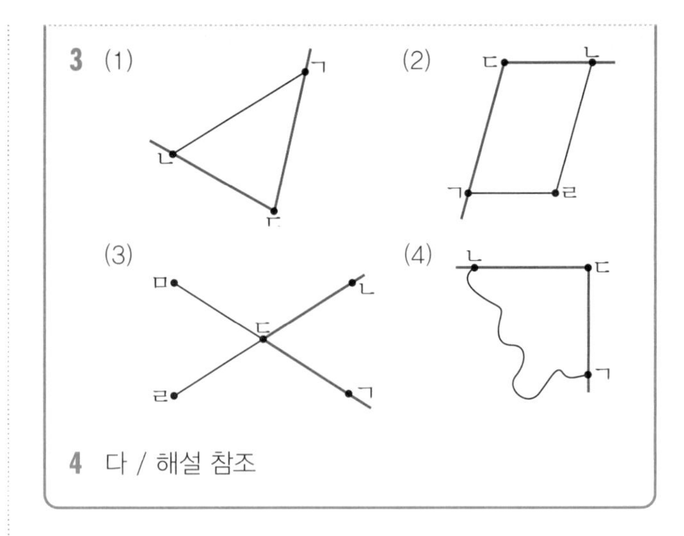

4 다 / 해설 참조

1 점 ㄱ에서 시작하는 반직선은 다양한 모양으로 그려질 수 있습니다. 점 ㄱ에서 시작해서 끝없이 곧은 선 2개를 그렸으면 모두 답이 될 수 있습니다.

3 각 ㄴㄷㄱ은 점 ㄷ을 꼭짓점으로 하는 도형입니다. 도형에서 점 ㄷ을 찾아 점 ㄷ에서 출발하고 점 ㄴ, 점 ㄱ을 지나는 두 반직선을 그립니다. 각을 읽을 때는 꼭짓점을 가운데에 둡니다.

4 예 각은 한 점에서 시작하는 두 반직선으로 이루어지는 도형을 말하는데 다는 곡선이기 때문에 반직선이 될 수 없습니다.

생각열기 ❷ 46~47쪽

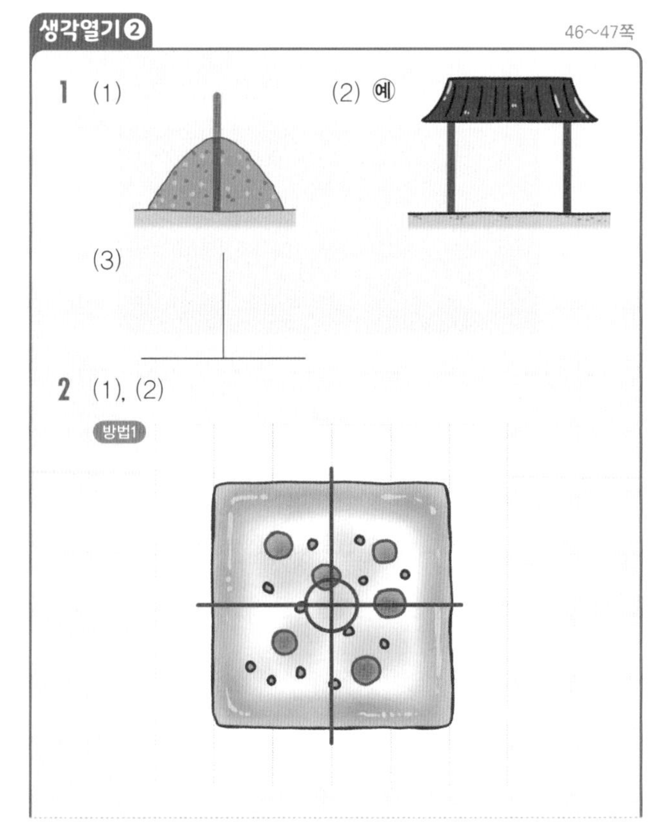

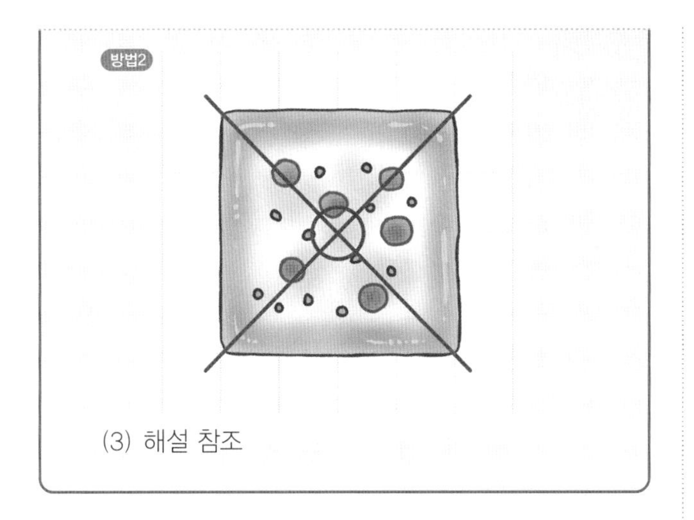

(3) 해설 참조

1 (1) 땅과 나무 막대기의 각의 모양을 잘 살펴봅니다.

(2) 기둥이 땅과 이루는 각의 모양을 잘 살펴봅니다. 우리의 주변에서 쉽게 찾아볼 수 있는 각입니다.

(3) 땅과 막대 혹은 기둥이 이루는 도형을 잘 살펴봅니다. 각의 여러 모양 중에서도 가장 안정적인 각의 모양입니다. 그래서 건축을 할 때도 많이 사용됩니다.

2 (1) 격자무늬를 이용하여 다양한 방법으로 나눌 수 있습니다. 사각형의 한 가운데에 중심을 두고 나눕니다.

(3) ㉎ 두 선이 십자 모양으로 지나갑니다.
두 선이 만든 네 각의 모양이 모두 같습니다.

선생님의 참견

각의 모양 중 가장 안정적인 각을 알아보는 활동이에요. 이 모양의 각은 우리 주변에서 쉽게 찾아볼 수 있으며, 건축에 있어서도 매우 중요한 각이에요. 또한 한 평면을 4개의 각으로 공평하게 나누었을 때 나오는 모양과 같아요. 이를 통해 특정한 각이 가지는 의미를 탐구할 수 있어요.

개념활용 ❷-1 48~49쪽

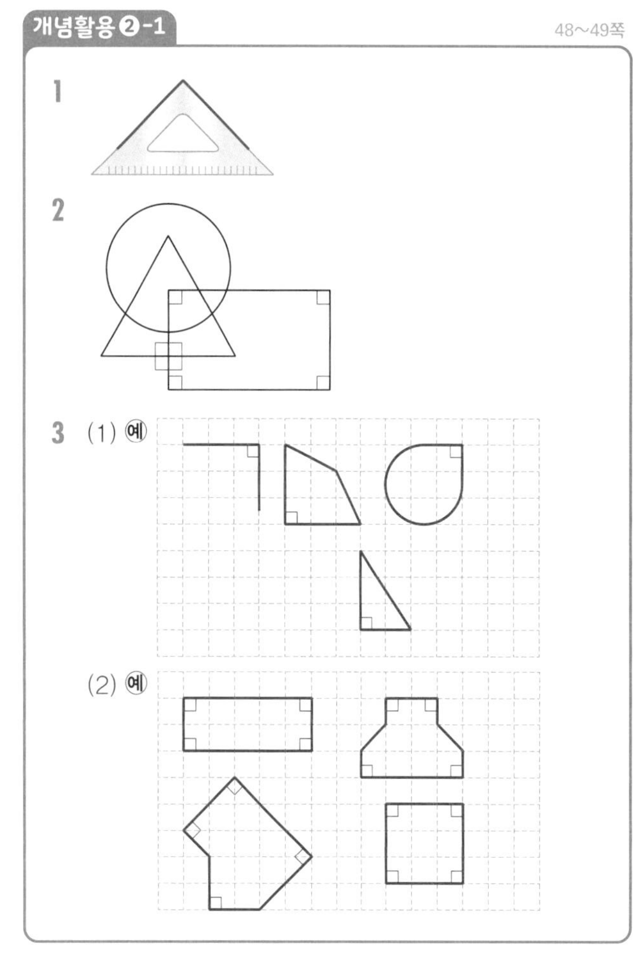

1 삼각형에는 세 각이 있습니다. 세 각 중 종이를 반듯하게 두 번 접었을 때 만들어지는 각과 같은 모양을 삼각자에서 찾아보며 모양을 익혀 봅니다.

2 복잡한 모양에서 직각을 찾아봅니다. 직각이 들어가 있는 도형을 찾고, 도형과 도형이 겹쳐지며 만들어지는 직각을 찾아봅니다.

3 (1) 직각이 1개 있는 도형을 그려 봅니다. 격자무늬를 활용하면 쉽게 직각을 그릴 수 있습니다. ㉎로 제시된 도형 외에도 다양한 도형을 그릴 수 있습니다.

(2) 직각이 4개 있는 도형을 그려 봅니다. 격자무늬를 활용하면 쉽게 직각을 그릴 수 있습니다. ㉎로 제시된 도형 외에도 다양한 도형을 그릴 수 있습니다.

개념활용 ❷-2

50~51쪽

1 (1)~(3)

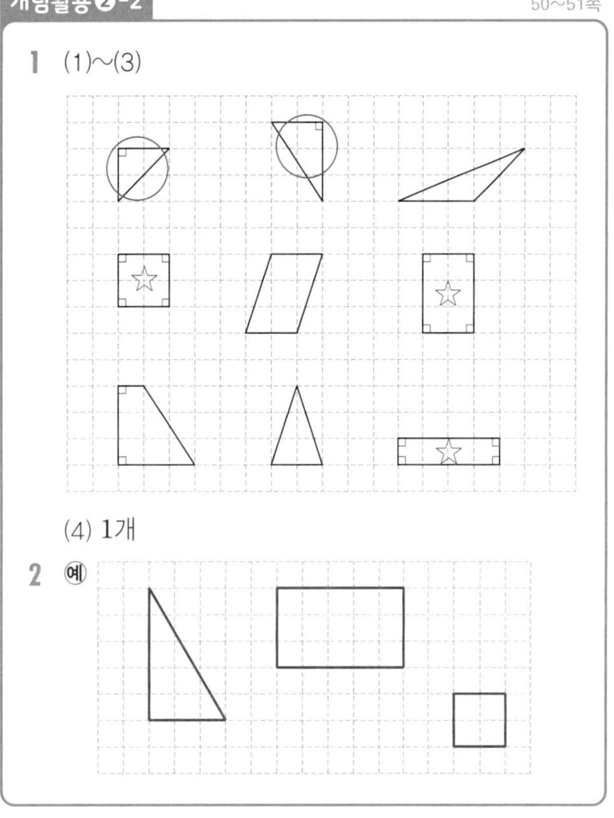

(4) 1개

2 예

(2번 예시 그림)

1 (1) 격자무늬를 이용하여 도형에서 직각이 있는 부분을 찾아 표시를 합니다. 삼각자를 대며 찾아도 좋습니다.

(2) 삼각형은 모두 4개이고 그중 직각이 있는 삼각형은 2개입니다.

(4) (2)에서 고른 삼각형 2개에는 직각이 모두 1개씩 있다는 공통점을 찾을 수 있습니다.

2 직각삼각형은 직각이 1개인 삼각형, 직사각형은 직각이 4개인 사각형, 정사각형은 직각이 4개이고 네 변의 길이가 같은 사각형입니다. 격자무늬를 이용하면 쉽게 직각을 그릴 수 있습니다. 조건에 맞도록 도형을 그리면 다양한 답이 나올 수 있습니다.

표현하기

52~53쪽

스스로 정리

1 (1) 두 점을 곧게 이은 선

(2) 한 점에서 시작하여 한쪽으로 끝없이 늘인 곧은 선

(3) 선분을 양쪽으로 끝없이 늘인 곧은 선

2 (1) 한 점에서 그은 두 반직선으로 이루어진 도형

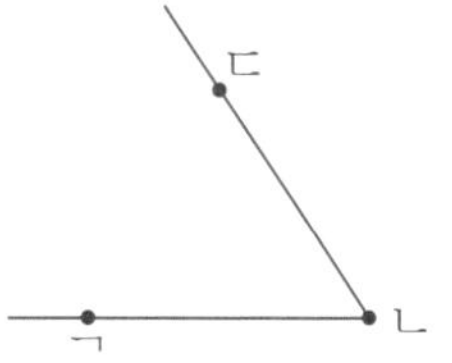

(2) 네 각이 모두 직각인 사각형

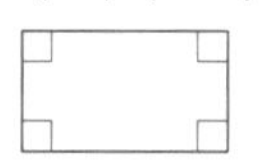

(3) 네 각이 모두 직각이고 네 변의 길이가 모두 같은 사각형

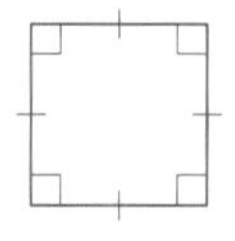

개념 연결

이름	삼각형, 사각형, 오각형, 육각형
변의 수(개)	3, 4, 5, 6
꼭짓점의 수(개)	3, 4, 5, 6

1 한 각이 직각인 삼각형을 직각삼각형이라고 해. 직각삼각형은 직각을 1개 가지고 있지. 직각삼각형은 꼭짓점과 변, 각이 모두 3개씩이야.

2 네 각이 모두 직각인 사각형을 직사각형이라고 해. 직각이 1개 또는 2개인 사각형은 직사각형이 아니야. 직사각형은 꼭짓점과 변, 각이 모두 4개씩이고, 마주 보는 변의 길이가 서로 같아.

3 네 각이 모두 직각이고 네 변의 길이가 모두 같은 사각형을 정사각형이라고 해. 정사각형은 네 각이 모두 직각이므로 직사각형이라고도 말할 수 있어. 정사각형을 대각선(/ , \ ) 방향으로 접으면 정확하게 겹쳐져.

선생님 놀이

1 ㉡, ㉤ / 해설 참조

2 (1) 나, 다, 라, 바 / 해설 참조

(2) 나, 바 / 해설 참조

1 예 한 각이 직각이기 때문에 직각삼각형입니다.

2 (1) 예 네 각이 모두 직각이기 때문에 직사각형입니다.

(2) 예 네 각이 모두 직각이고 네 변의 길이가 모두 같기 때문에 정사각형입니다.

단원평가 기본 54~55쪽

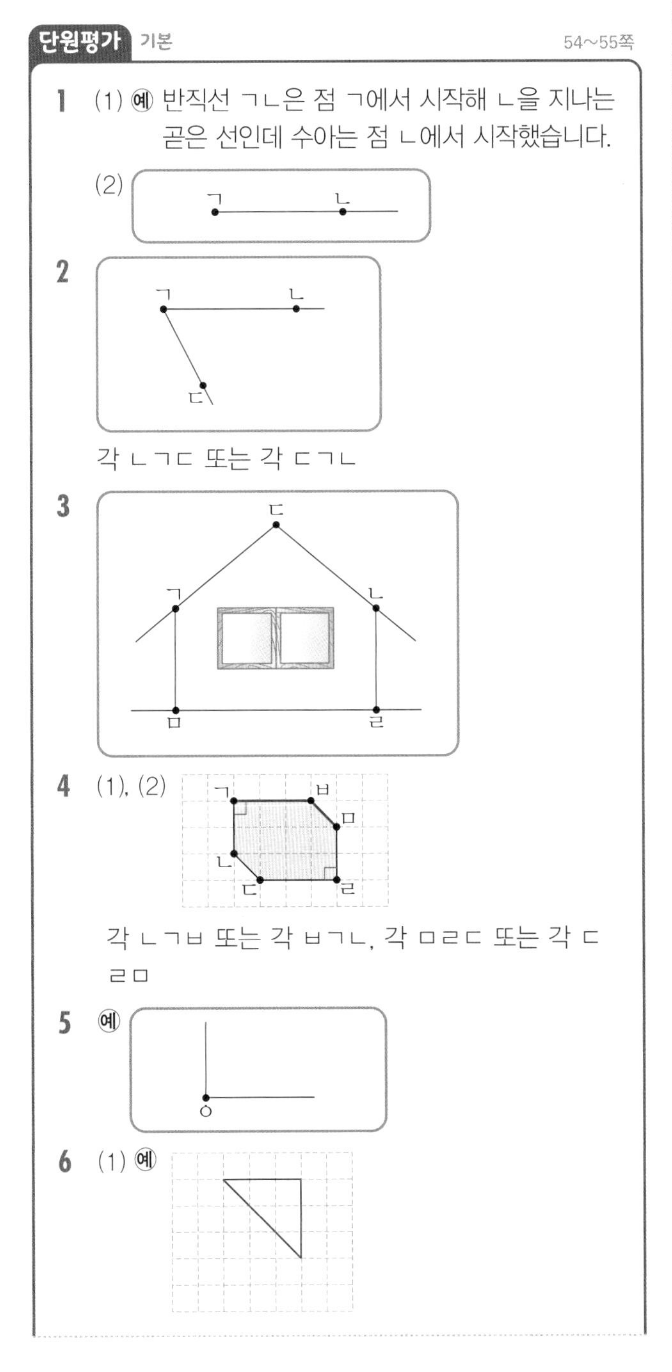

1 (1) 예 반직선 ㄱㄴ은 점 ㄱ에서 시작해 ㄴ을 지나는 곧은 선인데 수아는 점 ㄴ에서 시작했습니다.

(2)

2

각 ㄴㄱㄷ 또는 각 ㄷㄱㄴ

3

4 (1), (2)

각 ㄴㄱㅂ 또는 각 ㅂㄱㄴ, 각 ㅁㄹㄷ 또는 각 ㄷㄹㅁ

5 예

6 (1) 예

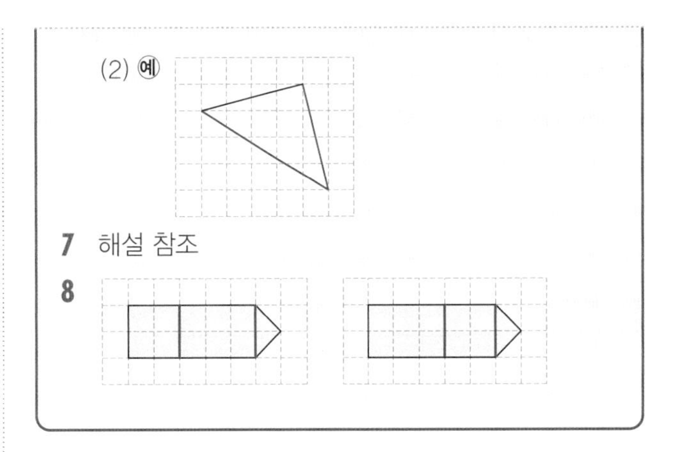

(2) 예

7 해설 참조

8

1 (1) 반직선을 읽을 때는 시작점을 먼저 읽고 지나는 점을 나중에 읽습니다.

(2) 반직선 ㄱㄴ은 점 ㄱ에서 시작하여 점 ㄴ을 지나는 곧은 선입니다.

2 점 ㄱ에서 출발하는 두 반직선, 즉 반직선 ㄱㄴ, 반직선 ㄱㄷ을 그려서 각을 만듭니다.

3 ① 반직선 ㄷㄱ은 점 ㄷ에서 시작하여 점 ㄱ을 지나는 곧은 선입니다.

② 반직선 ㄷㄴ은 점 ㄷ에서 시작하여 점 ㄴ을 지나는 곧은 선입니다.

③ 직선 ㄹㅁ은 점 ㄹ과 점 ㅁ을 지나는 곧은 선입니다.

④ 선분 ㄱㅁ은 점 ㄱ과 점 ㅁ을 잇는 곧은 선입니다.

⑤ 선분 ㄴㄹ은 점 ㄴ과 점 ㄹ을 잇는 곧은 선입니다.

4 (1) 점 ㅂ을 꼭짓점으로 하는 각은 점 ㅂ에서 출발하는 두 반직선이 이루는 도형입니다.

(2) 그림의 도형은 6개의 각이 있는 육각형입니다. 그 중 직각은 모두 2개입니다.

5 직각이 있는 물건(예시: 삼각자, 공책 등)에서 직각을 찾아 점 ㅇ에 대고 따라 그립니다. 다양한 방향으로 그린 직각도 답이 될 수 있습니다.

6 직각삼각형은 한 각이 직각인 삼각형입니다. 그려진 선분에 대하여 직각을 만들도록 선분을 그으면 직각삼각형을 그릴 수 있습니다. 격자무늬를 이용하면 직각을 쉽게 그릴 수 있습니다. 이 삼각형의 변의 길이는 다양하게 나올 수 있습니다.

7 **틀린 부분** 사각형은 한 각이 직각이면 직사각형이야.

바르게 고치기 사각형은 네 각이 직각이면 직사각형이야.

예

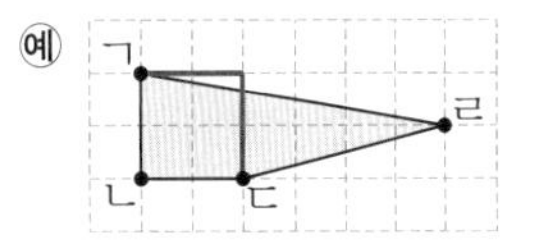

8 직각이 1개 있는 삼각형은 직각삼각형, 4개의 각이 모두 직각인 사각형은 직사각형, 4개의 각이 모두 직각이고 변의 길이까지 같은 사각형은 정사각형입니다. 도형에서 원래 있는 직각을 찾고, 도형을 세로로 잘랐을 때 왼쪽과 오른쪽에 모두 직각이 나오는 것을 이용하여 도형을 잘라 봅니다.

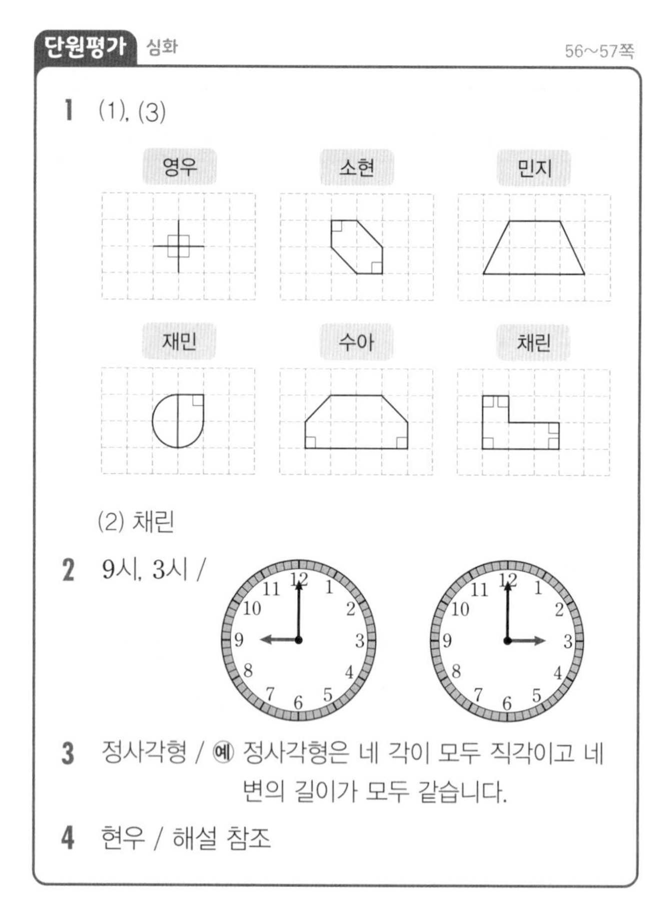

1 (1) 격자무늬를 이용하여 직각이 있는 곳을 찾을 수 있습니다.

(2) 영우는 4개, 소현이는 2개, 민지는 0개, 재민이는 1개, 수아는 2개, 채린이는 5개의 직각이 있는 도형을 그렸습니다.

(3) 도형에서 격자무늬를 이용하여 직각을 그릴 수 있는 부분을 찾습니다. 이 외에 가로로 선분 1개를 그을 수도 있습니다.

2 하나의 선이 있을 때, 직각은 왼쪽으로도, 오른쪽으로도 만들 수 있습니다. 따라서 왼쪽으로 직각을 만드는 시각은 9시, 오른쪽으로 직각을 만드는 시각은 3시입니다.

3 처음 도형이 직사각형이므로 네 각은 모두 직각입니다. 왼쪽 아래에 있는 직각이 오른쪽 위에 있는 각과 같아서 오른쪽 위는 직각, 왼쪽 위에 있는 직각이 오른쪽 아래에 있는 각과 겹쳐져서 오른쪽 아래는 직각입니다. 또한 왼쪽에 있는 변이 만들어진 도형의 위, 아래의 변의 길이와 같고, 만들어진 도형의 오른쪽 변은 위, 아래 변과 길이가 같으므로 네 변의 길이가 같음을 알 수 있습니다.

4 예 현우는 각의 꼭짓점을 점 ㄷ으로, 변을 변 ㄷㄱ과 변 ㄷㄴ으로 그렸지만 소연이는 각의 꼭짓점을 점 ㄴ으로 그렸습니다. 소연이가 그린 각은 각 ㄱㄴㄷ(각 ㄷㄴㄱ)입니다.

3단원 나눗셈

기억하기 60~61쪽

1 (1) 5, 10, 15 (2) 5, 10, 15, 20, 25

2 2, 3

3 (1) 9 곱셈식 $3\times3=9$
(2) 8 곱셈식 $2\times4=8$
(3) 8 곱셈식 $4\times2=8$
(4) 15 곱셈식 $5\times3=15$

4

×	0	1	2	3	4	5	6	7	8	9
0	0	0	0	0	0	0	0	0	0	0
1	0	1	2	3	4	5	6	7	8	9
2	0	2	4	6	8	10	12	14	16	18
3	0	3	6	9	12	15	18	21	24	27
4	0	4	8	12	16	20	24	28	32	36
5	0	5	10	15	20	25	30	35	40	45
6	0	6	12	18	24	30	36	42	48	54
7	0	7	14	21	28	35	42	49	56	63
8	0	8	16	24	32	40	48	56	64	72
9	0	9	18	27	36	45	54	63	72	81

생각열기 ① 62~63쪽

1 (1) 1자루씩, 2자루씩, 3자루씩, 4자루씩
(2) 4자루씩 가져가는 것이 좋습니다. 4자루보다 덜 가져가면 나누어 가지지 못하는 연필이 남기 때문입니다.

2 (1) 6명 (2) $18-3-3-3-3-3-3=0$

3 (1) 1개, 2개, 3개 (2) 3개

1 (1) 바다와 산이가 1자루씩 나누어 가지면 6자루가 남고, 2자루씩 나누어 가지면 4자루가 남고, 3자루씩 나누어 가지면 2자루가 남고, 4자루씩 나누어 가지면 남는 연필은 없습니다. 4자루보다 더 많이 가져갈 수는 없습니다.
(2) 예 1, 2, 3자루씩 가지면 남는 연필이 있으므로, 4자루씩 가지는 것이 좋습니다. 나눌 때는 더 나눌 수 없을 때까지 나눕니다.

2 (1) 쿠키 18개를 3개씩 묶으면 6묶음이 나옵니다. 한 사람에게 한 묶음씩 주면, 6명의 친구에게 똑같이 나누어 줄 수 있습니다.

3 (1) 5 cm로 머리끈 1개를 만들면 10 cm의 리본이 남고, 2개를 만들면 5 cm의 리본이 남습니다. 3개를 만들면 남는 리본은 없습니다. 그러므로 1개, 2개, 3개를 만들 수 있고, 4개부터는 만들 수 없습니다.
(2) 머리끈은 3개까지 만들 수 있고, 더는 만들 수 없습니다.

선생님의 참견

나눌 때 똑같이 나누어 주어야 하고, 더 나눌 수 없을 때까지 나누어 주어야 한다는 두 가지 약속을 자연스럽게 알 수 있도록 다양하게 나누어 주기를 해 보세요.

개념활용 ①-1 64~65쪽

1 (1) $4-4=0$ 또는 $4-1-1-1-1=0$
(2) $8-4=4$ 또는 $8-1-1-1-1=4$
(3) $4-4=0$ 또는 $4-1-1-1-1=0$
예

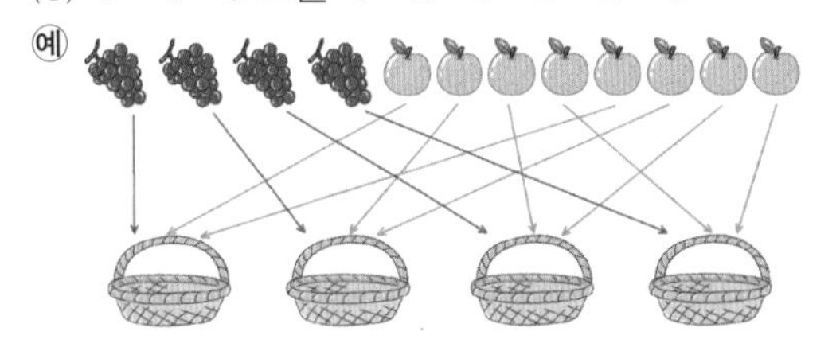

(4) 1송이, 2개

2 (1) 예

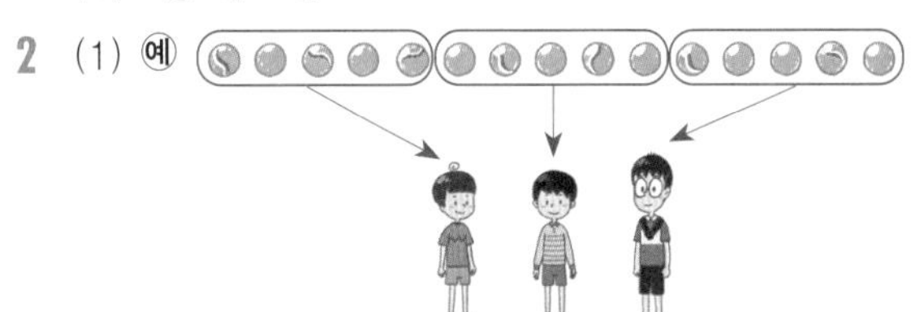

(2) $15\div3=5$
(3) 15 / 3 / 5

1 (1) 포도가 모두 4송이, 과일 바구니가 모두 4개 있으므로 한 바구니에 하나씩 넣을 수 있습니다.
(2) 배는 모두 8개, 과일 바구니는 모두 4개 있습니다. 배를 하나씩 바구니에 넣으면 바구니에 담긴 배는 모두 4개, 바구니에 담기지 않은 배는 모두 4개입니다.
(3) 배를 하나씩 바구니에 넣고 남은 배는 4개입니다. 배 1개씩 한 번 더 각각의 바구니에 넣으면 남은 배 4개가 모두 바구니에 들어가게 됩니다. 남는 배는 없고, 한 바구니에 들어간 배의 개수는 모두 2개입니다. 나눌 때는 더 나눌 수 없을 때까지 나누어 줍니다.

(4) 포도는 1송이씩 넣으면 남는 포도가 없고, 배는 2개씩 넣고 나니 남는 배가 없습니다.

2 (1) 구슬을 5개씩 화살표를 이용해서 3명에게 나누어 줍니다.

(2) 15개의 구슬을 3명에게 나누어 주어야 하므로 식으로 쓰면 15÷3입니다. 15개의 구슬을 3명에게 나누어 주면 한 명이 구슬을 5개씩 가질 수 있습니다.

(3) 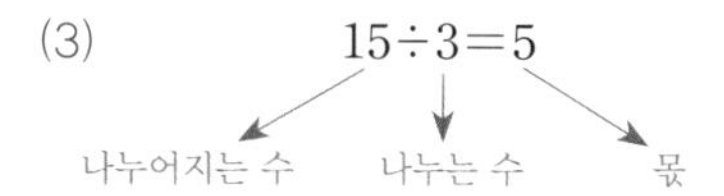

개념활용 ❶-2

66~67쪽

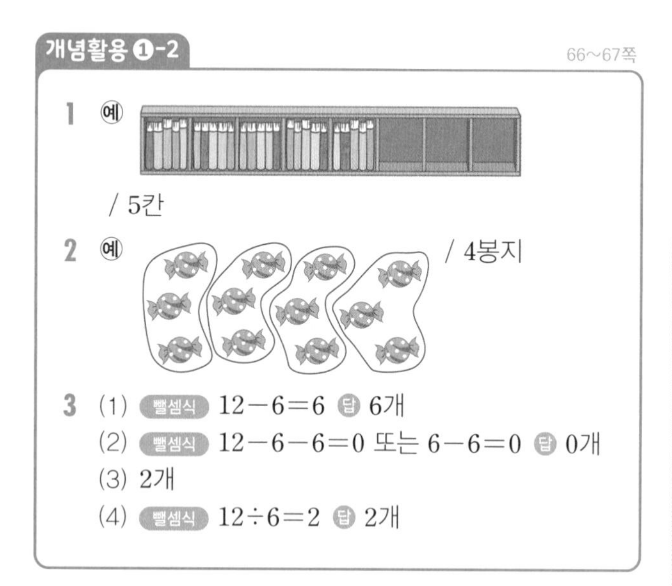

1 책꽂이 한 칸에 책 5권을 꽂아야 하므로, 책을 5권씩 묶어야 합니다. 책이 모두 25권이 있으므로 책을 5권씩 넣으면 책꽂이는 모두 5칸이 필요합니다.

2 사탕 12개를 3개씩 묶으면 모두 4묶음이 나옵니다. 사탕 3개를 묶는 모양은 다양하게 나올 수 있습니다.

3 (1) 지우개 6개를 묶어 한 상자에 채우면 상자에 넣은 지우개는 6개, 남는 지우개는 6개입니다.

(2) 남아 있는 지우개 6개를 또 다른 상자에 채우면, 남는 지우개는 0개입니다.

(3) 지우개를 6개씩 2개의 상자에 담을 수 있습니다.

(4) 12개의 지우개를 6개씩 묶으면 2묶음이 나옵니다. 식으로 쓰면 12÷6=2입니다.

생각열기 ❷

68~69쪽

1 (1) 해설 참조 / 12−4−4−4=0, 12÷4=3
(2) 해설 참조 / 12−6−6=0, 12÷6=2

2 예 방법 2 / 세로가 7줄이므로 세로 한 줄이 한 명에게 나누어 줄 수 있는 사탕이 됩니다.

3 (1), (2) 해설 참조

1 (1) 예

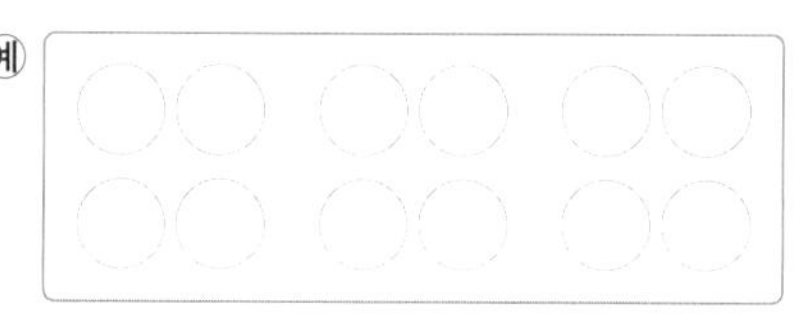

12명의 친구가 4명씩 모였을 때 모두 3모둠이 나옵니다. 그림으로 4명씩 그렸을 때 몇 묶음이 나오는지 확인해 보세요.

(2) 예

12명의 친구가 6명씩 모였을 때 모두 2모둠이 나옵니다. 그림으로 6명씩 그렸을 때 몇 묶음이 나오는지 확인해 보세요.

2 나눗셈을 할 때 나누는 수에 맞게 네모 모양으로 정리를 하면 쉽게 몫을 구할 수 있습니다.

3 (1) 예시 달걀이 한 판에 5개씩 2줄 있습니다. 달걀은 모두 몇 개입니까?
달걀이 한 판에 2줄씩 5묶음 놓여 있습니다. 달걀은 모두 몇 개입니까?

곱셈식 5×2=10, 2×5=10

달걀이 네모 모양으로 들어 있는 모습을 보고 5와 2의 곱을 만들어 전체의 개수 10개를 식으로 표현해 봅니다. 문제는 다양하게 만들 수 있습니다.

(2) 예시 달걀 10개를 달걀판에 2줄로 놓으려면 달걀을 한 줄에 몇 개씩 놓아야 할까요?
달걀 10개를 달걀판에 5개씩 넣으면 몇 줄이 될까요?

나눗셈식 10÷2=5, 10÷5=2

달걀이 들어 있는 모습을 보고 전체 10개를 2 또는 5로 나누는 의미를 생각하며 문제를 만듭니다. 문제는 다양하게 만들 수 있습니다. 네모 모양으로 가지런히 들어 있는 달걀을 보고 곱셈식과 나눗셈식을 세울 수 있다는 것을 생각해 보세요.

선생님의 참견

나누어지는 대상을 곱셈을 배울 때 사용했던 네모 모양으로 고르게 정리하여 곱셈식을 떠올려요. 나눗셈의 몫을 구할 때 나누는 수와 몫의 곱을 활용해서 구하는 방법을 통해 쉽게 나눗셈을 할 수 있어요. 또한 곱셈과 나눗셈이 어떤 관계가 있는지 알아보세요.

개념활용 ❷-1 70~71쪽

1 (1) 곱셈식 $3\times5=15$ 또는 $5\times3=15$ 답 15조각
(2) 나눗셈식 $15\div3=5$ 답 5조각
(3) 해설 참조 / $3\times9=27$, $27\div3=9$

2 예 나눗셈식에서 나누는 수와 몫을 곱하면 나누어지는 수가 나옵니다. 나눗셈식의 몫은 곱셈구구를 떠올리며 구할 수 있습니다.

3 (1) 곱셈식 $9\times4=36$ 또는 $4\times9=36$ 답 36송이
(2) 나눗셈식 $36\div9=4$ 답 4다발
(3) 해설 참조 / $36\div6=6$

1 (1) 5개씩 3줄의 네모 모양으로 가지런히 정돈된 초콜릿의 조각 수는 5×3이라는 곱셈식으로 구할 수 있습니다. 3개씩 5줄이기도 하므로 3×5로 나타낼 수도 있습니다.
(2) 15개의 초콜릿을 3명이 나누어 먹으려면 초콜릿을 한 줄씩(5조각) 나누어 먹으면 됩니다. 따라서 한 명이 먹을 수 있는 초콜릿은 5조각입니다.
(3) 예시1 예시2

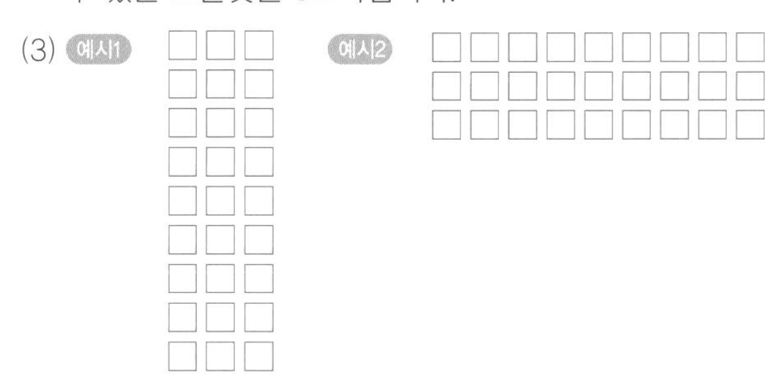

27개의 초콜릿 조각을 3개씩 9줄, 혹은 3줄로 9개씩 그려 주면 나눗셈의 몫을 쉽게 구할 수 있습니다. 이 모양을 이용하면 곱셈식을 세워 전체 초콜릿 개수를 구할 수도 있고, 곱셈식을 통해 나눗셈의 몫을 구할 수도 있습니다.

2 나눗셈은 같은 수만큼 여러 번 빼야 하므로 같은 수만큼 여러 번 더하는 곱셈과 매우 친한 관계입니다. 나누는 수와 몫을 곱하면 나누어지는 수가 나옵니다. 반대로, 나누는 수와 어떤 수의 곱이 나누어지는 수가 되는지 생각하면 나눗셈의 몫을 쉽게 구할 수 있습니다.

3 (1) 꽃송이가 규칙적으로 9개씩 4줄 놓여 있으므로 곱셈식 9×4로 나타낼 수 있습니다. 4개씩 9줄이기도 하므로 4×9로 나타낼 수도 있습니다.
(2) 꽃송이를 9송이씩 묶는다면 한 줄에 한 묶음이 나옵니다. 꽃송이는 모두 4줄이므로 몫은 4입니다.
(3) 예 ○○○○○○
○○○○○○
○○○○○○
○○○○○○
○○○○○○
○○○○○○

나누는 수가 무엇인지에 따라 36을 정리하는 방법이 달라집니다. 꽃송이를 6명의 선생님에게 나누어 주려고 하므로, 6개씩 정리하고 몇 줄이 나오는지 확인하면 몫을 구하기 쉬운 네모 모양 정리가 완성됩니다.

개념활용 ❷-2 72~73쪽

1 (1) 나눗셈식 $24\div4$

(2)

×	1	2	3	④	5	6	7	8	9
1	1	2	3	4	5	6	7	8	9
2	2	4	6	8	10	12	14	16	18
3	3	6	9	12	15	18	21	24	27
④	4	8	12	16	20	☆24	28	32	36
5	5	10	15	20	25	30	35	40	45
6	6	12	18	☆24	30	36	42	48	54
7	7	14	21	28	35	42	49	56	63
8	8	16	24	32	40	48	56	64	72
9	9	18	27	36	45	54	63	72	81

(3)

×	1	2	3	4	5	6	7	8	9
1	1	2	3	4	5	6	7	8	9
2	2	4	6	8	10	12	14	16	18
3	3	6	9	12	15	18	21	24	27
4	4	8	12	16	20	24	28	32	36
5	5	10	15	20	25	30	35	40	45
6	6	12	18	24	30	36	42	48	54
7	7	14	21	28	35	42	49	56	63
8	8	16	24	32	40	48	56	64	72
9	9	18	27	36	45	54	63	72	81

(4) 6

(5)

×	1	2	3	4	5	6	7	8	9
1	1	2	3	4	5	6	7	8	9
2	2	4	6	8	10	12	14	16	18
3	3	6	9	12	15	18	21	24	27
4	4	8	12	16	20	24	28	32	36
5	5	10	15	20	25	30	35	40	45
6	6	12	18	24	30	36	42	48	54
7	7	14	21	28	35	42	49	56	63
8	8	16	24	32	40	48	56	64	72
9	9	18	27	36	45	54	63	72	81

나눗셈식 $24\div3=8$ 몫 8

2 (1)

×	1	2	3	4	5	6	7	8	9
1	1	2	3	4	5	6	7	8	9
2	2	4	6	8	(10)	12	14	16	18
3	3	6	9	12	15	18	21	24	27
4	4	8	12	16	20	24	28	32	36
5	5	(10)	15	20	25	30	35	40	45
6	6	12	18	24	30	36	42	48	54
7	7	14	21	28	35	42	49	56	63
8	8	16	24	32	40	48	56	64	72
9	9	18	27	36	45	54	63	72	81

/ $2\times5=10$, $5\times2=10$

(2) 나눗셈식 1 $10\div2=5$, 나눗셈식 2 $10\div5=2$

1 (1) 발 24개를 4개씩 묶어야 하므로 나눗셈식은 $24\div4$입니다.

(2) 나누어지는 수는 24, 나누는 수는 4입니다.

(3) 나누는 수는 4입니다. 따라서 가로로 4가 있는 줄에 노란색, 또 세로로 4가 있는 줄에 노란색을 칠합니다.

(4) 노란색으로 칠한 줄과 24가 만나는 지점에서 가로 또는 세로의 수를 읽으면 6입니다. 즉 $4\times6=24$이므로 $24\div4=6$입니다. 곱셈표에서 나눗셈의 몫을 구하는 방법을 생각합니다.

(5) 나누는 수는 3이 됩니다. 3의 줄과 24가 만나는 지점의 곱하는 수를 읽으면 8입니다. 따라서 $24\div3$의 몫은 8입니다.

2 (1) 곱했을 때 10을 만드는 수는 2와 5입니다.

(2) 10을 2로 나누면 5, 10을 5로 나누면 2라는 식을 통해 곱셈표에서 나눗셈식을 만들고 몫을 구하는 방법에 대해 생각해 봅니다.

표현하기

74~75쪽

스스로 정리

1 8개를 똑같이 2개로 나눈 개수를 $8\div2$라고 합니다.

$8\div2=4$에서 4는 8을 2로 나눈 몫, 8은 나누어지는 수, 2는 나누는 수입니다. 8에서 2씩 4번 빼면 0이 됩니다. $8-2-2-2-2=0 \rightarrow 8\div2=4$

2 사과 12개를 곱셈식으로 나타내면 $3\times4=12$, $4\times3=12$입니다. 이것을 나눗셈식으로 나타내면 $12\div3=4$, $12\div4=3$입니다.

개념 연결

곱셈식의 의미

- 곱셈은 똑같은 수를 반복해 더하는 것을 식으로 나타낸 것입니다. 따라서 $4+4+4+4+4$입니다.
- 4씩 5번 뛰어 세기 한 것입니다.
  $4-8-12-16-20$

1 $20\div4=5$, $20\div5=4$ /

예 $20\div4$는 사과 20개를 4명에게 똑같이 나누어 주려고 할 때 한 사람이 가질 수 있는 사과의 개수를 구하는 식이야. $20\div4=\square$의 몫 $\square$는 $4\times5=20$을 이용해 구할 수 있어.

$4\times5=20$

$20\div4=\square$, $\square=5$

선생님 놀이

1 ㉠, ㉡

예 $48\div6=8$, $48\div8=6$이므로 ㉠과 ㉡은 똑같이 나눌 수 있지만 접시가 10개일 때는 한 접시에 4개씩 담으면 8개가 남으므로 불가능합니다.

2 예 달걀이 5개씩 6줄, 또는 6개씩 5줄이므로 곱셈식은 $5\times6=30$, $6\times5=30$이고 나눗셈식은 $30\div5=6$, $30\div6=5$입니다.

단원평가 기본

76~77쪽

1 (1) 식 $21\div3=7$ 답 7개
(2) 21, 3, 7

2 (1) 식 $36\div4=9$ 답 9개
(2) 식 $36\div9=4$ 답 4개

3 (1) 식 $6\times5=30$ 또는 $5\times6=30$ 답 30명
(2) 식 $30\div6=5$ 답 5명
(3) 식 $30\div5=6$ 답 6명

4 (1) 곱셈식 $3\times8=24$ 또는 $8\times3=24$
나눗셈식 $24\div3=8$ 또는 $24\div8=3$
(2) 곱셈식 $4\times6=24$ 또는 $6\times4=24$
나눗셈식 $24\div4=6$ 또는 $24\div6=4$

1 (1) 리본이 21개 있고 3명이 나누어 장식해야 하므로 나눗셈식은 $21\div3$입니다. 3과 곱해서 21을 만드는 수는 $3\times7=21$이므로 몫은 7입니다.

(2) $21 \div 3 = 7$

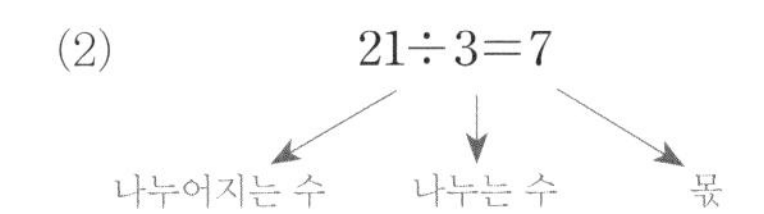

2 (1) 36개의 구슬을 4개씩 꿰었을 때 나오는 열쇠고리의 개수를 구하는 문제입니다. 따라서 나눗셈식은 $36 \div 4$이고, 4와 곱했을 때 36을 만드는 수는 9이므로 몫은 9입니다. 36개의 구슬을 4개씩 묶어 보고 몫을 확인할 수 있습니다.

(2) 36개의 구슬을 9개씩 꿰었을 때 나오는 열쇠고리의 개수를 구하는 문제입니다. 따라서 나눗셈식은 $36 \div 9$이고, 9와 곱했을 때 36을 만드는 수는 4이므로 몫은 4입니다. 많은 개수를 묶을수록 묶음의 개수는 적어집니다. 나누는 수가 커지면 몫이 작아집니다.

3 (1) 6명씩 5줄 또는 5명씩 6줄로 앉아 있으므로 곱셈식으로 나타내면 6×5 또는 5×6입니다.

(2) 6명씩 한 줄에 앉아 있으므로 한 줄은 한 모둠이라고 할 수 있습니다. 모두 5줄이 있으므로 5모둠입니다.

(3) 5명씩 세로로 묶으면 6묶음이 나옵니다. 5모둠이면 한 모둠은 6명입니다.

4 (1) 네모 모양으로 정리된 물건은 쉽게 곱셈식과 나눗셈식으로 나타낼 수 있습니다. 기준에 따라 곱셈식과 나눗셈식이 2개씩 나올 수 있습니다.

(2) 달걀 24개를 6개씩 4줄로 정리하면 곱셈식은 $6 \times 4 = 24$, $4 \times 6 = 24$이고 나눗셈식으로 나타내면 $24 \div 4 = 6$, $24 \div 6 = 4$입니다.

단원평가 심화 78~79쪽

1 예시1 채아가 가져온 방울토마토 수: $8 \times 3 = 24$
필요한 방울토마토 수: $3 \times 9 = 27$
더 필요한 방울토마토 수: $27 - 24 = 3$
방울토마토 3개가 더 필요합니다.

예시2 
방울토마토 3개가 더 필요합니다.

2 예 접어야 하는 꽃잎 수: $16 + 16 + 16 = 48$(장)
한 모둠에서 접어야 하는 꽃잎 수: $48 \div 6 = 8$(장)
한 모둠이 8장씩 잎을 접어야 합니다.

3 예 곱셈구구표에서 답이 16이 나오는 곱셈식을 찾아보면 4×4, 2×8, 8×2가 있습니다. 따라서 4명의 친구들이 보드게임을 하면 4장씩, 2명이 보드게임을 하면 8장씩, 8명이 보드게임을 하면 2장씩 카드를 나누어야 합니다.

4 예 7명에게 남김없이 사과를 나누어 줄 때 1개씩 나누어 주려면 7개의 사과가, 2개씩 나누어 주려면 14개의 사과가, 3개씩 나누어 주려면 21개의 사과가 필요합니다. 그런데 지금 가지고 있는 사과는 17개이므로, 7개의 사과 또는 14개의 사과를 나누어 줄 수 있습니다.
14개의 사과를 나누어 줄 때, 내가 먹을 수 있는 사과는 $17 - 14 = 3$이므로 3개입니다.
7개의 사과를 나누어 줄 때, 내가 먹을 수 있는 사과는 $17 - 7 = 10$이므로 10개입니다. 따라서 내가 먹을 수 있는 사과는 3개 또는 10개입니다.

3 16장의 카드를 친구에게 똑같이 나누어 주어야 하므로, 16을 나눌 수 있는 수를 곱셈표에서 찾으면 됩니다. 곱한 값이 16인 두 수를 곱셈표에서 구하면 4×4, 2×8, 8×2입니다.

4 사과를 친구들 7명에게 똑같이 나누어 주기 위해서는 17을 7씩 묶을 수 있어야 합니다. 묶음이 1개이면 1개씩 나누어 주고, 묶음이 2개이면 2개씩 나눌 수 있기 때문입니다. 곱셈표에서 7을 1배, 2배, 3배 했을 때의 수를 찾아보면 7, 14, 21입니다. 사과는 17개이므로 3묶음은 묶을 수 없습니다. 따라서 1묶음을 묶었을 때 남는 사과 수, 2묶음을 묶었을 때 남는 사과 수만큼 먹을 수 있습니다.

기억하기

82~83쪽

1 (1) 6, 18 (2) 4, 16
2 해설 참조
3 해설 참조
4 곱셈식 $0\times4=0$ 또는 $4\times0=0$

2 예 5씩 6번 더합니다. / $5+5+5+5+5+5=30$ / 5×5에 5를 더합니다.

3

×	2	3	4	5	6
2	4	6	8	10	12
3	6	9	12	15	18
4	8	12	16	20	24
5	10	15	20	25	30
6	12	18	24	30	36

생각열기 ❶

84~85쪽

1 (1)~(3) 해설 참조
2 (1)~(3) 해설 참조

1 (1) 예 30씩 2번 뛰어 세기를 합니다.
30씩 2번 더합니다.
직접 세어 봅니다.
곱셈식으로 나타내어 해결합니다.
수 모형을 이용하여 수를 세어 봅니다.

(2) 예

십 모형을 3개씩 2번 놓으면 십 모형이 모두 6개이므로 달걀의 개수는 60개입니다.

(3) 예 $30+30=60$
$30\times2=60$

2 (1) 예 12씩 3번 뛰어 세기를 합니다.
12씩 3번 더합니다.
직접 세어 봅니다.
곱셈식으로 나타내어 해결합니다.
수 모형을 이용하여 수를 세어 봅니다.

(2) 예

십 모형은 1개씩, 일 모형은 2개씩 3번 놓으면 십 모형이 모두 3개, 일 모형은 모두 6개이므로 빵의 개수는 36개입니다.

(3) 예 $12+12+12=36$
$12\times3=36$

선생님의 참견

곱셈식을 해결하기 위해 수를 여러 번 더하거나 뛰어 세기, 십과 일의 자리를 분해해서 계산하고 수 모형을 이용하는 등 다양한 방법을 경험해 보세요. 여러 가지 방법을 통해 계산 원리와 방법을 발견하는 데 중점을 두세요.

개념활용 ❶-1

86~87쪽

1 (1) 해설 참조
(2) 3개씩 3번 놓아야 합니다.
(3) 9개
(4) 90개
2 (1) 해설 참조
(2) 십 모형 1개, 일 모형 2개씩 4번 놓아야 합니다.
(3) 48개

1 (1) 예

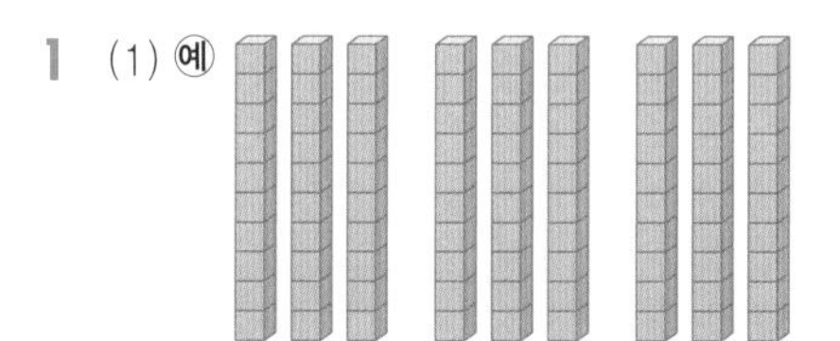

기로 모양이어도 상관없습니다. 또 시각형을 10개씩 묶어 평면으로 그려도 의미만 맞으면 됩니다.

(4) 십 모형이 9개이므로 90개입니다.

2 (1) 예

가로 모양이어도 상관없습니다. 또 사각형을 10개씩 묶어 평면으로 그려도 의미만 맞으면 됩니다.

(3) 십 모형이 4개, 일 모형이 8개이므로 48개입니다.

개념활용 ❶-2

88~89쪽

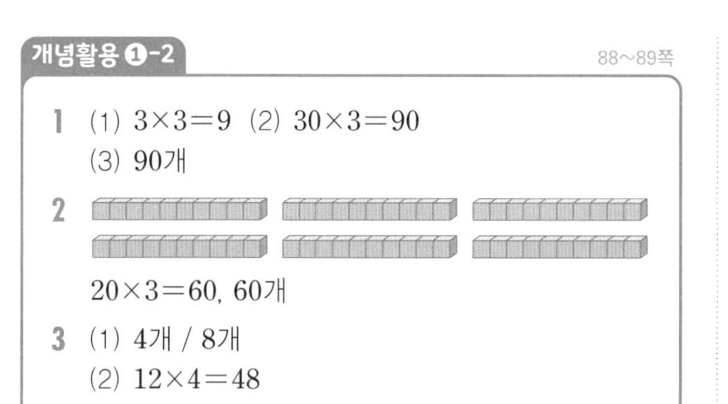

1 (1) $3\times3=9$ (2) $30\times3=90$
(3) 90개

2

$20\times3=60$, 60개

3 (1) 4개 / 8개
(2) $12\times4=48$
(3) (위에서부터) 8, 4, 8, 4, 8
(4) 해설 참조

2 밴드가 한 통에 20개씩 3통 있으므로 수 모형을 20개씩 3번 그리면 됩니다. 식으로 나타내면 20×3이고, 밴드는 모두 60개입니다.

3 (4) 예 $2\times4=8$이고, $10\times4=40$이므로 두 수를 더하면 48입니다.
일의 자리를 계산한 8과 십의 자리를 계산한 40을 더해 48을 구합니다.

생각열기❷

90~91쪽

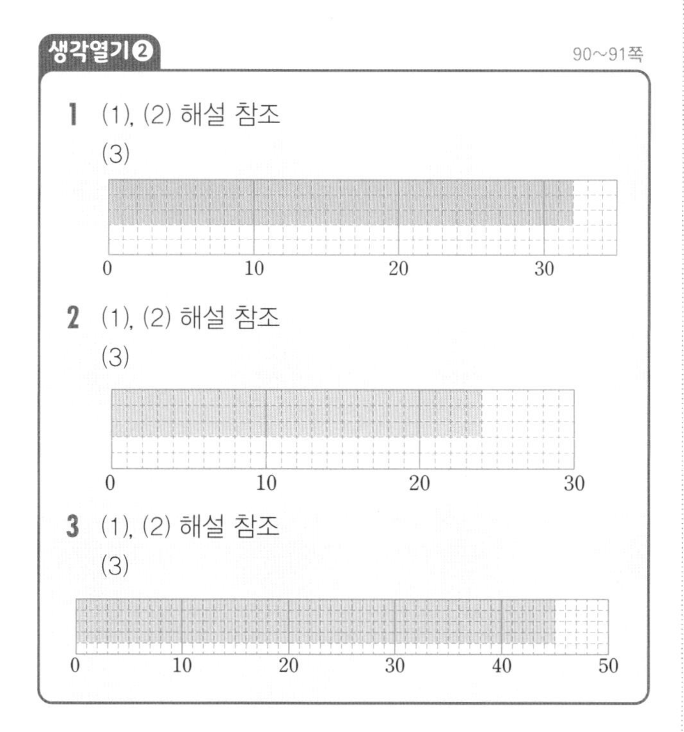

1 (1), (2) 해설 참조
(3)

2 (1), (2) 해설 참조
(3)

3 (1), (2) 해설 참조
(3)

1 (1) 예 30개씩 3상자와 비슷할 것이므로 90개 정도일 것 같습니다.
32개는 십의 자리까지 생각해서 30에 가까운 수이므로 3상자라고 하면 대략 90개 정도인데, 30보다 32가 큰 수이기 때문에 90개보다 조금 더 큰 수로 어림해 볼 수 있습니다.

(2) 예

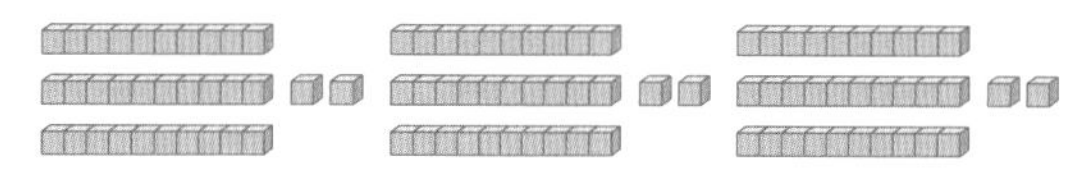

십 모형이 9개이고, 일 모형이 6개이므로 96개입니다.
$32\times3=96$, 96개

2 (1) 예 20개씩 3상자와 비슷할 것이므로 60개 정도일 것 같습니다.
24개는 20에 가까운 수이므로 3상자라고 하면 대략 60개 정도인데, 20보다 24가 큰 수이기 때문에 60개보다 조금 더 큰 수로 어림해 볼 수 있습니다.

(2) 예

십 모형이 6개이고, 일 모형이 12개이므로 72개입니다.
$24\times3=72$, 72개

3 (1) 예 $40+40+40+40=160$이므로 160명보다 많고, $50+50+50+50=200$이므로 200명보다 적습니다.
45×4인데 $40\times4=160$이므로 160명보다 좀 더 많을 것입니다.
45×4인데 $50\times4=200$이므로 200명보다 좀 더 적을 것입니다.
$40\times4=160$, $50\times4=200$이므로 160명과 200명의 중간일 것 같습니다.

(2) 예

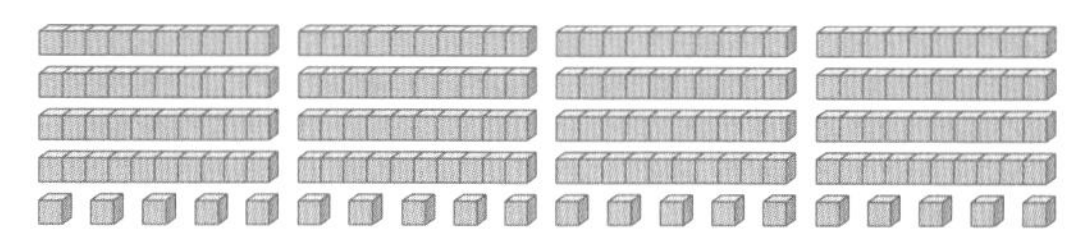

십 모형이 16개이고, 일 모형이 20개이므로 180입니다. 180명이 탈 수 있습니다.
$45\times4=180$, 180명

선생님의 참견

올림이 있는 곱셈을 하는 여러 가지 방법을 통해 계산 원리와 방법을 발견할 수 있어요.

개념활용 ❷-1

92~93쪽

1 (1) 12개 / 8개
(2) 128

2 (1) $20\times4=80$
(2) $4\times4=16$

3 (1) 12개 / 15개
(2) $40\times3=120$
(3) $5\times3=15$
(4) 해설 참조
(5) 135

1 (2) 십 모형이 12개이므로 120, 일 모형이 8개이므로 8입니다. 따라서 $32\times4=128$입니다.

2 (1) 모눈 눈금이 20칸씩 4줄이므로 곱셈식으로 나타내면 20×4입니다.

(2) 모눈 눈금이 4칸씩 4줄이므로 곱셈식으로 나타내면 4×4입니다.

3 (2) 모눈 눈금이 40칸씩 3줄이므로 곱셈식으로 나타내면 40×3입니다.

(3) 모눈 눈금이 5칸씩 3줄이므로 곱셈식으로 나타내면 5×3입니다.

(4) 예 십의 자리까지의 눈금의 수 $40\times3=120$과 일의 자리 눈금의 수 $5\times3=15$를 더하면 됩니다.

(5) 십 모형이 12개이므로 120이 되고, 일 모형이 15개이므로 15가 됩니다. 따라서 $45\times5=120+15=135$가 됩니다.

개념활용 ❷-2

94~95쪽

1 (1) 1 / 1
(2) 128 / 30×4

2 (1) 3 / 3
(2) 해설 참조

2 (2) 예 — 일의 자리를 계산한 15와 십의 자리를 계산한 120을 더하여 135를 구합니다.

— 일의 자리를 계산한 값 15에서 5를 일의 자리에 쓰고 십의 자리를 계산한 값 120과 일의 자리를 계산한 값 15의 10을 더하여 십의 자리에 3을 쓰고, 백의 자리에 1을 써서 계산합니다.

표현하기

96~97쪽

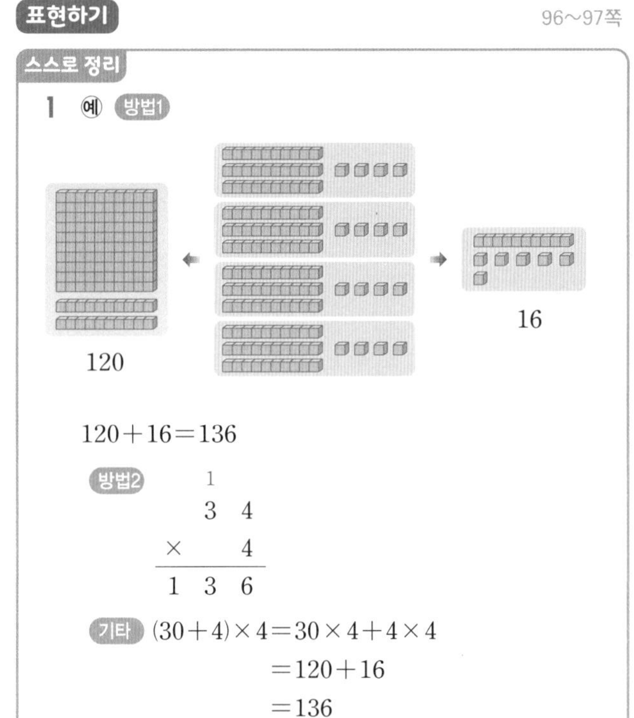

스스로 정리

1 예 방법1

$120+16=136$

방법2

$$\begin{array}{r} {\scriptstyle 1} \\ 3\ 4 \\ \times\quad 4 \\ \hline 1\ 3\ 6 \end{array}$$

기타 $(30+4)\times4=30\times4+4\times4$
$=120+16$
$=136$

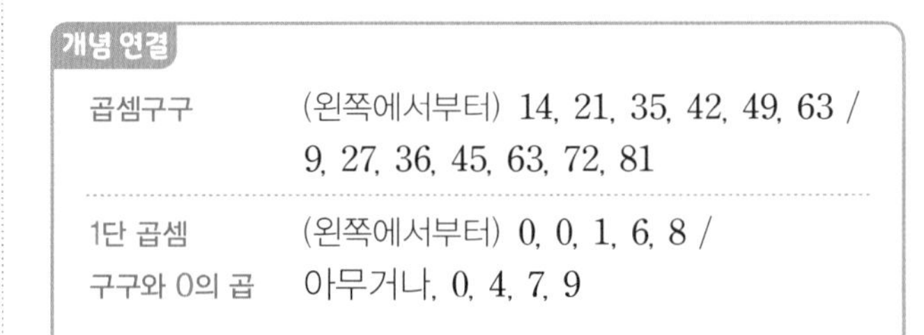

개념 연결

곱셈구구	(왼쪽에서부터) 14, 21, 35, 42, 49, 63 / 9, 27, 36, 45, 63, 72, 81
1단 곱셈 구구와 0의 곱	(왼쪽에서부터) 0, 0, 1, 6, 8 / 아무거나, 0, 4, 7, 9

1 $30\times6=180$

예 30×6은 우선 10을 떼고 3×6을 계산한 다음 10배를 해 주면 돼.
$3\times6=18$이니까 $30\times6=180$이야.

2 $41\times7=287$

예 $41=40+1$이니까 41×7은 40×7과 1×7을 각각 계산한 다음 더해 주면 돼.
$40\times7=280$, $1\times7=7$이니까 $41\times7=287$이야.

3 $24\times9=216$

$$\begin{array}{r} {\scriptstyle 3} \\ 2\ 4 \\ \times\quad 9 \\ \hline 2\ 1\ 6 \end{array}$$

예 세로셈으로 계산하면 일의 자리 수의 곱 36에서 30은 십의 자리로 올림하고 남은 6은 일의 자리에 내려 써. 십의 자리 수의 곱 180에 올림한 30을 더하면 210이므로 계산 결과는 216이야.

선생님 놀이

1 108권

㉮ 27권씩 4묶음은 27을 4번 더하는 것이므로 곱셈으로 계산할 수 있습니다.

$$\begin{array}{r} {}^{2} \\ 2\ 7 \\ \times\quad 4 \\ \hline 1\ 0\ 8 \end{array}$$

2 G 마트

㉮ 가격이 10000원으로 똑같으므로 초콜릿 수가 많은 것을 삽니다. G 마트에서 파는 초콜릿은 25개들이 3상자이므로 $25\times3=75$로 모두 75개이고, S 마트에서 파는 초콜릿은 18개들이 4상자이므로 $18\times4=72$로 모두 72개입니다. 따라서 G 마트에서 사는 것이 더 좋습니다.

단원평가 기본 98~99쪽

1 99
2 (1) 80 (2) 82 (3) 90 (4) 69
3 곱셈식 $12\times4=48$ 답 48개
4 136
5 $=$
6 (앞에서부터) 60, 21, 81
7 (1) 248 (2) 84
8 ㉢
9 곱셈식 $24\times5=120$ 답 120장
10 (왼쪽에서부터) 1, 4 / 1, 94
11 66 / 330
12 하늘

5 $33\times2=66$이고 $11\times6=66$이므로 두 식의 결과는 같습니다.

8 ㉠ $72\times4=288$, ㉡ $51\times7=357$, ㉢ $83\times5=415$이므로 계산 결과가 400보다 큰 식은 ㉢입니다.

10 $7\times2=14$이므로 십의 자리에 1을 써서 올림합니다. $40\times2=80$이므로 십의 자리에 8을 써야 하지만 올림이 있으므로 십의 자리에 9를 쓰면 94입니다.

11 $22\times3=66$, $66\times5=330$이 됩니다. 66×5를 세로셈으로 계산하면 다음과 같습니다.

$$\begin{array}{r} {}^{3} \\ 6\ 6 \\ \times\quad 5 \\ \hline 3\ 3\ 0 \end{array}$$

12 $8\times4=32$이고 $40\times4=160$입니다. 따라서 올바른 답은 $160+32=192$입니다. 160에 올림한 30을 더하지 않아서 잘못된 계산이므로 잘못된 곳을 바르게 이야기한 사람은 하늘이입니다.

단원평가 심화 100~101쪽

1 438
2 40×2
3 ㉡
4 (1) 3 (2) 3
5 128명
6 196개
7 5 / 해설 참조
8 곱셈식 $54\times8=432$ 답 432

1 가장 큰 수는 73이고, 가장 작은 수는 6이므로 두 수의 곱은 $73\times6=438$입니다.

2 숫자 8은 $40\times2=80$을 나타냅니다.

3 ㉠ $38+38+38=38\times3$
㉡ $30+8+3=41$
㉢ $3\times38=38\times3$
㉣ $30+30+30+8+8+8$은 30×3과 8×3의 합입니다.

4 (1) $3\times6=18$이고, 10을 올림한 값이 190이므로 □에 3이 들어가야 $30\times6=180$, $180+10=190$이 됩니다.
(2) 일의 자리 6과 □를 곱해 8이 되는 수는 3과 8이고, 70과 □를 곱해 올림한 값이 220이려면 □에는 3이 들어갑니다.

5 좌석 번호가 가로로 16칸, 세로로 **가**~**아**의 8칸에 부여되어 있습니다. $16\times8=128$이므로 이 공연장에는 128명이 앉을 수 있습니다.

6 하늘이네는 $20\times4=80$으로 80개를 바구니에 담았고, 바다네는 $29\times4=116$으로 116개를 담았으므로 두 가족은 딸기를 모두 196개를 담았습니다.

7 $38\times2=76$이므로 19와 □의 곱이 76보다 클 수 있는 가장 작은 수는 5입니다. 이때, $19\times4=76$이므로 4는 정답이 될 수 없습니다.

8 곱셈식에서 계산 결과가 크려면 여러 번 곱해지는 수가 커야 합니다. 따라서 54×8이 가장 큽니다.

5단원 길이와 시간

기억하기
104~105쪽

1 쓰기 2 cm 읽기 2 센티미터

2 (1) 200 (2) 125

3 (1) 3 m 35 cm (2) 4 m 59 cm
(3) 5 m 44 cm (4) 2 m 34 cm

4 11시 34분

5

생각열기 ①
106~107쪽

1 (1) 예 1 cm 정도 차이가 납니다.
1 cm하고 조금 더 차이가 납니다.
2 cm 정도 차이가 납니다.
(2) 예 센티미터 사이 눈금에 단위가 있으면 좋겠습니다.
센티미터 이 외에 다른 단위를 사용하면 좋을 것 같습니다.
작은 길이를 나타낼 수 있는 단위가 필요합니다.

2 예 연필의 두께, 수학책의 두께, 핸드폰의 두께, 손톱의 두께, 머리카락의 두께

3 (1) 예 14 cm 조금 더 됩니다.
(2) 예 약 14 cm
(3), (4) 해설 참조

3 (3) 자신의 손가락을 완전히 펴서 엄지손가락과 다른 손가락 끝에 점을 찍어 두 점을 곧은 선으로 잇습니다.
(4) 자신의 뼘을 곧은 선으로 나타낸 선분을 자로 재어 봅니다.

선생님의 참견

1 cm보다 작은 단위가 필요함을 생각하기 위한 활동이에요. 센티미터만으로는 정확히 잴 수 없는 물건을 재고 그 차이를 알아보면서 센티미터보다 작은 단위가 필요함을 알고, 그 길이를 어림하는 경험을 해 보세요.

개념활용 ①-1
108~109쪽

1 (1) 예 신발 크기
(2) 예 바다의 발과 비교해서 210은 작아 보이고 220은 커 보입니다. 215가 맞을 것 같습니다.
(3) 예 215를 신어야 좋을 것 같으므로 발 길이는 215가 될 것 같습니다.

2 (1) 8 cm 또는 80 mm
(2) 12 cm 5 mm 또는 125 mm

3 (1), (2) 해설 참조

4 해설 참조

3 (1) 자를 이용하여 13 cm에서 작은 눈금 7칸만큼 더 가도록 그립니다.
(2) 자를 이용하여 11 cm에서 작은 눈금 1칸만큼 더 가도록 그립니다.

4 자신의 주변에 있는 연필, 지우개, 교과서를 찾아 길이를 어림하고 자로 재어 알맞은 길이를 써넣습니다.

주변에 있는 물건의 길이

물건	어림한 길이	자로 잰 길이
연필	예 16 cm	예 16 cm
지우개	예 5 cm	예 5 cm
수학 교과서 가로 길이	예 20 cm	예 21 cm
수학 교과서 세로 길이	예 30 cm	예 27 cm

생각열기 ②
110~111쪽

1 (1) 5520 m
(2) 예 숫자가 너무 큽니다.
수가 너무 커서 얼마쯤 되는지 잘 모르겠습니다.
(3) 예 큰 수에 맞는 단위가 필요합니다.
숫자를 줄일 수 있는 방법이 있으면 좋겠습니다.

2 (1) 예 지도를 보고 구할 수 있습니다.
몇 걸음인지 구해서 계산합니다.
인터넷을 활용합니다.
(2) 예 지도를 보고 구할 수 있습니다.
몇 걸음인지 구해서 계산합니다.
인터넷을 활용합니다.

3 (1) 약 1000 m
(2) 약 2000 m

1 (1) 고속 열차는 1분 동안 5520 m를 움직입니다.

3 (1) 한 바퀴가 약 200 m이므로 5바퀴는 200+200+200+200+200=1000, 약 1000 m입니다.

(2) 10바퀴는 5바퀴씩 두 번이므로 1000+1000=2000, 약 2000 m입니다.

선생님의 참견

1 m보다 큰 단위가 필요함을 생각하기 위한 활동이에요. 미터로 표현하면 숫자가 커져서 머릿속에 쉽게 들어오지 않고, 그 양에 대해서도 잘 이해되지 않지요. 미터보다 큰 단위의 필요성을 생각하며, 주변에 있는 공원, 학교와의 거리를 어떻게 어림하고 잴 수 있는지 경험해 보세요.

개념활용 ❷-1 112~113쪽

1 (1) 지하철역, 학교
(2) 집−지하철역: 2 km, 집−학교: 1 km 500 m
(3) 1500번

2 해설 참조

3 해설 참조

4 예 교통 표지판, 내비게이션, 나라 사이의 거리

2 예 풍남문에서 중앙초까지의 거리는 풍남문에서 전동성당까지의 거리의 약 2배이므로, 1 km+1 km=2 km에서 약 2 km가 됩니다.
풍남문에서 중앙초까지의 거리는 풍남문에서 전동성당까지의 거리의 1배에 그 절반 정도 더 간 거리이므로, 1 km+500 m=1 km 500 m에서 약 1 km 500 m가 됩니다.

3

2 km로 예상되는 두 지점

거리	장소	
1 km	풍남문	전동성당
2 km	풍남문	관광안내소
2 km	전동성당	중앙초

생각열기 ❸ 114~115쪽

1 (1) 7시 55분 (20초)
(2) 16시 12분 (10초) 또는 오후 4시 12분 (10초)

2 (1) 예 30초
(2) 예 애국가를 부를 수 있습니다.
생일 축하 노래를 두 번 부를 수 있습니다.

3 1시간 52분

4 (1) 14시 36분
(2) 14시 41분

3 14시 6분에서 1시간 후는 15시 6분이고, 15시 6분에서 15시 58분까지는 52분이 더 걸리므로, 동대구역에서 수원역까지 기차를 타고 가는 시간은 1시간 52분입니다.

4 (1) 14시 24분에서 12분 후이므로, 14시 24분에 12분을 더한 시각인 14시 36분에 탑니다.

(2) 14시 24분에서 17분 후이므로, 14시 24분에 17분을 더한 시각인 14시 41분에 도착합니다.

선생님의 참견

1분보다 짧은 시간의 단위가 있으며, 생활 속에서 사용하고 있음을 생각해 보세요. 시간의 합과 차를 구할 때, 시간은 시간끼리, 분은 분끼리 계산함을 알 수 있어야 해요.

개념활용 ❸-1 116~117쪽

1 (1) 삼각김밥류
(2) 예 초바늘이 작은 눈금 한 칸을 30번 가는 데 필요한 시간입니다.
애국가를 부르는 시간입니다.
생일 축하 노래를 두 번 부르는 시간입니다.
(3) 7분
(4) 12시 30분 55초

2 (1) 2시간 20분
(2) 1시간 10분

1 (3) 피자를 조리하는 데 30초가 걸리고, 냉동만두를 조리하는 데 6분 30초가 걸리므로 모두 조리하는 데 걸리는 시간은 7분입니다.

(4) 삼각김밥을 조리하는 데 15초가 걸리므로 12시 30분 40초에서 15초 지난 시각은 12시 30분 55초입니다.

2 (1) 10시 20분−8시=2시간 20분이므로, 1회가 시작되고 2시간 20분 후에 2회가 시작됩니다.

(2) 1관 4회 영화가 끝나는 시각은 17시 20분이고, 2관 4회 영화가 끝나는 시각은 18시 30분이므로, 두 시각의 차를 구하면 1시간 10분입니다. 따라서 하늘이는 바다를 1시간 10분 기다려야 합니다.

표현하기 118~119쪽

스스로 정리

1 (1) 1000 (2) 10 (3) 42

2 (1) 60 (2) 60 (3) 150

3 (1) 8, 54, 57
(2) 4, 23

개념 연결

길이	(1) 100 (2) 425 (3) 8, 73
시간	(1) 60 (2) 140 (3) 3, 10

1 (1) 6, 45, 35
예 먼저 초끼리 계산하면 35초이고, 다음으로 분끼리 계산하면 45분이야. 마지막으로 시간을 계산하면 6시야. 그러므로 5시 35분 20초에 1시간 10분 15초를 더하면 6시 45분 35초가 돼.

(2) 3, 11, 21
예 먼저 초끼리 계산하면 21초, 다음으로 분끼리 계산하면 11분, 마지막으로 시간을 계산하면 3시간이야. 그러므로 12시 26분 30초와 9시 15분 9초의 차이는 3시간 11분 21초야.

선생님 놀이

1 학교, 도서관, 문방구
예 1 km 80 m=1080 m이고, 1110 m가 가장 먼 거리이므로 우리 집에서 가까운 곳부터 순서대로 적으면 학교, 도서관, 문방구입니다.

2

예 집에 도착하는 시각은 2시 40분에 25분을 더한 시각입니다. 2시 40분+25분=2시 65분인데, 65분은 1시간 5분이므로 집에 도착하는 시각은 3시 5분입니다. 시계의 분침은 숫자 1을 가리키고, 시침은 숫자 3에서 4로 약간 움직인 곳을 가리킵니다.

단원평가 기본 120~121쪽

1 (1) 6, 2 (2) 71 (3) 3, 3 (4) 13

2 (1) mm (2) m (3) mm (4) km

3 (1) 1, 30, 50 (2) 6, 58, 0

4 ㉡, ㉠, ㉢, ㉤, ㉣

5 예 달리기, 숨 참기, 노래하기, 박수 치기

6 (1) 3, 54, 34 (2) 6, 40, 47
(3) 4, 16, 16 (4) 7, 36, 19

7 1시간 5분 12초

4 시간을 모두 초로 바꾸면 ㉠ 82초 ㉡ 1분 20초=80초 ㉢ 90초 ㉣ 2분=120초 ㉤ 100초이므로, 짧은 것부터 순서대로 쓰면 1분 20초, 82초, 90초, 100초, 2분입니다.

7 4시 25분 47초에서 3시 20분 35초를 빼면 1시간 5분 12초입니다.

단원평가 심화 122~123쪽

1 체육관

2 5000 m

3

4 5분 22초

5 (1) 2시 6분 14초
(2) 2시간 12분 24초
(3) 바다, 6, 10

6 6시 17분 13초

1 집에서 은행까지의 거리가 약 1 km이므로 1 km의 두 배에 해당하는 체육관이 2 km 떨어진 곳입니다.

2 건강 마라톤 경기는 5 km를 달리는 마라톤 경기이고, 5 km=5000 m입니다.

4 바다가 줄넘기를 한 시간은
5분 20초−77초=5분 20초−1분 17초
=4분 3초입니다.

강이가 줄넘기를 한 시간은
4분 3초+1분 19초=5분 22초입니다.

5 (1) 12시 20분 36초−10시 14분 22초=2시간 6분 14초
(2) 10시 42분 55초−8시 30분 31초=2시간 12분 24초
(3) 2시간 12분 24초−2시간 6분 14초=6분 10초

6 둘째 날 해 뜨는 시각: 6시 19분 57초−1분 22초=6시 18분 35초
셋째 날 해 뜨는 시각: 6시 18분 35초−1분 22초=6시 17분 13초

6단원 분수와 소수

기억하기 126~127쪽

1 (1) 반 (2) 반의반 (3) 반 (4) 반
2 (1) 1개 (2) 4개
3 (1) 반 (2) 반의반
4 (1) 10 (2) 50 (3) 23 (4) 68

생각열기 ① 128~129쪽

1 (1)~(3) 해설 참조
2 (1) 예 피자를 똑같이 12조각으로 나눈 것 중에서 5조각을 먹었습니다.
(2) 예 피자를 똑같이 12조각으로 나눈 것 중에서 3조각을 먹었습니다.
(3) 예 바다는 강이보다 피자 12조각 중에서 2조각을 더 먹었습니다.

1 (1) 예 사과를 반 개 먹었습니다.
사과를 반쪽 먹었습니다.
사과를 2등분 해서 그중 하나를 먹었습니다.
사과를 $\frac{1}{2}$개 먹었습니다.
(2) 예 사과를 3등분 해서 그중 하나를 먹었습니다.
사과를 $\frac{1}{3}$개 먹었습니다.
사과 한 개를 똑같이 3조각으로 나눈 것 중 한 조각을 먹었습니다.
(3) 예 사과를 반의반 개 먹었습니다.
사과를 4등분 해서 그중 하나를 먹었습니다.
사과를 $\frac{1}{4}$개 먹었습니다.

선생님의 참견
사과와 피자를 아무렇게나 나누는 것이 아니라 똑같이 나누는 것이 중요해요. 똑같이 나누지 않으면 어떤 일이 벌어지는지 생각해 보세요.

개념활용 ❶-1

130~131쪽

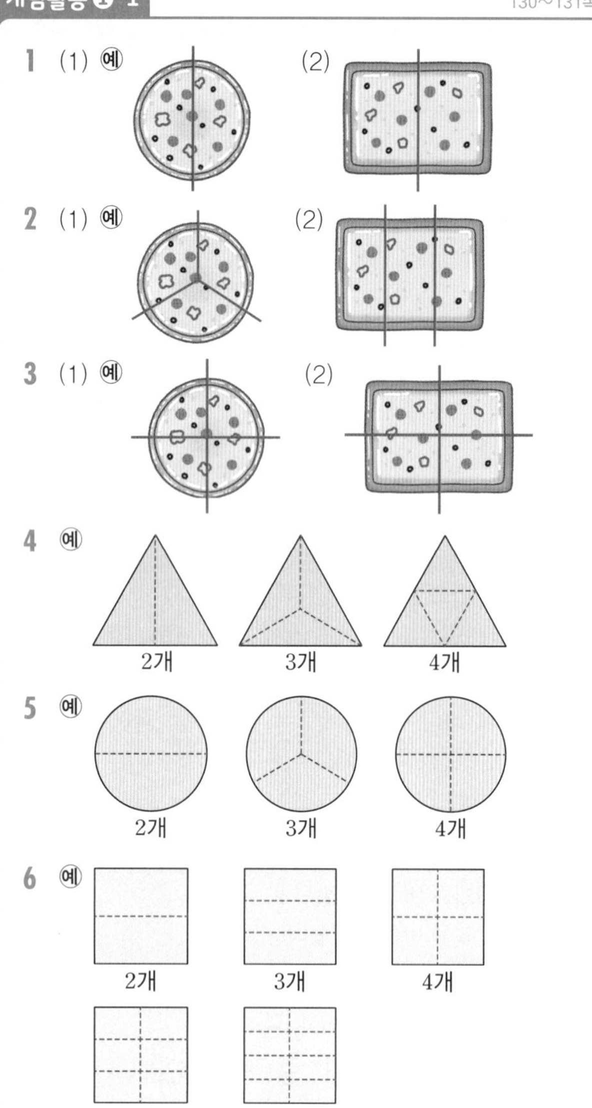

개념활용 ❶-2

132~133쪽

1 예 부분은 전체를 똑같이 2로 나눈 것 중의 1입니다.

2 예 부분은 전체를 똑같이 4로 나눈 것 중의 1입니다.

3 예 부분은 전체를 똑같이 3으로 나눈 것 중의 2입니다.

4 예 부분은 전체를 똑같이 4로 나눈 것 중의 3입니다.

5 (앞에서부터) $\frac{1}{2}$ / $\frac{2}{3}$ / $\frac{2}{3}$ / 해설 참조

6 (1) 예

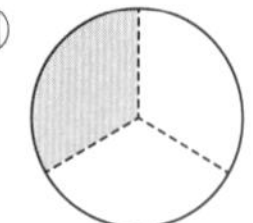

(2) 예

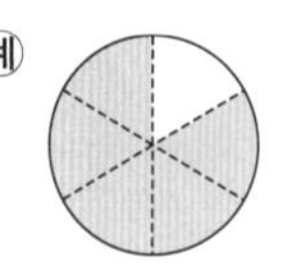

(3) 예

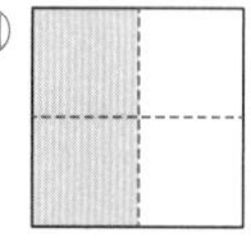

(4) 예

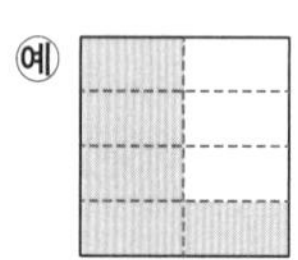

5 인도네시아: 예 빨간색과 하얀색은 각각 전체를 똑같이 2로 나눈 것 중의 1, 즉 $\frac{1}{2}$입니다.

프랑스: 예 파란색과 하얀색과 빨간색은 각각 전체를 똑같이 3으로 나눈 것 중의 1, 즉 $\frac{1}{3}$입니다.

나이지리아: 예 초록색은 전체를 똑같이 3으로 나눈 것중의 2, 즉 $\frac{2}{3}$이고, 하얀색은 전체를 똑같이 3으로 나눈 것 중의 1, 즉 $\frac{1}{3}$입니다.

개념활용 ❶-3

134~135쪽

1 (1) 예

(2) 큽니다에 ○표

2 (1) 예

(2) 작습니다에 ○표

3 (1) 예 / 2

(2) 예 / 3

(3) <

4 (1) $\frac{5}{12}$ / 해설 참조

(2) $\frac{3}{12}$ / 해설 참조

(3) 예 산이는 피자 한 판을 똑같이 12조각으로 나눈 것 중에서 5조각을 먹었고, 바다는 12조각에서 3조각을 먹었으므로 먹은 피자의 양을 분수로 나타내면 각각 $\frac{5}{12}$, $\frac{3}{12}$입니다. $\frac{5}{12}$가 $\frac{3}{12}$보다 크므로 산이가 더 많이 먹었습니다.

4 (1) 예 산이는 피자를 똑같이 12조각으로 나눈 것 중에서 5조각을 먹었으므로 $\frac{5}{12}$입니다.

(2) 예 바다는 산이가 먹고 남은 7조각 중에서 3조각을 먹었습니다. 따라서 전체 12조각 중에서 3조각을 먹었으므로 $\frac{3}{12}$입니다.

개념활용 ❶-4

136~137쪽

1 (1) 예

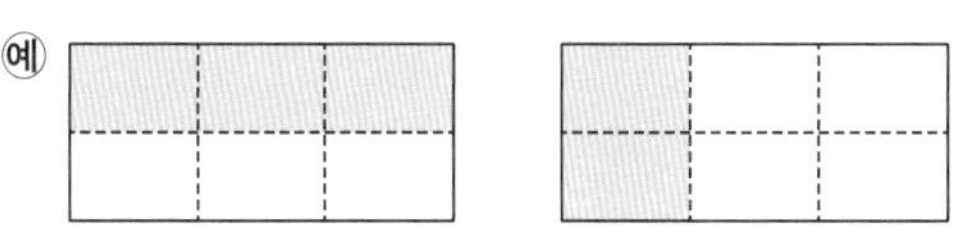

(2) 예 큽니다에 ○표

2 (1) 예

(2) 예 작습니다에 ○표

3 (1)

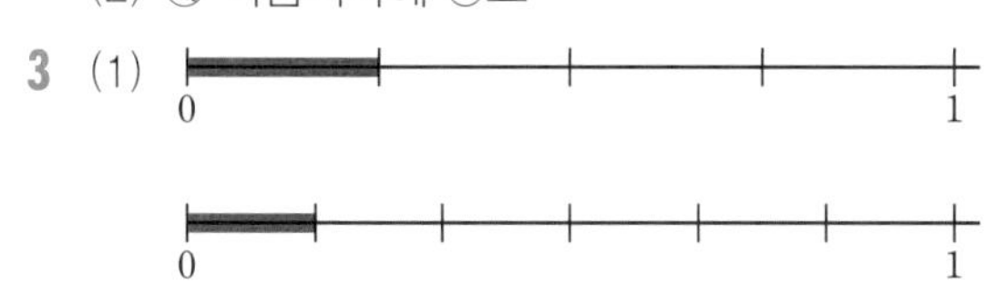

(2) >

4

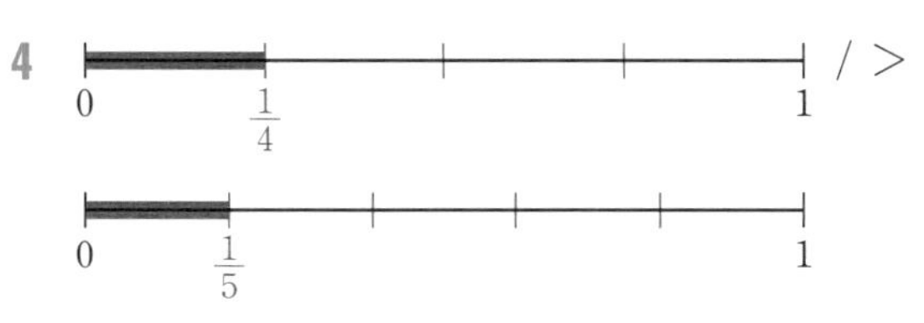

/ >

5 (1) < (2) > (3) > (4) <

생각열기❷

138~139쪽

1 (1) 32 mm 또는 3 cm 2 mm
(2) 58 mm 또는 5 cm 8 mm
(3) 127 mm 또는 12 cm 7 mm

2 (1) $\frac{7}{10}$ cm (2) 7 mm

3 (1) $\frac{8}{10}$ cm (2) $\frac{9}{10}$ cm (3) $\frac{3}{10}$ cm

선생님의 참견

1보다 작은 크기를 나타내는 데 분수와 다른 표현을 사용하기 위한 생각을 시작해요.

개념활용 ❷-1

140~141쪽

1 $\frac{1}{10}$ 2 $\frac{7}{10}$ 3 $\frac{4}{10}$ / 해설 참조

4 (위에서부터) $\frac{3}{10}$, $\frac{9}{10}$, 0.2, 0.7

5 (1) 2 (2) 0.6 (3) 0.4
(4) 0.7 (5) $\frac{3}{10}$ (6) $\frac{9}{10}$

6 0.8

7

3 색칠된 칸은 전체를 10으로 똑같이 나눈 것 중의 4이므로 $\frac{4}{10}$입니다.

개념활용 ❷-2

142~143쪽

1 예 1 cm 2 mm 또는 1.2 cm 또는 12 mm

2 예 $2+\frac{6}{10}$ 또는 $2\frac{6}{10}$ 또는 2.6

3 예 3.7 또는 $3\frac{7}{10}$

4 2.3

5 (1) 14 (2) 59 (3) 2.5 (4) 7.3

6 (1) 3.6 (2) 6.8 (3) 89 (4) 94

7 7.8

개념활용 ❷-3

144~145쪽

1 (1)

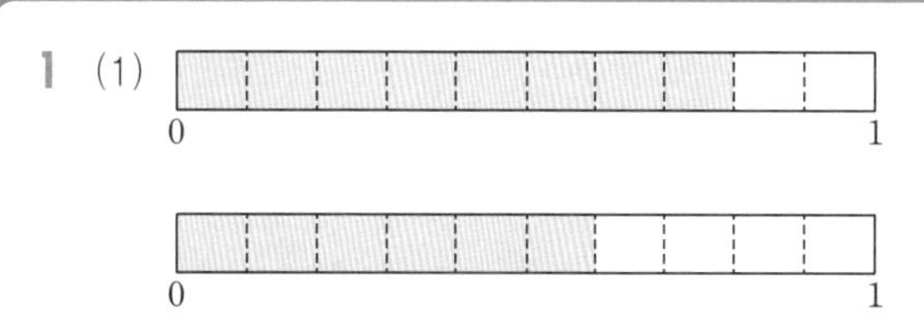

(2) 0.8

2 < / 해설 참조

3 < / 해설 참조

4 (1) < (2) = (3) < (4) >

5 (1) > (2) < (3) < (4) <

6 산

2 0.3은 0.1이 3개이고 0.7은 0.1이 7개입니다. 7이 3보다 크므로 0.7이 0.3보다 큽니다.

3 1.8은 0.1이 18개이고 2.5는 0.1이 25개입니다. 25가 18보다 크므로 2.5가 1.8보다 큽니다.

6 2.1 $>$ 1.4이므로 산이가 출발선에서 더 멀리 떨어진 곳을 달리고 있습니다. 따라서 도착점에 더 가까이 있는 사람은 산이입니다.

표현하기

146~147쪽

스스로 정리

1 전체를 똑같이 4로 나눈 것 중 1입니다.

예 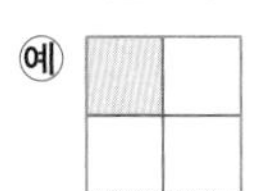

2 (위에서부터) $\frac{3}{10}$, $\frac{6}{10}$, $\frac{8}{10}$, 0.1, 0.3, 0.5

개념 연결

도형 쪼개기 2 / 4

3 / 6

1 예 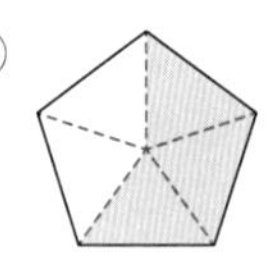

$\frac{3}{5}$은 오각형을 똑같이 5개로 쪼갠 것 중 3개야.

2 분수: $\frac{7}{10}$ 소수: 0.7

색칠한 부분은 원을 10개로 똑같이 쪼갠 것 중 7개이므로 분수로는 $\frac{7}{10}$이고, 소수로는 0.7이야.

선생님 놀이

1 (1) 예

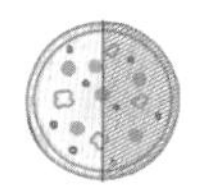
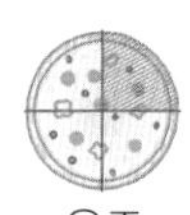

인호 은주 아영

(2) 인호, 아영, 은주

예 그림을 보면 인호가 제일 많이 먹었고 그다음 아영, 은주 순서대로 많이 먹었습니다.

2

(1) 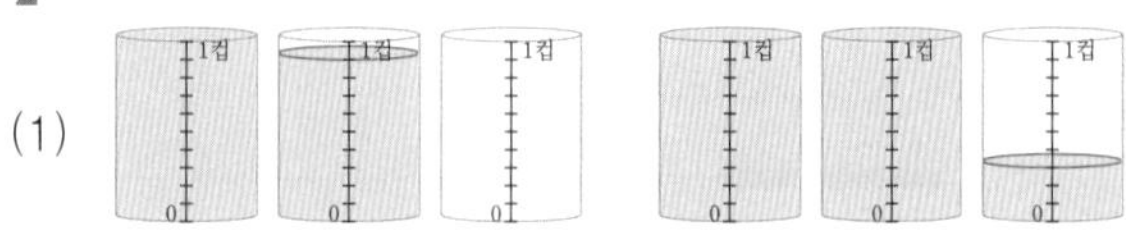

(2) 2.3컵, 1.9컵

예 1.9컵은 1컵과 1컵의 $\frac{9}{10}$를 더한 양이고, 2.3컵은 2컵과 1컵의 $\frac{3}{10}$을 더한 양이므로 2.3컵의 양이 더 많습니다.

단원평가 기본

148~149쪽

1 (1) 예 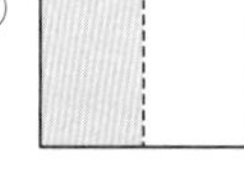 (2) 예 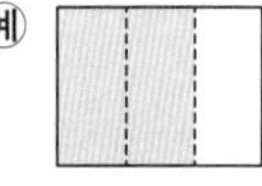

(3) 예 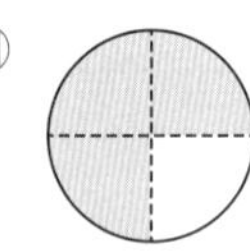 (4) 예 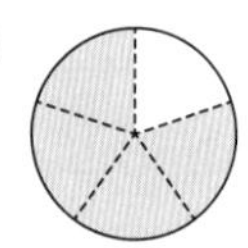

2 (1), (2) 해설 참조

3 (1) $>$ (2) $>$ (3) $<$ (4) $<$

4 (1) $<$ (2) $>$

5 $\frac{1}{4}$, $\frac{1}{5}$

6 (위에서부터) $\frac{4}{10}$, $\frac{6}{10}$, 0.2, 0.6, 0.7

7 (1) 1, 2, 3, 4, 5에 ○표

(2) 6, 7, 8, 9에 ○표

8 (1) 분수 $\frac{4}{10}$ 소수 0.4

(2) 분수 $\frac{8}{10}$ 소수 0.8

9 (1) 색칠한 부분을 소수로 나타내면 0.7이라 쓰고 영 점 칠이라고 읽습니다.

(2) 색칠한 부분을 소수로 나타내면 3.2라 쓰고 삼 점 이라고 읽습니다.

10 (1) $>$ (2) $>$ (3) $>$ (4) $<$

2 (1) 색칠된 부분은 전체를 똑같이 3으로 나눈 것 중의 1이므로 $\frac{1}{3}$입니다.

(2) 색칠된 부분은 전체를 똑같이 6으로 나눈 것 중의 4이므로 $\frac{4}{6}$입니다.

단원평가 심화 150~151쪽

1 $\frac{10}{12}$, $\frac{8}{12}$, $\frac{9}{12}$에 ○표

2 $\frac{1}{11}$, $\frac{1}{9}$, $\frac{1}{7}$에 ○표

3 (1) 예 $\frac{7}{12}$은 $\frac{1}{12}$이 7개이고, $\frac{5}{12}$는 $\frac{1}{12}$이 5개이기 때문입니다.

(2) 예 한 개를 8개로 나눈 것 중 하나보다 6개로 나눈 것 중 하나가 더 크기 때문입니다.

4 같습니다 / 해설 참조

5 6.8 / 5.7

6 하늘, 산, 바다, 강

7 ① 17.5

② mm

4 를 다시 2등분 하면 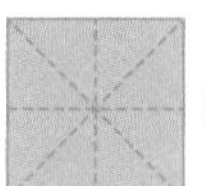 이 되는데, 한 조각이 삼각형 2개이므로 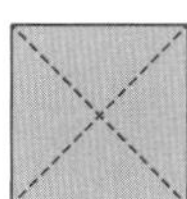 를 4등분 한 것 중 한 조각과 같습니다.

수학의 미래

초등 3-1

지은이 | 전국수학교사모임 미래수학교과서팀

초판 1쇄 인쇄일 2020년 12월 15일
초판 1쇄 발행일 2020년 12월 24일

발행인 | 한상준
편집 | 김민정 강탁준 손지원 송승민
삽화 | 조경규 홍카툰
디자인 | 디자인비따 한서기획 김미숙
마케팅 | 강점원
관리 | 김혜진

발행처 | 비아에듀(ViaEdu Publisher)
출판등록 | 제313-2007-218호
주소 | 서울시 마포구 월드컵북로6길 97 2층
전화 | 02-334-6123 홈페이지 | viabook.kr
전자우편 | crm@viabook.kr

ⓒ 전국수학교사모임 미래수학교과서팀, 2020

ISBN 979-11-91019-13-1 64410
ISBN 979-11-91019-08-7 (전12권)

• 비아에듀는 비아북의 교육 전문 브랜드입니다.
• 이 책은 저작권법에 따라 보호받는 저작물이므로 무단 전재와 복제를 금합니다.
• 이 책의 전부 혹은 일부를 이용하려면 저작권자와 비아북의 동의를 받아야 합니다.
• 잘못된 책은 구입처에서 바꿔드립니다.
• 책 모서리에 찍히거나 책장에 베이지 않게 조심하세요.
• 본문에 사용된 종이는 한국건설생활환경시험연구원에서 인증받은,
인체에 해가 되지 않는 무형광 종이입니다. 동일 두께 대비 가벼워 편안한 학습 환경을 제공합니다.